Jardinología

La ciencia de la jardinería

Jardinología
La ciencia de la jardinería

DR. STUART FARRIMOND

CONTENIDOS

INTRODUCCIÓN

Me ha llevado cuatro décadas descubrir el enorme placer de la jardinería. Cuando tenía seis años sembré un puñado de semillas de berro en un vaso de plástico lleno de compost y sentí la emoción de ver como unos brotes verdes perfectamente formados asomaban en la masa marrón. Pero han sido mis manos adultas, suavizadas por años de pulsar teclas y usar lápices, las que han hecho que ese milagro volviera a ocurrir en el alféizar de la ventana de la cocina. Daba igual que solo germinaran tres de las treinta semillas de coles de Bruselas ni que la cosecha fuera diminuta. Mi mente y mi corazón estaban ansiosos por explorar ese mundo. La práctica de la jardinería es el antídoto perfecto para no pasarse el día pendiente de las noticias, y nos reconecta con el ciclo perpetuo de la vida, la muerte y el renacimiento del que todos formamos parte. De hecho, no se me ocurre ninguna otra actividad que ofrezca tanto. No importa si solo dispones de un balcón o si tienes una pequeña parcela. Cultivar plantas te permitirá convertirte en diseñador, escultor, artista, niño maravillado y científico curioso con mucho que aprender.

Sin embargo, los seres humanos hemos convertido algo maravillosamente simple, como es sembrar, plantar y regar, en algo terriblemente complicado. Por mi formación médica conozco bien cómo los tecnicismos nos confunden a menudo y yo mismo, como jardinero, me sentía a veces confundido con un sinfín de sandeces y de rituales extraños. ¿Qué es una planta perenne? ¿Qué diantres es cubrir con mantillo? ¿Por qué no hay que regar a mediodía? Nuestro ego adulto nos impide preguntar. Pero, ya seas principiante o experto, seguro que te han confundido algunas palabras latinas y algún término misterioso o te has preguntado si de verdad hay que poner fragmentos de loza en el fondo de las macetas.

A la mayoría de los libros y páginas web sobre jardinería les falta algo. Explican los «cómos», pero se olvidan de los «porqués». Como hombre de ciencia al que le apasiona desmitificarlo todo, me gusta usar la ciencia y los estudios más recientes para resolver cuestiones clave de la jardinería y mostrar por qué algunas prácticas que se siguen haciendo desde tiempo inmemorial deberían quedar en el pasado.

En las páginas de este libro te mostraré la ciencia que explica el «cómo» en el cuidado de las plantas, y espero que te oriente y te inspire en la misma medida que a mí.

EL PRODIGIO
DE LA JARDINERÍA

PLANTAS ASOMBROSAS

Las plantas han evolucionado de maneras muy diversas para sobrevivir y prosperar: fabrican sus propios alimentos, engañan a los animales para que transporten su polen y pueden regenerar las partes que han perdido.

Las plantas nos proporcionan cada bocanada de oxígeno que llena nuestros pulmones, fabrican su alimento mediante un proceso llamado fotosíntesis y son la fuente original de cada bocado que ingerimos. Son fundamentales para la vida en la Tierra y grandes supervivientes, capaces de prosperar en condiciones extremas y prácticamente en cualquier parte del globo. Los árboles pueden llegar a pesar más de 2000 toneladas y vivir más de 5000 años. Algunos pinos longevos (*Pinus longaeva*) ya existían antes de que se construyeran las pirámides de Egipto.

COMO EN CASA EN CLIMAS EXTREMOS

Pocos organismos pueden sobrevivir a -50 °C (-58 °F), pero las plantas han encontrado la forma de hacerlo. El silene musgo (*Silene acaulis*) es un tipo de «planta en cojín» que crece pegada al suelo para resistir los vientos más fuertes. Sobrevive en las laderas heladas de las montañas bajo la nieve, y el anticongelante biológico de su savia evita que se congele.

En los desiertos resecos del sudoeste de África, las semillas de la *Welwitschia* pueden esperar varios siglos hasta que la lluvia proporciona las condiciones apropiadas para que germinen. En el desierto de Atacama, donde no llueve durante años, el musgo del desierto (*Syntrichia caninervis*) permanece vivo absorbiendo la humedad directamente de la bruma y la niebla. Las plantas aéreas (*Tillandsia*) no necesitan tierra, sino que usan sus raíces aéreas para aferrarse a rocas, ramas o acantilados; absorben la humedad directamente del aire y obtienen los nutrientes del polvo que atrapan con los diminutos pelos de sus hojas (llamados tricomas). Como era de esperar, estas plantas suelen ser de crecimiento lento.

Adaptaciones insólitas
Las plantas han evolucionado de maneras muy ingeniosas para sobrevivir y prosperar en cualquier hábitat, desde los exuberantes bosques tropicales hasta los inhóspitos desiertos y las laderas de las montañas.

HURA CREPITANS
LOS GRANDES PINCHOS DE SU TRONCO SON UNO DE SUS MECANISMOS DE DEFENSA

MUÉRDAGO ENANO
LANZA SUS SEMILLAS COMO PROYECTILES HACIA LA CORTEZA DE LOS ÁRBOLES VECINOS

DISPERSIÓN Y DEFENSA

Las plantas han superado su falta de movilidad de formas asombrosas. La *Brunsvigia* es un tipo de rodadora, grande y bulbosa, cuya inflorescencia se seca y se separa del resto de la planta, y luego es arrastrada por la brisa y deja caer sus semillas. El pepino de Java (*Alsomitra macrocarpa*) produce semillas con forma de planeador, que se desprenden y se desplazan cientos de metros. Los muérdagos enanos (*Arceuthobium*), que crecen en los árboles como parásitos, se propagan expulsando semillas recubiertas de una sustancia pegajosa a unos 100 km/h (60 mph). Cuando los frutos maduran, se calientan rápidamente (termogénesis), hasta que revientan y «disparan» las semillas.

Vivir en un mundo lleno de criaturas hambrientas ha hecho que las plantas desarrollen mecanismos de defensa sofisticados para evitar que se las coman.

Los cactus han evolucionado para defender su cuerpo lleno de agua de posibles atacantes transformando sus hojas en espinas afiladas, mientras que las suculentas conocidas como piedras vivas (*Lithops*) se ocultan de los animales sedientos gracias a que parecen guijarros. El árbol de jabilla (*Hura crepitans*) tiene una savia letal que se usa para las flechas venenosas y dispersa sus semillas con una explosión. Su fruto parece inofensivo, pero es una granada a punto de explotar. Al secarse, la piel se va tensando hasta que basta un golpecito para que estalle violentamente y cada trozo cargado de semillas salga disparado a 250 km/h (156 mph). ¡Las semillas se propagan y los depredadores se llevan un buen golpe!

WELWITSCHIA
CRECE LENTAMENTE EN LAS CONDICIONES EXTREMAS DEL DESIERTO, Y PUEDE VIVIR MÁS DE 1500 AÑOS

PEPINO DE JAVA
SU FRUTO, PARECIDO AL MELÓN, LIBERA UNAS SEMILLAS PLANEADORAS DE ALAS MUY FINAS

REBUTIA
SUS ESPINAS AHUYENTAN A LOS DEPREDADORES Y LE AYUDAN A REGULAR LA TEMPERATURA Y A NO PERDER AGUA

BRUNSVIGIA
ESTA PLANTA RODADORA SUDAFRICANA DISPERSA SUS SEMILLAS AL SER ARRASTRADA POR EL VIENTO

¿SON INTELIGENTES LAS PLANTAS?

No pensamos que las plantas sean inteligentes. Después de todo, no tienen cerebro. Pero entonces, ¿cómo es posible que sean capaces de hacer muchas de las cosas que parecen solo reservadas a las criaturas inteligentes?

———

Por desgracia, creer que las plantas oyen las palabras amables que les decimos no es más que una ilusión (ver p. 211). Muchas de las ideas acerca de que las plantas poseen habilidades propias de los humanos proceden del libro *La vida secreta de las plantas* (1975). Según este, varios experimentos demostrarían que las plantas pueden leernos la mente y alterarse con un ruido. Esto es falso. Pero sí es cierto que las plantas tienen habilidades igual de impresionantes.

No vemos la mayoría de las cosas que hacen las plantas porque viven en una escala temporal distinta a la nuestra. Si vieras una película que mostrara una planta explorando su entorno te convencerías de que es un animal pensante: los zarcillos de las plantas trepadoras van a tientas en busca de una superficie a la que aferrarse; los girasoles giran siguiendo el sol; las raíces de las plantas exploran el suelo como si fueran dedos.

PERCIBIR EL ENTORNO

Hace unos 150 años, Charles Darwin llegó a la conclusión de que las puntas de las raíces actuaban como si tuvieran una «especie de cerebro» y tomaran decisiones. Durante mucho tiempo se consideró una idea absurda, pero se ha demostrado que tienen al menos 15 sentidos: olfatean el aire, prueban la tierra, perciben la luz y la gravedad, y usan el tacto para esquivar los obstáculos.

Las plantas no tienen ojos, pero pueden «ver» la luz en distintos colores gracias a unos sensores de

Fototropismo

Las plantas crecen hacia una fuente de luz (fototropismo) para evitar la sombra que proyectan los vecinos y maximizar la luz que reciben sus hojas para potenciar la fotosíntesis. Unas proteínas fotorreceptoras sensibles a las longitudes de onda de la luz azul del sol desencadenan la respuesta.

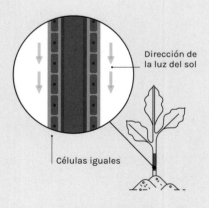

Dirección de la luz del sol

Células iguales

LUZ DESDE ARRIBA

Hay tallos rectos y crecimiento vertical cuando la luz del sol llega a las plantas desde arriba, bañando las hojas y los tallos de forma uniforme con luz azul.

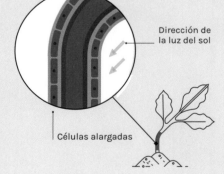

Dirección de la luz del sol

Células alargadas

LUZ DESDE UN LADO

Crecen hacia la luz porque las células a la sombra, que reciben menos luz azul, se alargan más que las que están al sol, lo que hace que el tallo se incline.

ENROLLADO

PARA QUE LA PLANTA NO SE RETUERZA AL TENSARSE EL ZARCILLO, CADA LADO SE ENROLLA EN UNA DIRECCIÓN DISTINTA

AGARRE

EL CONTACTO HACE QUE LAS CÉLULAS DE LA CARA EXTERIOR DE LOS ZARCILLOS SE ALARGUEN, POR LO QUE SE ENROLLAN

La pasiflora es una de las muchas plantas trepadoras que usan sus zarcillos para aferrarse a un soporte. Los zarcillos buscan activamente dónde agarrarse y responden rápidamente cuando detectan un lugar adecuado.

luz microscópicos (fotorreceptores) que les permiten crecer hacia la luz y torcerse para seguir el sol, y luego volver a mirar al este de noche. Distinguen amanecer y atardecer, e incluso pueden saber si otras plantas les hacen sombra por el tono de luz sobre sus hojas.

No tienen oídos pero detectan el sonido leve de una oruga mordisqueando una hoja y reaccionan con sustancias que repelen a los insectos. Las raíces «oyen» el murmullo del agua y crecen hacia esta. Sus sensores táctiles «sienten» la brisa y hacen más robustos los tallos cuando son zarandeados por el viento.

Recuerdan daños pasados y crecen tratando de evitar daños futuros. La planta sensitiva (*Mimosa pudica*) enrosca sus hojas para protegerse si la tocan, pero limita su reacción al estímulo si no hay daños.

DOTES DE COMUNICACIÓN

Las plantas, como los animales, pueden oler. Incluso disponen de una nariz para detectar el peligro. Cuando son atacadas por alguna infección o plaga pueden emitir olores asociados al peligro, alertando a las vecinas y preparando su sistema inmunitario para la batalla. Los frutos usan gas etileno como signo de maduración, para madurar a la vez y ser especialmente atractivos a los animales que pasan.

Las plantas son sociables y los árboles se comunican por la «red de micorrizas», una red subterránea de hongos micorrízicos (ver pp. 44-45) que conecta entre sí más del 60 por ciento de los árboles del mundo. Nutrientes y agua se comparten así entre árboles «madre» y plantones, y entre los árboles moribundos y sus vecinos.

¿ME CONVIENE LA JARDINERÍA?

A los médicos se les enseña a confiar casi siempre en los medicamentos y los bisturís. Pero los tiempos cambian, y tratamientos suaves, como pasear por el parque, pasar tiempo junto al mar o la horticultura terapéutica, están ganando terreno.

En un mundo que cambia sin parar y que busca soluciones inmediatas, la jardinería nos devuelve al ritmo de vida que la evolución nos ha hecho perder. Las plantas crecen y mueren a lo largo de días, semanas o estaciones; es un ritmo parecido al que siguen nuestra mente para aprender, nuestro cuerpo para crecer y nuestras heridas para curarse.

CRECIMIENTO Y CURACIÓN

Para quienes sufren o se están recuperando de un trauma psicológico, la jardinería es un espacio tranquilo y protegido, lejos de la tensión de la vida. Los psiquiatras y los psicólogos han descubierto que ofrece un lugar seguro en el que aprender a cuidar de algo externo a nosotros cuando hemos sufrido un trauma. Algunas plantas son urticantes o tienen pinchos, pero no se enfadan ni se revuelven.

La jardinería nos ofrece la oportunidad de hacer ejercicio. Se queman entre 210 y 420 calorías por hora, más o menos lo mismo que practicando yoga o bádminton. Y disminuye el riesgo de sufrir un ataque cardíaco, una embolia o diabetes, ayuda a controlar el peso, mejora la autoestima y nos protege del estrés y los problemas de salud mental.

ENSUCIARSE LAS MANOS

Es bueno que los niños se ensucien las manos. Desde finales de la década de 1980, algunos científicos nos advierten de que nuestra obsesión con la higiene ha provocado un aumento del asma, las alergias y el eczema en los niños. Esta teoría, conocida como la hipótesis de la higiene, afirma que si el sistema inmunitario no se expone a las bacterias, los virus y los parásitos dañinos desde una edad temprana,

acaba confundiéndose y haciendo que el polen, las proteínas de los frutos secos o los ácaros del polvo nos provoquen una reacción alérgica. Esta hipótesis no se ha demostrado de forma concluyente, y es cierto que las pautas de higiene y lavarse las manos salvan muchas vidas, pero seguramente es bueno que de vez en cuando nos ensuciemos las manos.

Cuando agarras un puñado de tierra, tu piel se cubre de una capa invisible de bacterias. Los estudios demuestran que esta mezcla de microbios del suelo puede renovar y rejuvenecer la capa protectora natural de bacterias de nuestra piel, ayudando a calmar tu sistema inmunológico hiperactivo. Sin embargo, debes mantener limpios y tapados los cortes, rasguños y zonas inflamadas, porque en la tierra también hay organismos perjudiciales.

Las bacterias de la tierra y la vegetación impregnan el aire de los jardines y los espacios verdes. Los estudios muestran que estos microbios parecen emitir vapores que alivian la ansiedad y mejoran el estado de ánimo, y los que nos tragamos podrían ayudar a restaurar el equilibrio de nuestras propias bacterias intestinales, manteniendo fuerte nuestro sistema inmunitario y haciendo que nuestra digestión funcione mejor. Esto es especialmente importante en el caso de los niños, que necesitan las bacterias en el tracto digestivo para estimular la producción inicial de células inmunitarias y su normal funcionamiento (el 70 por ciento de ellas se encuentran precisamente en el intestino).

Cuanto más cerca estemos de la tierra y las hierbas, mucho mayor será el número y diversidad de estos gérmenes vitales que están sobre nuestra piel y en el interior de nuestro cuerpo.

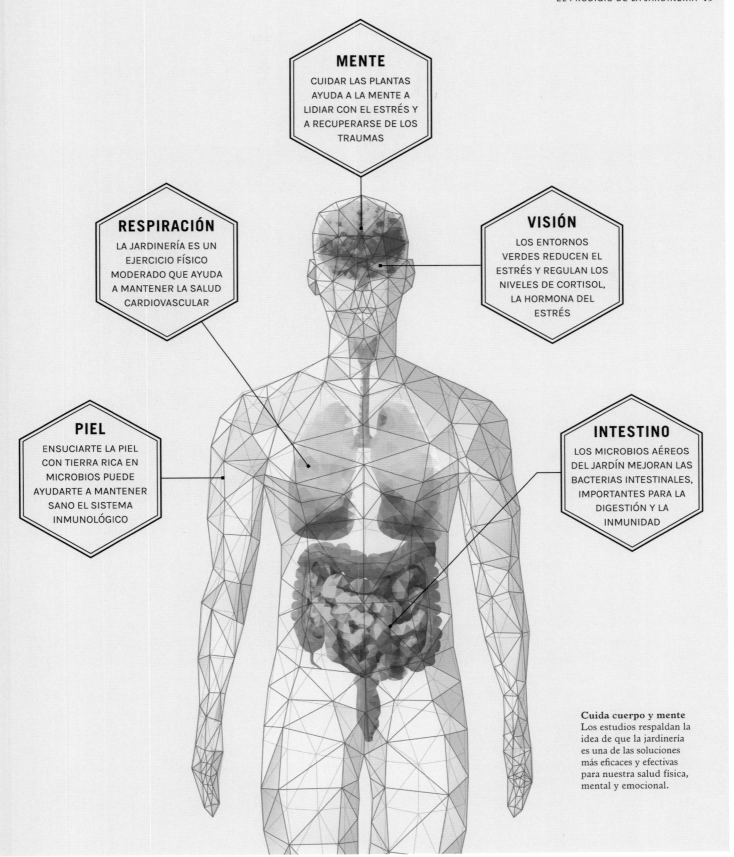

MENTE
CUIDAR LAS PLANTAS AYUDA A LA MENTE A LIDIAR CON EL ESTRÉS Y A RECUPERARSE DE LOS TRAUMAS

RESPIRACIÓN
LA JARDINERÍA ES UN EJERCICIO FÍSICO MODERADO QUE AYUDA A MANTENER LA SALUD CARDIOVASCULAR

VISIÓN
LOS ENTORNOS VERDES REDUCEN EL ESTRÉS Y REGULAN LOS NIVELES DE CORTISOL, LA HORMONA DEL ESTRÉS

PIEL
ENSUCIARTE LA PIEL CON TIERRA RICA EN MICROBIOS PUEDE AYUDARTE A MANTENER SANO EL SISTEMA INMUNOLÓGICO

INTESTINO
LOS MICROBIOS AÉREOS DEL JARDÍN MEJORAN LAS BACTERIAS INTESTINALES, IMPORTANTES PARA LA DIGESTIÓN Y LA INMUNIDAD

Cuida cuerpo y mente
Los estudios respaldan la idea de que la jardinería es una de las soluciones más eficaces y efectivas para nuestra salud física, mental y emocional.

Las flores ofrecen una franja de conexión donde los insectos polinizadores pueden buscar alimento

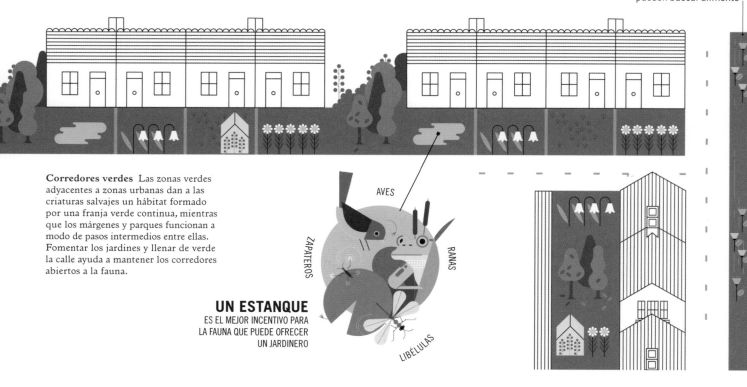

Corredores verdes Las zonas verdes adyacentes a zonas urbanas dan a las criaturas salvajes un hábitat formado por una franja verde continua, mientras que los márgenes y parques funcionan a modo de pasos intermedios entre ellas. Fomentar los jardines y llenar de verde la calle ayuda a mantener los corredores abiertos a la fauna.

AVES

ZAPATEROS

RANAS

UN ESTANQUE ES EL MEJOR INCENTIVO PARA LA FAUNA QUE PUEDE OFRECER UN JARDINERO

LIBÉLULAS

¿SON IMPORTANTES LOS JARDINES PARA LA FAUNA?

El avance del hormigón y el asfalto margina cada vez más la fauna y la flora. Tanto si dispones de una parcela como de una maceta en una ventana, pueden convertirse en un espacio verde muy valioso con una gran variedad de formas de vida.

Cada día se asfalta más superficie de espacio verde. Pero sin plantas la vida no existiría, pues proporcionan a todo tipo de criaturas alimento, refugio y un lugar para reproducirse y criar.

Décadas de investigaciones han demostrado que incluso los espacios verdes más modestos pueden albergar gran variedad de seres vivos: en un pequeño jardín de Inglaterra se identificaron más de 8000 especies de insectos a lo largo de 30 años. Los investigadores que contabilizan el número de invertebrados (insectos, gusanos, polillas, milpiés, babosas y caracoles) de los espacios verdes urbanos y rurales de todo el mundo han hallado una riqueza de seres vivos similar en todas partes.

Tanto si se trata de un gran campo como de una simple maceta, tu espacio verde puede ser vital para la fauna, la que se ve y la que no se ve. Los estudios demuestran que cualquier espacio verde puede albergar una diversidad parecida de insectos. Tú decides lo que plantas en tu jardín y eso puede tener un impacto positivo en la biodiversidad que sustenta.

PIENSA EN LA FAUNA

Planta flores o árboles que florezcan y llegarán polinizadores de varios kilómetros a la redonda para alimentarse con su néctar y su polen. Planta un seto o trepadoras en las paredes

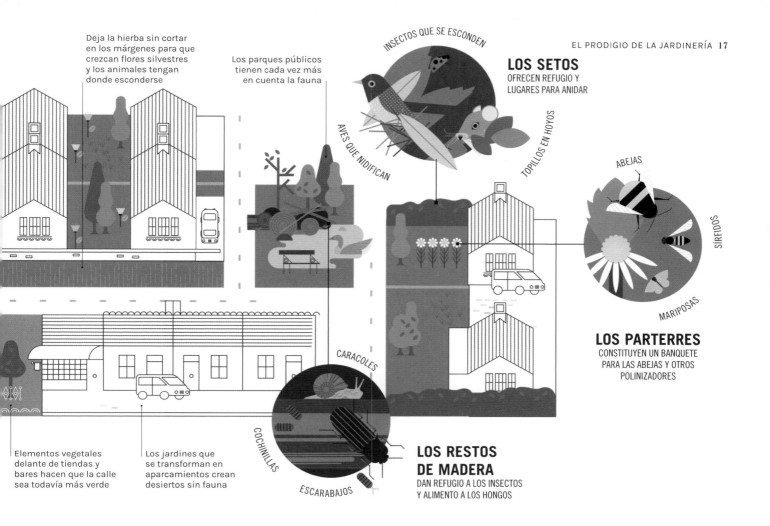

Deja la hierba sin cortar en los márgenes para que crezcan flores silvestres y los animales tengan donde esconderse

Los parques públicos tienen cada vez más en cuenta la fauna

INSECTOS QUE SE ESCONDEN

AVES QUE NIDIFICAN

LOS SETOS
OFRECEN REFUGIO Y LUGARES PARA ANIDAR

TOPILLOS EN HOYOS

ABEJAS

SÍRFIDOS

MARIPOSAS

LOS PARTERRES
CONSTITUYEN UN BANQUETE PARA LAS ABEJAS Y OTROS POLINIZADORES

CARACOLES

COCHINILLAS

ESCARABAJOS

LOS RESTOS DE MADERA
DAN REFUGIO A LOS INSECTOS Y ALIMENTO A LOS HONGOS

Elementos vegetales delante de tiendas y bares hacen que la calle sea todavía más verde

Los jardines que se transforman en aparcamientos crean desiertos sin fauna

y verjas para que haya aún más flores, además de espacio para que aniden las aves y los mamíferos e insectos se refugien. Las bayas y los escaramujos sirven de alimento a las aves y un bebedero les ofrecerá, a ellas y a las abejas, un lugar donde beber. Un pequeño estanque o charca es un buen lugar de cría para muchos insectos, ranas, sapos y tritones. Deja pudrirse en un rincón restos de madera, ramitas y hojas, y toda una legión de escarabajos, polillas, hormigas, ciempiés y hongos te lo agradecerán.

Un pedazo de hierba sin cortar puede convertirse en una auténtica jungla en miniatura que acogerá a todo tipo de animales. Siempre que no utilices herbicidas o insecticidas, incluso el césped más inmaculado y los parterres más impolutos pueden ser muy valiosos para la fauna, ya que su tierra puede albergar lombrices y otros organismos del suelo. Sea como sea, cualquier cosa es mejor que cubrir de hormigón tu patio.

CRIATURAS BENEFICIOSAS

Aumentar la fauna de tu patio o jardín tiene muchas ventajas. Las aves cantoras, los murciélagos, las musarañas, los sapos y los erizos que tanto nos gustan se alimentan básicamente de bichitos y ayudan a reducir el número de caracoles y babosas y las plagas. Algunos insectos, como las mariquitas y los sírfidos, se comen los áfidos que arrasan los brotes nuevos en primavera.

Los gusanos y todo un ejército de invertebrados son algunos de los descomponedores que reciclan plantas y animales muertos, hojas caídas y el resto de los desechos de la naturaleza y los convierten en nutrientes que sustentan el crecimiento de las plantas. Los invertebrados voladores (abejas, moscas, avispas, coleópteros, polillas y mariposas) polinizan más del 80 por ciento de las plantas con flores de la Tierra y hacen posible la producción de frutos y semillas, lo que ayuda a garantizar una buena cosecha de melocotones, manzanas y melones, por mencionar solo algunos.

LA JARDINERÍA ¿PUEDE AYUDAR A SALVAR EL PLANETA?

Las temperaturas globales aumentan y el clima se vuelve cada vez más extremo.
Pero si dispones de un espacio dedicado a las plantas tienes la posibilidad de
escoger si quieres ser parte del problema o ayudar a encontrar una solución.

En los últimos 65 millones de años, desde que un
asteroide aniquiló los dinosaurios, el clima no
había cambiado tan rápidamente como ahora.
Los 250 años que llevamos quemando combustibles
fósiles, talando bosques, virtiendo sustancias
químicas tóxicas, convirtiendo el suelo fértil en
polvo y consumiendo el agua potable del planeta
nos están pasando factura.

ESCOGE PLANTAS
QUE MARQUEN LA DIFERENCIA

El modo en que uses tu espacio verde, ya sea una
maceta en la ventana o un gran terreno, puede
marcar la diferencia. Un pequeño balcón puede
convertirse en un oasis lleno de flores en medio de
un desierto de hormigón, mientras que un huerto
rural más grande puede ser un recurso igual de
valioso en medio de inacabables campos dedicados
a un solo cultivo. Llena tu espacio de fuentes de
néctar rico en azúcar durante todo el año y
ayudarás a alimentar a poblaciones enteras de
insectos polinizadores (ver pp. 16-17), que tienen
que lidiar con la pérdida de su hábitat natural y
el uso generalizado de pesticidas.

Las plantas prosperarán y necesitarán menos
cuidados si las cultivas en el lugar adecuado
(ver pp. 58-59). Por ejemplo, si colocas las que
soportan mejor la falta de humedad en la parte
más seca, ahorrarás agua, que es un bien cada
vez más preciado.

El lugar en el que compres las plantas también
puede tener repercusiones ambientales, porque
puedes escoger plantas de un vivero local, donde

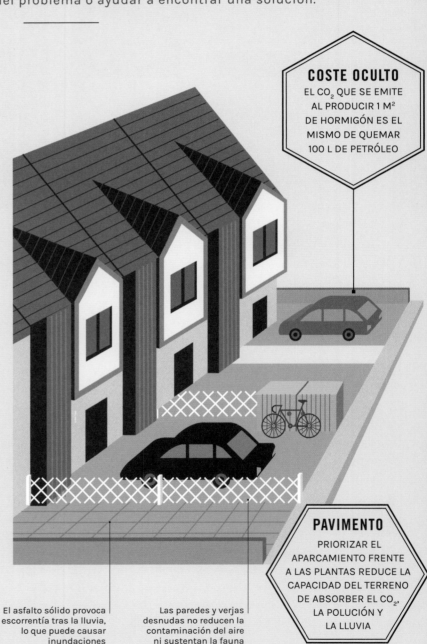

COSTE OCULTO

EL CO_2 QUE SE EMITE
AL PRODUCIR 1 M²
DE HORMIGÓN ES EL
MISMO DE QUEMAR
100 L DE PETRÓLEO

PAVIMENTO

PRIORIZAR EL
APARCAMIENTO FRENTE
A LAS PLANTAS REDUCE LA
CAPACIDAD DEL TERRENO
DE ABSORBER EL CO_2,
LA POLUCIÓN Y
LA LLUVIA

El asfalto sólido provoca
escorrentía tras la lluvia,
lo que puede causar
inundaciones

Las paredes y verjas
desnudas no reducen la
contaminación del aire
ni sustentan la fauna

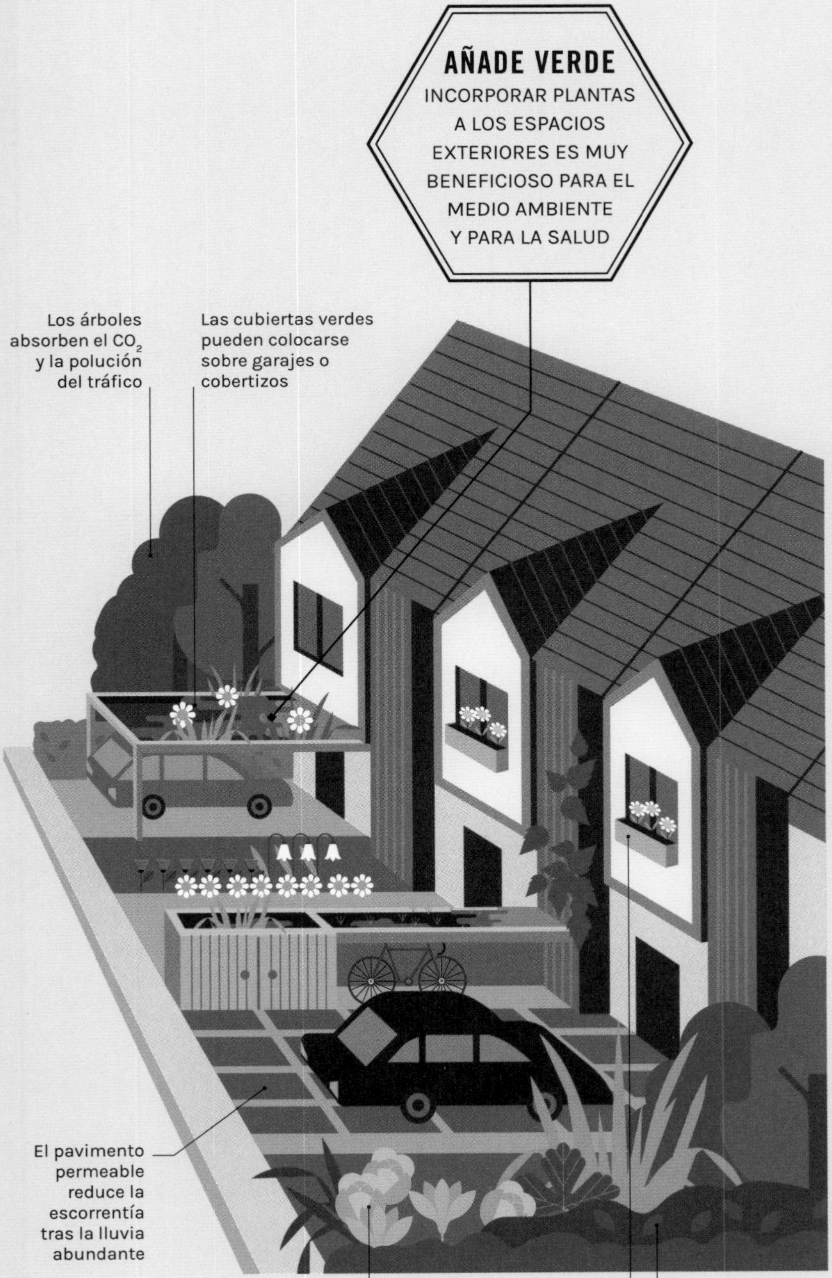

AÑADE VERDE

INCORPORAR PLANTAS
A LOS ESPACIOS
EXTERIORES ES MUY
BENEFICIOSO PARA EL
MEDIO AMBIENTE
Y PARA LA SALUD

Los árboles
absorben el CO_2
y la polución
del tráfico

Las cubiertas verdes
pueden colocarse
sobre garajes o
cobertizos

El pavimento
permeable
reduce la
escorrentía
tras la lluvia
abundante

Las plantas con flores
dan néctar a los insectos
y levantan el ánimo

Las macetas y las
trepadoras añaden verde
a cualquier espacio

Los setos reducen la
contaminación y son
buenos para la fauna

los empleados te informarán sobre el uso de pesticidas y fertilizantes sintéticos, o plantas importadas producidas en masa en invernaderos climatizados y transportadas cientos de kilómetros hasta llegar al centro de jardinería o la tienda de bricolaje. Si cultivas tus propias plantas a partir de semillas reduces los costes, tanto para ti como para el planeta, y podrás controlar los recursos que usas y disfrutar de todo el proceso.

VALORA TU ESPACIO VERDE

El diseño es importante. Piénsalo bien antes de cambiar la hierba por plástico u hormigón. Para empezar, el hormigón tiene un coste ambiental enorme: para construir una superficie de 1 m² pueden emitirse hasta 260 kg (575 lb) de CO_2, lo mismo que al quemar unos 100 litros (22 galones) de petróleo. Esa decisión también aumenta el riesgo de inundación, tanto para ti como para tus vecinos (ver p. 23), y desaprovecha el valioso potencial de las plantas y otros seres vivos de tu parcela para captar el dióxido de carbono y otras sustancias contaminantes dañinas del aire (ver p. 22 y 21), así como para enfriar el entorno durante los calurosos meses estivales (ver p. 22).

La vida siempre se abre camino, pero tú puedes hacer mucho para favorecer la situación. Si cuidas de la tierra y siembras plantas que atraen a la fauna, los insectos, las aves y otras muchas criaturas acudirán a tu pequeño santuario (ver pp. 16-17). Así, el impacto positivo de tu espacio verde llegará mucho más lejos de lo que habrías imaginado.

¿ABSORBEN LAS PLANTAS LA POLUCIÓN DEL AIRE?

Nueve de cada diez personas respiran un aire tan contaminado que es perjudicial para su salud. La contaminación del aire mata cada año entre siete y nueve millones de personas en el mundo y provoca todo tipo de enfermedades.

———————

Entre las sustancias tóxicas del aire están el óxido nitroso, un gas de efecto invernadero malo para los pulmones, componentes orgánicos volátiles (COV) y el polvo invisible letal conocido como materia particulada. Las plantas no pueden eliminar estas emisiones tóxicas, pero pueden alejar una parte considerable de la contaminación procedente de los tubos de escape y las chimeneas, así que un espacio verde puede tener un impacto positivo importante si vives en una ciudad o una población grande.

FILTROS DE AIRE NATURALES

Las plantas neutralizan los efectos dañinos de algunos gases peligrosos, como el óxido nitroso y los óxidos de azufre. Los absorben por unos poros del envés de las hojas (estomas) y los disuelven en el agua de su interior. Unos finos apéndices microscópicos (llamados tricomas) que recubren las hojas y los tallos filtran el aire atrapando la fina materia particulada, que luego es arrastrada por la lluvia. Las especies con pequeñas hojas lobuladas filtran de forma más eficaz; las coníferas, como el enebro de la China (*Juniperus chinensis*), con muchas pequeñas hojas de aguja, son las mejores para purificar el aire. No obstante, cualquier planta, incluso el césped, absorbe parte de la contaminación. Cuántas más plantes, más limpio estará el aire.

¿QUÉ IMPACTO TIENEN DENTRO DE CASA?

Los estudios demuestran que las plantas purifican el aire de los espacios cerrados, pero se ha exagerado sobre su capacidad para eliminar sustancias tóxicas de los productos de limpieza, los ambientadores, los tejidos y las moquetas. Es cierto que las hojas y los microbios de las plantas absorben los contaminantes, pero haría falta una jungla para eliminar suficientes COV. Aun así, las plantas son muy beneficiosas para la salud, ya que entre otras cosas mejoran el estado de ánimo, la capacidad de concentración y el bienestar general (ver pp. 14-15).

Trampas naturales Las hojas de las plantas disponen de distintos mecanismos para atrapar y retener sustancias contaminantes del aire.

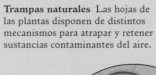

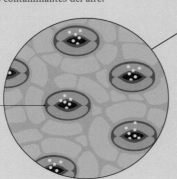

Cuando los estomas del envés de las hojas se abren para intercambiar gases, también absorben sustancias contaminantes

PEQUEÑA Y LOBULADA
Las especies con muchas hojas pequeñas causan mayor turbulencia del aire y tienen más superficie para captar contaminantes.

CEROSA
Muchas hojas tienen una superficie cerosa pegajosa que atrapa y retiene la fina materia particulada que se encuentra en el aire.

PELUDA
Sus finos pelos ralentizan la circulación del aire y atrapan las partículas tóxicas del humo y los gases de los escapes.

¿PUEDE CAPTAR MI JARDÍN DIÓXIDO DE CARBONO?

Tal vez no se puedan plantar los 700-1000 árboles anuales que harían falta para contrarrestar todas las emisiones de carbono, pero puedes plantar y cuidar tu parcela y maximizar su capacidad para almacenar y retener dióxido de carbono.

El dióxido de carbono es el principal gas de efecto invernadero responsable de que el planeta se caliente. Todos los seres vivos lo expulsan al respirar y también se libera al quemar materia vegetal y combustibles.

EL PAPEL DE LAS PLANTAS Y EL SUELO

Las plantas son los únicos seres vivos que eliminan el dióxido de carbono del aire para fabricar su propio alimento durante la fotosíntesis (ver pp. 70-71). Transforman el carbono en azúcares y almidones, y lo almacenan en tejidos ricos en carbono, como la madera. Al morir y descomponerse, las plantas se convierten en alimento para los organismos descomponedores, entre ellos bacterias y hongos que viven en el suelo (ver pp. 44-45). Una porción del carbono va a parar de vuelta a la atmósfera, en lo que se conoce como ciclo del carbono, y el resto se incorpora al suelo y al cuerpo de los muchos organismos que viven en él. Los suelos que todos los años se enriquecen con materia orgánica y en los que se excava lo mínimo (ver pp. 42-43) almacenan más carbono que los que se labran con regularidad.

Cada planta absorbe el dióxido de carbono a un ritmo que varía con la temperatura, la humedad y las precipitaciones. Los arbustos y árboles de rápido crecimiento son muy buenos extrayendo dióxido de carbono del aire y lo transforman rápidamente en madera, donde queda atrapado durante décadas. Los plantones lo absorben lentamente y no alcanzan su máximo rendimiento hasta los 5-10 años.

Un árbol maduro absorbe unos 20-35 kg (44-79 lb) de dióxido de carbono al año (más en las regiones tropicales), la misma cantidad que se emite al quemar 10-15 litros (2-3 galones) de petróleo.

LUZ DEL SOL
Activa la fotosíntesis de las plantas

O_2 **(OXÍGENO)**
Subproducto liberado en la fotosíntesis

CO_2 **(DIÓXIDO DE CARBONO)**
Las plantas lo absorben del aire en la fotosíntesis y parte se devuelve al aire en procesos vivos que tienen lugar en el suelo

El material rico en carbono sirve de alimento a criaturas que viven en el suelo, que lo descomponen en materia orgánica

Las raíces exudan azúcares ricos en carbono para alimentar a los microorganismos del suelo, como los hongos micorrízicos

El ciclo del carbono Una vez que las plantas capturan el carbono del aire, este es reutilizado repetidas veces e incluso se almacena, pero siempre hay una parte que es devuelta al aire.

El almacén de carbono del suelo es materia orgánica que no se descompone fácilmente, por lo que el carbono queda atrapado en ella y no se libera

¿DAN FRESCOR LAS PLANTAS?

Allí donde los rascacielos han sustituido a los árboles y los prados se han cubierto de asfalto y hormigón, las temperaturas siempre son más altas. Las plantas ayudan a regular la temperatura, ya que ofrecen sombra y frescor.

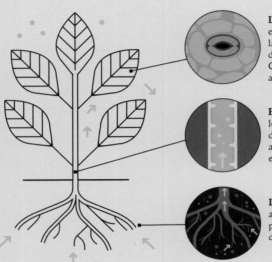

Los estomas son poros que están en la cara inferior de la hoja y se abren con la luz del día, permitiendo que el CO_2 entre y que el vapor de agua y el O_2 salgan.

El agua de transpiración que absorben las raíces sube por los vasos del xilema del tallo hasta las hojas, donde se evapora por los estomas, enfriando el aire que rodea la planta.

El xilema es el sistema de los conductos del interior de la planta que llevan el agua hacia arriba por efecto de la capilaridad.

Las raíces absorben el agua del suelo circundante para abastecer el proceso de transpiración.

El verano en la ciudad no siempre es agradable. El hormigón y el asfalto se recalientan y el ambiente es sofocante tanto de día como de noche y tendemos a refugiarnos en edificios con aire acondicionado. Las plantas nos ayudan a revertir un poco la situación.

REGULACIÓN NATURAL DEL CLIMA

En verano, un dosel de hojas que dé sombra frente al sol de mediodía puede hacer que la temperatura baje 10-15 °C (18-27 °F), y árboles dispuestos al sur y al oeste de una casa la protegen del sol del mediodía y de la tarde, produciendo un efecto refrescante que puede abaratar la factura del aire acondicionado hasta en un 50 por ciento.

Pero las plantas son más que un parasol verde. Cuando el agua se evapora, la temperatura baja, y por eso nos gusta bañarnos en el mar o en la piscina. Las plantas refrescan el aire de un modo parecido. Llevan el agua del suelo hasta las hojas, donde se evapora poco a poco a través de los pequeños poros

(estomas) del envés. Este proceso de transpiración enfría tanto la planta como el aire circundante de un modo parecido a como el sudor nos refresca la piel.

EL VERDE DISMINUYE EL CALOR

Una azotea con plantas (o «techo verde») refresca mucho el interior del edificio. Los tejados oscuros absorben la energía del sol, pero al cubrirlos con plantas desprenden humedad y protegen de los rayos solares. Esto reduce las máximas estivales de 57 °C (134 °F) a 30 °C (86 °F) y regula hasta el 95 por ciento del calor que penetraría en los pisos superiores, disminuyendo la energía necesaria para enfriar el interior hasta en un 25 por ciento.

Las plantas de interior tienen también un efecto refrescante, así que cuantas más, mejor. Las fachadas vegetales son cada vez más populares en edificios públicos y comerciales, ya que son una manera ecológica de mejorar la calidad del aire y bajar las temperaturas. ¡Vida verde en el sentido más amplio!

UN JARDÍN ¿EVITA INUNDACIONES?

Con un clima cada vez más errático, es posible que las inundaciones sean más frecuentes en muchas regiones. Las zonas verdes, o su ausencia, desempeñan un papel muy importante en relación con las inundaciones derivadas de las lluvias torrenciales.

Entre 1980 y 2016, el número de tormentas en Europa se ha duplicado y la frecuencia de las inundaciones se ha cuadruplicado. Las inundaciones se producen cuando la lluvia cae más rápido de lo que tarda en ser absorbida. Las superficies pavimentadas no la absorben, así que el agua sigue hasta desagües y alcantarillas, que pueden saturarse. La tierra, en cambio, permite que el agua se filtre. Los espacios verdes ayudan a prevenir la escorrentía y a mitigar el riesgo de inundación, pero su eficacia depende del tipo y la calidad de la tierra (ver pp. 38-39).

En el suelo compactado, no hay espacio entre las partículas por los que pueda drenarse el agua. Horquillar la superficie (ver pp. 126-127) ayuda a abrir conductos de drenaje, pero solo de forma temporal. La mejor manera de evitar que el agua se acumule y se escurra es conseguir una estructura adecuada del suelo excavando lo mínimo y abonando periódicamente con materia orgánica (ver pp. 42-43). Los doseles de hojas disminuyen la fuerza con la que el agua golpea el suelo y las raíces lo sujetan y evitan que sea arrastrado (erosión).

INUNDACIÓN: DEPENDE DEL SUELO

Los suelos arenosos tienen partículas grandes y grandes huecos (poros) entre ellas, así que el agua puede colarse fácilmente. Los suelos arcillosos son justo lo contrario: cada partícula se hincha y retiene el agua como una esponja, lo que ralentiza el drenaje.

El suelo que ha sido aplastado o compactado, normalmente por vehículos, personas o animales, es menos poroso y más propenso a las inundaciones.

UN JARDÍN QUE RECOGE AGUA DE LLUVIA

Los jardines de lluvia son áreas verdes que ralentizan y recogen el agua de zonas pavimentadas e incluso de tejados. El agua se almacena en una cavidad excavada en una zona bien drenada, para evitar que se acumule en otros puntos y en sumideros cercanos. Son una alternativa sencilla y eficaz ante sistemas de drenaje convencionales, a base de zanjas o cañerías, y suelen ser más económicos y fáciles de instalar.

Bajante que lleva agua de lluvia

El agua va a parar a la cavidad a través de un conducto o canal revestido de piedras

Cavidad con plantas perennes que toleran las inundaciones ocasionales

Pequeña barrera elevada

Exceso dirigido hacia un drenaje existente

Terreno en un nivel más bajo

El nivel del agua coincide con el jardín más bajo

El agua se filtra en el suelo con materia orgánica añadida

Jardines de lluvia Pueden absorber hasta un 30 por ciento más de agua que un prado y son un lugar ideal para plantas amantes de la humedad.

¿CÓMO AFECTARÁ EL CAMBIO CLIMÁTICO A MI JARDÍN?

El planeta se está calentando y en nuestros jardines vemos claramente los efectos que los cambios en el clima tienen sobre las plantas. En vez de desesperarte, aprovecha para aprender más sobre las plantas y perfeccionar tus conocimientos.

Floración del manzano La floración temprana es vulnerable a los daños causados por las heladas primaverales y puede hacer que las flores lleguen antes de que los insectos polinizadores estén activos, lo que reduce la cantidad de frutos.

FLORACIÓN TEMPRANA
INVIERNOS SUAVES Y PRIMAVERAS CÁLIDAS HACEN FLORECER ANTES LOS FRUTALES

Las temperaturas han subido en todo el mundo algo más de 1 °C (1,8 °F) desde que empezamos a quemar combustibles fósiles hace unos 170 años. Puede parecer poco, pero las consecuencias son importantes, pues esto altera el delicado equilibrio del sistema climático mundial y hace que los fenómenos extremos, como las sequías, sean más habituales.

EL PELIGRO DE ALTERAR LAS ESTACIONES
Con el calentamiento del planeta, la primavera empieza antes en muchas regiones, lo que hace que plantas y animales salgan antes de la hibernación invernal. En el Ártico, la primavera se ha adelantado 16 días en una década; en Norteamérica, los arándanos florecen entre 3 y 4 semanas antes que a mediados del siglo xix,

mientras que en Europa la primavera empieza entre 6 y 8 días antes que hace 30 años.

El aumento de las temperaturas hace que los sensores de luz (o fotorreceptores) repartidos por los tejidos de las plantas sean más sensibles a la luz del sol, lo que provoca que su letargo termine antes, cuando los días todavía son cortos. Sin embargo, en algunas zonas (como Florida y Texas, en EE. UU.) la primavera está empezando más tarde. Estos cambios imprevisibles hacen que en algunas regiones las plantas corran un mayor riesgo de verse sorprendidas por una helada tardía (ver gráficos en la página opuesta), que puede matar las plantas tiernas y dañar los brotes nuevos y las primeras flores de plantas más fuertes.

CLAVE

- Período de heladas
- Última fecha de helada histórica
- Número de especies vegetales en flor
- Período de floración tradicional

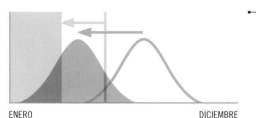

ENERO   DICIEMBRE

ANTES DE 1960

Si el clima es estable la floración y las heladas no suelen coincidir, por lo que los daños por helada disminuyen.

ENERO   DICIEMBRE

REINO UNIDO HOY

Mayor riesgo de daño por heladas, pues las fechas de floración se han adelantado más de lo que el período de heladas ha retrocedido.

Cambiar el riesgo de daño por heladas

Con un clima más cálido, las plantas suelen florecer antes, pero las fechas de las últimas heladas no han cambiado en sincronía con la floración. Estos factores han modificado el riesgo de daño por heladas de manera desigual en cada país.

ENERO   DICIEMBRE

EUROPA CONTINENTAL HOY

Menor riesgo de daño por heladas pues el período de heladas ha retrocedido más de lo que se ha adelantado la floración.

ADAPTARSE PARA PROSPERAR

La mayor parte de la naturaleza se adaptará a los cambios. Los jardineros, por su parte, deben tratar de emular esta versatilidad. Habrá que desechar algunos consejos tradicionales, ya que el cambio climático traerá nuevos desafíos y oportunidades. Las temporadas de cultivo más largas permiten probar una selección de plantas más atrevida: muchos jardineros de climas septentrionales podrán cultivar plantas que antes solo podían darse en regiones mediterráneas o latitudes más bajas. Los que tengan la suerte de vivir en zonas templadas, podrán dejar que frutas y verduras dispongan de más tiempo para crecer y madurar, y tendrán cosechas más abundantes. Por desgracia, también habrá nuevas plagas y enfermedades. Las condiciones más cálidas y húmedas favorecen que aparezcan hongos, bacterias y plagas de insectos,

permitiendo que nuevas especies se propaguen hacia el norte, a regiones en las que antes hacía demasiado frío para que pudieran prosperar (ver pp. 194-201).

Ni siquiera los mejores climatólogos tienen claro cómo evolucionarán los sistema climáticos, así que lo único seguro es que las condiciones de cultivo cada vez serán más imprevisibles. Las olas de calor y las inundaciones serán más habituales. Habrá años en que todas las plantas excepto las más resistentes sucumban a la sequía o en que las inundaciones provoquen saturación de agua.

Los jardineros deben anticiparse y prepararse para estos desafíos, quizá recolectando agua de lluvia, creando jardines de lluvia (ver p. 23) o cambiando sus plantas favoritas por otras que toleren la sequía (ver p. 117) y otras condiciones climáticas extremas.

ÚLTIMAS HELADAS
(cambio desde 1960)

SUDESTE DE AUSTRALIA

4 SEMANAS MÁS TARDE DE MEDIA

IRÁN

HASTA 23 DÍAS ANTES

POLONIA

HASTA 21 DÍAS ANTES

PREPARAR
EL SUELO

¿QUÉ ES REALMENTE LA JARDINERÍA?

Durante milenios, hemos cuidado de las plantas, no solo para obtener alimentos y medicinas, sino también por placer. Tanto en los antiguos jardines de Babilonia como en las áreas con césped y rosaledas de los suburbios de hace unas décadas o en los parques naturales actuales, siempre hemos buscado la forma de expresarnos.

En un espacio verde, tienes la oportunidad de ser diseñador, artista, ingeniero y observador científico. Es tu propio espacio para plantar, podar y usar como te plazca. Puedes elegir plantas de todo el planeta y darles un lugar en el que prosperen.

MOLDEA LA NATURALEZA

La jardinería consiste en disfrutar con lo mejor que el mundo vegetal puede ofrecerte. Pero crear un paisaje perfecto compuesto de flores llamativas y cosechas abundantes implica a menudo alterar el orden natural de las cosas. A lo largo de la historia, la jardinería ha consistido en dominar la naturaleza para crear un mundo bastante distinto a aquel en el

que evolucionaron las plantas. En el campo, las plantas silvestres crean un tapiz en constante cambio, tejido por la evolución y la lucha diaria por la supervivencia. Cada una reclama su lugar e intenta imponerse. Vivas donde vivas, el ritmo natural es el mismo: un pedazo desnudo de tierra es rápidamente conquistado por especies «pioneras», como hierbas de rápido crecimiento y especies anuales como el enecio común, cuyas semillas arrastra el viento. La muerte y descomposición de estas primeras colonizadoras enriquece el suelo y prepara el terreno para plantas más grandes. Si no se altera, esta sucesión natural de plantas a menudo acaba produciendo zonas arboladas o bosques.

Estilos naturalistas Combinan hierbas y flores que imitan el aspecto natural de los ecosistemas vegetales, pero que suelen incluir plantas que no acostumbran a estar juntas en la naturaleza.

PRADERA
MEZCLA DE HIERBAS Y PLANTAS PERENNES DE FLORACIÓN TARDÍA QUE SE INSPIRA EN LOS PASTIZALES TEMPLADOS

PRADO
CORTADO ANUALMENTE, CUANDO FLORES Y HIERBAS HAN DEJADO CAER LAS SEMILLAS. ES UN MODELO MÁS AUTOSUFICIENTE

EVOLUCIÓN DE LOS ESPACIOS VERDES

En nuestro espacio verde, ponemos cada planta en su lugar, como si fuera un mueble, por lo que la sucesión de plantas se interrumpe. Las especies pioneras se consideran malas hierbas y se arrancan o aniquilan. En jardinería, la moda y las ideas no dejan de cambiar, pero al margen del estilo y la escala, de un modo u otro siempre intentamos amoldar la naturaleza a nuestros deseos. Lo más difícil para un jardinero es mantener su creación intentando que las plantas vivan felices y en armonía.

Durante buena parte del siglo xx, los jardineros aspiraban a tener un césped impoluto y plantas exuberantes, y mantenían las plagas a raya con aerosoles nocivos. En la década de 1980, se vio el coste medioambiental de este planteamiento (ver pp. 30-31) y empezaron a imponerse los métodos ecológicos y un aspecto más natural. Actualmente, se tiende a métodos más naturalistas y autosuficientes, que permiten que plantas perennes, los arbustos y los árboles crezcan, se propaguen, prosperen o fracasen, dejando que el aspecto del espacio cambie al restablecerse la sucesión de plantas. Son buenas noticias para la fauna de los espacios verdes y hace que la jardinería sea fascinante.

Jardín forestal Este tipo de espacio refleja las distintas capas, desde el dosel arbóreo hasta el sotobosque que se encuentra en los márgenes de los bosques. Es un ejemplo de espacio verde más naturalista y autosuficiente.

ÁRBOLES
CON SU HERMOSO FOLLAJE, FLORES Y CORTEZA, OFRECEN PRIVACIDAD Y DAN SOMBRA O FRUTOS

ARBUSTOS
FORMAN UNA CAPA INFERIOR DE FOLLAJE, A MENUDO CUBIERTA DE FLORES Y FRUTOS

PLANTAS PERENNES
GRAN DIVERSIDAD DE FLORES Y HOJAS PARA TODAS LAS ESTACIONES Y LUGARES

CUBIERTA VEGETAL
PLANTAS BAJAS A LAS QUE LES GUSTA LA SOMBRA Y SE EXTIENDEN POR EL SUELO Y EVITAN LAS MALAS HIERBAS

¿CÓMO CONSIGO QUE SEA MÁS SOSTENIBLE?

La sostenibilidad es clave en esta era de concienciación ambiental e implica dejar el planeta en buenas condiciones para las generaciones venideras. Si queremos un futuro sostenible, no debemos usar más de lo que la naturaleza puede reponer.

Durante la mayor parte de su historia, la humanidad ha vivido de un modo sostenible. Hemos intentado proteger la Tierra y los recursos para que nuestros hijos pudieran vivir igual que nosotros. Actualmente, no obstante, usamos mucho más de lo que reponemos. Pero si reevaluamos nuestros métodos, podemos hacer nuestra jardinería mucho más sostenible.

REDUCIR LA CONTAMINACIÓN

Si usas un cortacésped, un soplador de hojas o un cortasetos que funcionan con gasolina, plantéate si realmente los necesitas. A diferencia de lo que ocurre con los vehículos de gasolina, las emisiones de estas máquinas no suelen estar reguladas y sus motores son poco eficientes y suelen emitir más gases tóxicos. Según un estudio sueco, usar el cortacésped durante 30 minutos contamina tanto como un trayecto en coche de 80 km (50 mi). Aunque solo sea por la salud de tu familia, intenta usar herramientas manuales o pásate a las alternativas eléctricas, especialmente si puedes optar por fuentes de energía renovables.

Piensa si necesitas fertilizante (ver pp. 122-125). Los fertilizantes sintéticos se fabrican con procesos que consumen mucha energía y pueden contaminar los ríos. Si periódicamente enriqueces el suelo con mantillo de materia orgánica aportas a las plantas todos los nutrientes que necesitan (ver pp. 42-43).

Extraer nitrógeno del aire y comprimirlo para fabricar fertilizante líquido es una tarea costosa: se producen hasta cinco litros (un galón) de dióxido de carbono para fabricar un solo gramo ($^1/_{25}$ oz) de nitrógeno. Pero el daño no acaba aquí, porque las bacterias del suelo transforman parte de este nitrógeno en óxido nitroso tóxico, un gas de efecto invernadero mucho peor que el metano o el dióxido de carbono.

Además, los nutrientes del fertilizante pueden ser arrastrados por la lluvia, y acabar en manantiales, ríos, lagos y mares, donde los niveles anormalmente elevados de nitrógeno y fósforo hacen que las algas florezcan, algo que a su vez puede producir zonas muertas privadas de oxígeno en las que la vida marina se asfixia.

Las sustancias químicas de las que disponen los jardineros para controlar las enfermedades fúngicas y las plagas de malas hierbas, insectos y otros animales, también pueden dañar al resto del mundo (ver pp. 52-53) y tener consecuencias no deseadas, pues son, por definición, nocivas para la vida. Hay formas menos dañinas de limitar los daños de las plagas y las enfermedades, y los jardineros cada vez usan más una estrategia llamada manejo integrado de plagas (ver p. 53) para prevenir y controlar este tipo de problemas.

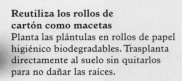

Reutiliza los rollos de cartón como macetas
Planta las plántulas en rollos de papel higiénico biodegradables. Trasplanta directamente al suelo sin quitarlos para no dañar las raíces.

Opciones sostenibles

Introduce cambios positivos para reducir el impacto medioambiental de la jardinería, preservando la fauna y tu propia salud.

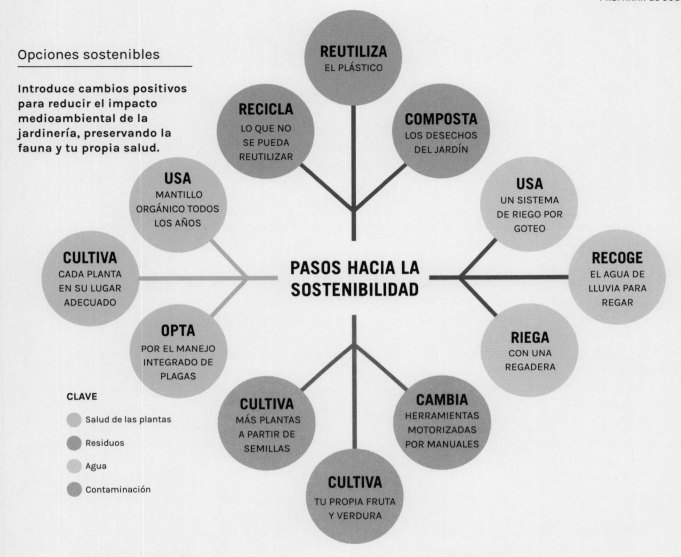

REUTILIZA
EL PLÁSTICO

RECICLA
LO QUE NO SE PUEDA REUTILIZAR

COMPOSTA
LOS DESECHOS DEL JARDÍN

USA
MANTILLO ORGÁNICO TODOS LOS AÑOS

USA
UN SISTEMA DE RIEGO POR GOTEO

CULTIVA
CADA PLANTA EN SU LUGAR ADECUADO

PASOS HACIA LA SOSTENIBILIDAD

RECOGE
EL AGUA DE LLUVIA PARA REGAR

OPTA
POR EL MANEJO INTEGRADO DE PLAGAS

RIEGA
CON UNA REGADERA

CLAVE

- Salud de las plantas
- Residuos
- Agua
- Contaminación

CULTIVA
MÁS PLANTAS A PARTIR DE SEMILLAS

CAMBIA
HERRAMIENTAS MOTORIZADAS POR MANUALES

CULTIVA
TU PROPIA FRUTA Y VERDURA

CONSERVAR EL AGUA

Con el calentamiento del planeta, el agua será un bien cada vez más preciado. Si reduces su consumo también tendrás que trabajar menos. Elige plantas adecuadas al clima y al tipo de suelo, que no necesiten riego adicional. Se invierte mucha energía en el suministro de agua potable, así que cuando sea posible usa el agua sobrante del fregadero y los baños, y usa depósitos para recoger el agua de lluvia de los tejados. Los sistemas de aspersores suelen consumir 4500 litros (1000 galones) de agua por hora. Reduce el consumo regando con una regadera o instalando un sistema de riego por goteo (ver pp. 114-115).

ECONOMÍA CIRCULAR

Reducir lo que consumimos, reutilizando las cosas o reconvirtiéndolas, y reciclar lo que sobra, son los principios básicos de la economía circular y son claves para la sostenibilidad. Compra solo lo que necesites, evita el plástico de un solo uso y reutiliza todo lo que puedas. En vez de comprar plantas con maceta, planta semillas en viejas macetas de plástico o en recipientes reciclados. Si cultivas tu propia fruta y verdura reducirás lo que gastas en alimentación, los embalajes de plástico, el transporte de alimentos y los residuos. Composta lo que no te comas, junto con los desechos de tu espacio verde, para nutrir el suelo con mantillo orgánico (ver pp. 188-191).

¿CÓMO ESTÁ ORIENTADA MI PARCELA?

A los jardineros les gusta hablar de la orientación de su parcela. Es útil saber si tu parcela recibe mucha luz del sol o si la mayor parte del tiempo tu propia casa le hace sombra.

———————

A medida que el sol se desplaza, las sombras de los edificios y los árboles altos varían: se inclinan, se encogen, se alargan y giran. Así pues, unas partes de tu espacio verde reciben más sol que otras. A menos que vivas en o cerca del ecuador (entre el trópico de Capricornio y el de Cáncer), el sol de mediodía nunca estará justo sobre tu cabeza, sino que caerá sobre ti con cierta inclinación. Si estás en el hemisferio norte, el sol siempre estará en el cielo meridional, aunque solo sea un poco en verano, por lo que la sombra de tu casa se proyectará hacia el norte.

DETERMINA LA ORIENTACIÓN

El lado hacia el que se orienta tu jardín no es más que la dirección hacia la que este se extiende desde tu casa: con la espalda apoyada en la casa y la brújula en la mano, mira hacia tu parcela y observa en qué dirección señala la flecha. Si se extiende por delante y por detrás de la casa, ambas partes estarán orientadas en direcciones opuestas y probablemente serán bastante distintas entre sí. Si tienes la mala suerte de que tu espacio verde esté orientado al norte, no recibirá mucha luz directa del sol. Si la

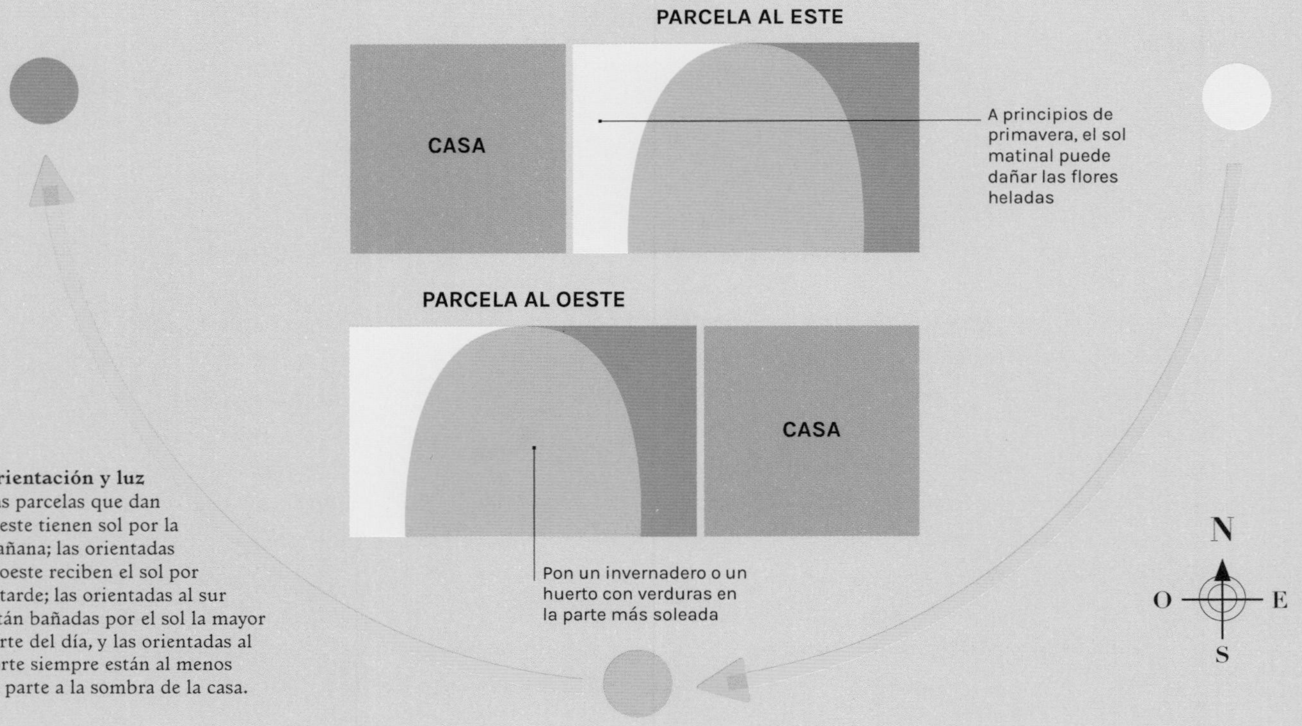

PARCELA AL ESTE

CASA

A principios de primavera, el sol matinal puede dañar las flores heladas

PARCELA AL OESTE

CASA

Orientación y luz
Las parcelas que dan al este tienen sol por la mañana; las orientadas al oeste reciben el sol por la tarde; las orientadas al sur están bañadas por el sol la mayor parte del día, y las orientadas al norte siempre están al menos en parte a la sombra de la casa.

Pon un invernadero o un huerto con verduras en la parte más soleada

N
O · E
S

brújula señala al sur, es que está orientado al sur, lo que significa que estará bañado por el sol la mayor parte del día, así que serás la envidia del resto de los jardineros. Las parcelas al este tienen sol por la mañana (y sombra por la tarde), mientras que las orientadas al oeste disfrutan del sol toda la tarde.

TEN EN CUENTA TODOS LOS DETALLES

Las verjas y los muros tienen su propia orientación y proyectan su propia sombra. Un muro septentrional mirará al sur y estará soleado todo el día. Los que se orientan al sur son lugares perfectos para plantar, ya que tanto las verjas como los muros absorben y reflejan la energía del sol proporcionando calor adicional, que es ideal para las plantas que adoran el calor y ayuda a madurar los frutos de los árboles.

Normalmente las parcelas no coinciden del todo con el punto que señala la brújula y la cantidad de sombra dependerá a su vez de los edificios, árboles y setos cercanos. El tamaño de la parcela también importa, ya que las pequeñas suelen disponer de menos espacio abierto a su alrededor y reciben la sombra de estructuras y árboles cercanos. Para identificar las partes soleadas y sombreadas de tu parcela, puedes hacer fotos a distintas horas del día.

Tenlo en cuenta en el diseño

LA ORIENTACIÓN DE TU PARCELA TE AYUDA A SABER LA MEJOR UBICACIÓN PARA CADA PLANTA Y OTRAS CARACTERÍSTICAS IMPORTANTES

Para aprovechar al máximo el potencial de tu parcela debes conocer su orientación. Si quieres poner una zona de descanso bañada por el sol de la tarde o sombreada para evitar el calor del mediodía debes saber dónde da el sol y dónde la sombra durante el día. Las plantas están preparadas para prosperar en determinadas condiciones, así que planta las que necesitan mucho sol y calor en lugares orientados al sur y reserva los que están orientados al norte para aquellas que prefieren la sombra.

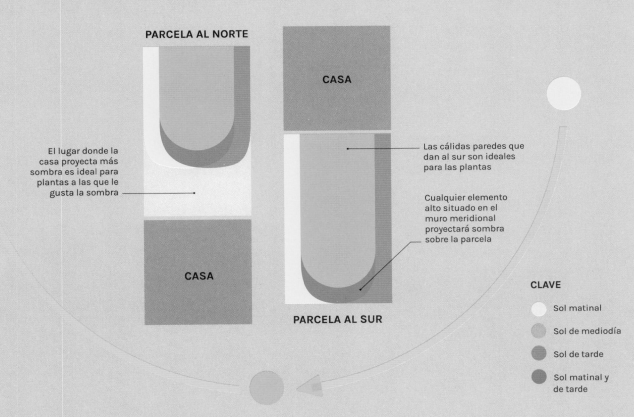

PARCELA AL NORTE

CASA

El lugar donde la casa proyecta más sombra es ideal para plantas a las que le gusta la sombra

CASA

PARCELA AL SUR

Las cálidas paredes que dan al sur son ideales para las plantas

Cualquier elemento alto situado en el muro meridional proyectará sombra sobre la parcela

CLAVE

Sol matinal

Sol de mediodía

Sol de tarde

Sol matinal y de tarde

¿CÓMO INFLUYE EL CLIMA EN LO QUE PUEDO PLANTAR?

Aunque cada planta tiene sus propias necesidades, tanto la luz del sol, como la lluvia y el calor son cruciales para su desarrollo. Con esto en mente, es fácil comprender por qué el clima local influye en lo que puedes plantar.

Independientemente de lo bien que se te dé la jardinería, el clima es algo sobre lo que no tienes control. Influye en las condiciones de tu parcela y las plantas que podrás plantar en ella.

LA LUZ ES VIDA

La cantidad de luz solar que recibe tu jardín a lo largo del año determina qué plantas puedes plantar. Gracias a la luz del sol las plantas fabrican su alimento, así que cuanto más sol llegue a sus hojas, más combustible (azúcar) tendrán para crecer. El tiempo que el sol permanece sobre el horizonte depende en gran medida de la latitud, es decir, de lo lejos que estés del ecuador. Cuanto más lejos del

ecuador, más corta es la estación de cultivo: en Islandia, por ejemplo, el sol iluminará tu parcela menos de 1400 horas al año, menos de la mitad que en Grecia.

Algunas regiones tienen más nubosidad que otras, lo que también influye en la cantidad de sol que reciben las plantas. Las que florecen con mucho sol, como la jara (*Cistus*), suelen ser originarias de climas calurosos y muy soleados. Las hojas de otras muchas, como el arce japonés palmeado (*Acer palmatum*), están adaptadas a la falta de luz y mal preparadas para hacer frente al sol abrasador. Algunas plantas se guían por la duración del día para saber cuándo tienen que florecer (ver pp. 142-143).

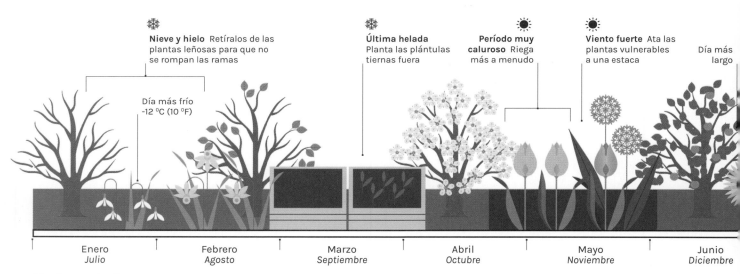

Nieve y hielo Retíralos de las plantas leñosas para que no se rompan las ramas

Día más frío -12 °C (10 °F)

Última helada Planta las plántulas tiernas fuera

Período muy caluroso Riega más a menudo

Viento fuerte Ata las plantas vulnerables a una estaca

Día más largo

| Enero *Julio* | Febrero *Agosto* | Marzo *Septiembre* | Abril *Octubre* | Mayo *Noviembre* | Junio *Diciembre* |

Un año en tu jardín
Observar, hacer mediciones y anotar datos sobre el clima puede ayudarte a decidir qué plantar y cuándo es el mejor momento para sembrar, plantar y cosechar.

VIGILA LA TEMPERATURA

Si el sol es el combustible que acciona la máquina, la temperatura determina la velocidad a la que giran los engranajes. Casi todas las reacciones químicas de la vida están controladas por unas moléculas especiales llamadas enzimas, que son calibradas a una temperatura específica en cada especie vegetal. Las enzimas suelen trabajar más rápido a temperaturas más altas, pero el tope varía de una especie a otra. En el caso del brócoli, las enzimas están calibradas de tal modo que el crecimiento prácticamente se interrumpe por encima de los 25 °C (77 °F). Pero en todas las plantas, los cloroplastos verdes, en los que se produce la fotosíntesis (ver pp. 70-71), dejan de funcionar cuando la temperatura alcanza los 40 °C (104 °F), lo que significa que, a menos que refresque, es posible que la planta muera. Los frutos maduran más rápido y saben más dulces en climas cálidos y soleados, que aceleran la actividad de las enzimas de la maduración.

Las temperaturas bajas matan rápidamente las plantas que no están preparadas para soportar las heladas, por lo que los jardineros están siempre muy pendientes de las mínimas invernales (ver pp. 80-81).

Los árboles cítricos, por ejemplo, son incapaces de florecer si las temperaturas nocturnas caen por debajo de los 10 °C (50 °F) en invierno.

VIENTO Y LLUVIA

Los jardineros saben que el viento puede romper tallos y ramas, pero no suelen ser conscientes de su dañino efecto resecante. La humedad se evapora constantemente hacia el aire desde las hojas (transpiración) y los vientos fuertes aceleran dicha evaporación, deshidratando rápidamente las hojas. Las hojas de aguja disponen de menos superficie y por tanto sufren mucho menos este efecto.

La lluvia da a las plantas agua vital, pero cada una tiene sus propias necesidades según donde se haya desarrollado. Los datos sobre precipitación media ofrecen una guía útil sobre tu zona, pero las variaciones estacionales también determinan lo que puedes plantar. Algunas plantas toleran los suelos húmedos extremadamente bien, mientras que otras solo sobreviven en suelos que drenen muy rápido. Las plantas de climas lluviosos son más propensas a las enfermedades fúngicas y a los daños causados por babosas y caracoles.

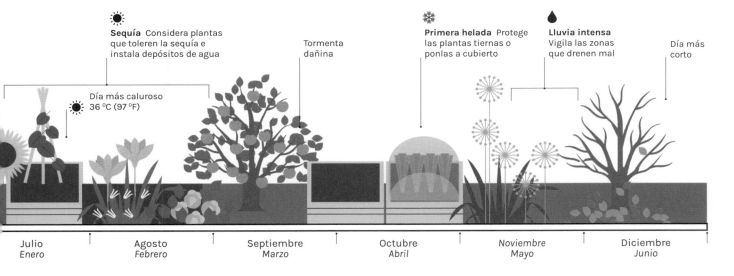

Sequía Considera plantas que toleren la sequía e instala depósitos de agua

Tormenta dañina

Primera helada Protege las plantas tiernas o ponlas a cubierto

Lluvia intensa Vigila las zonas que drenen mal

Día más corto

Día más caluroso
36 °C (97 °F)

| Julio
Enero | Agosto
Febrero | Septiembre
Marzo | Octubre
Abril | Noviembre
Mayo | Diciembre
Junio |

CLAVE

⊖ Meses (hemisferio norte/*hemisferio sur*)

¿QUÉ ES UN MICROCLIMA?

Cada parcela presenta una combinación única de condiciones de cultivo, que marca dónde caen el sol y la lluvia, cómo amortiguan el viento los edificios y los árboles cercanos, y dónde se acumula el aire frío. Eso se conoce como microclima.

Puede llevarte años desentrañar por completo los microclimas de tu espacio verde, pero conocerlos te permitirá seleccionar las plantas adecuadas para cada lugar (ver pp. 58-59). ¡Y encontrar el mejor sitio para recostarte una tarde soleada!

OBSERVA EL SOL

El sol da la vida y la orientación de tu parcela (ver pp. 32-33) influirá en todo lo demás. El lugar donde caiga la luz cuando el sol asome por el horizonte y cuando se esconda al atardecer serán únicos, y la forma en que cambian las sombras mientras se desplaza por el cielo puede que te sorprenda: una zona que en verano está bañada por el sol puede estar en sombra en invierno. Edificios, muros y vallas también influyen en el microclima. Las zonas resguardadas próximas a los muros al sur se denominan atrapasoles, y pueden formar una zona de rusticidad (ver pp. 80-81) con más grados

que el resto de la parcela. Un muro orientado al sur en una parcela de una latitud media del hemisferio norte obtendrá hasta 3,5 veces más de luz y calor del sol que un muro orientado al norte, lo que lo convierte en el lugar ideal para plantas más tiernas o cuyos frutos tienen que madurar. Muros y vallas protegen asimismo el suelo de la lluvia, creando en su base una «sombra pluviométrica» seca.

REFUGIO EFICAZ

El viento suele ser una de las cosas que más afecta a las plantas, especialmente en parcelas orientadas hacia vientos dominantes, cerca de la costa o en montículos expuestos. La turbulencia producida por árboles, muros y edificios suele ser tan imprevisible que incluso a los superordenadores les cuesta predecirla. Cortavientos en forma de árboles, setos, vallas y muros pueden amortiguar o bloquear la fuerza del viento y así proteger las plantas.

Dónde encontrar microclimas

Observa cómo interactúan los elementos de tu parcela con los elementos naturales para crear microclimas que influyan en el desarrollo de las plantas.

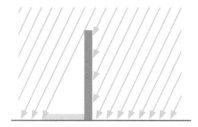

SOMBRA PLUVIOMÉTRICA

El viento hace que la lluvia suela caer de lado. Allí donde un muro o una valla tapa el viento, el suelo del otro lado permanece seco.

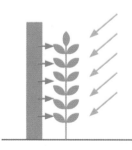

ALMACÉN DE CALOR

Los muros soleados absorben parte de su energía. Tras un día de sol, ese calor se irradia poco a poco durante la noche, proporcionando un lugar acogedor para las plantas.

La vegetación existente, especialmente los árboles, crea su propio microclima, proyectando su sombra, aumentando la humedad del aire (ver p. 22) y drenando la humedad del suelo. Bajo los árboles de hoja caduca, las condiciones cambian con las estaciones. El dosel formado por el follaje crea una sombra fresca en verano, pero en otoño, en cuanto los árboles pierden las hojas, la zona puede quedar bañada por el sol.

BOLSA DE HELADAS

Presta atención al paisaje local (topografía) para comprender mejor cómo pueden circular los vientos predominantes o dónde puede instalarse el aire frío. Por la noche, el aire frío se acumula en hondonadas, fondos de valles y en vallas o muros macizos situados al pie de pendientes, creando zonas especialmente frías llamadas bolsas de heladas.

HELADAS BAJAS

El aire frío es más denso que el aire caliente, lo que hace que descienda por las pendientes y se acumule en las hondonadas, o allí donde encuentra un obstáculo. El hielo tarda en desaparecer de estas bolsas frías, dañándolo todo excepto las plantas más resistentes.

FONDO DE VALLE

CONTRA UN SETO

A RESGUARDO DEL VIENTO

Los mejores cortavientos amortiguan y ralentizan el flujo de aire en vez de bloquearlo. Los setos y las cercas amortiguan el 50-60 por ciento del viento, mientras que las vallas y muros macizos provocan remolinos perjudiciales.

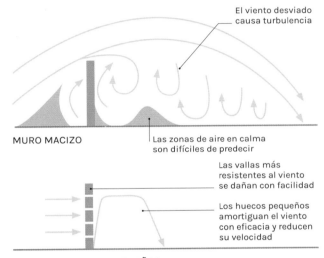

El viento desviado causa turbulencia

MURO MACIZO

Las zonas de aire en calma son difíciles de predecir

Las vallas más resistentes al viento se dañan con facilidad

Los huecos pequeños amortiguan el viento con eficacia y reducen su velocidad

VALLA CON HUECOS PEQUEÑOS

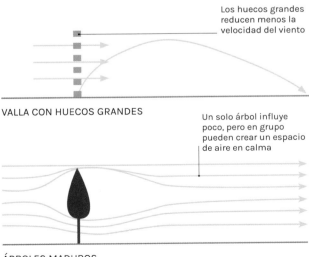

Los huecos grandes reducen menos la velocidad del viento

VALLA CON HUECOS GRANDES

Un solo árbol influye poco, pero en grupo pueden crear un espacio de aire en calma

ÁRBOLES MADUROS

¿QUÉ ES EL SUELO?

Probablemente no pienses mucho en lo que hay bajo tus pies, pero la suciedad que se mete bajo tus uñas es en realidad el ingrediente secreto de la naturaleza, un preciado recurso para las plantas y los animales que es mucho más que la suma de sus partes.

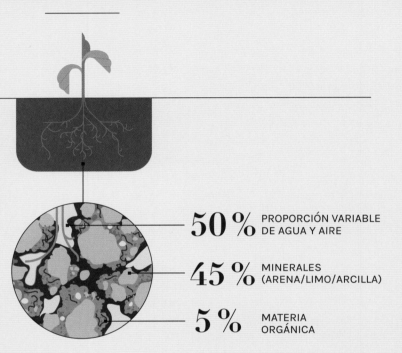

Durante siglos, los científicos han diseccionado el suelo buscando sus componentes y sus sustancias químicas básicas: una mezcla de rocas, minerales, materia animal y vegetal en descomposición, agua y aire. Estos descubrimientos sin duda son importantes, pero olvidan la hermosa complejidad del suelo. En las últimas décadas, los expertos han descubierto que el suelo alberga un ecosistema vivo llamado red alimentaria del suelo (ver pp. 44-45), que alimenta y nutre las plantas que crecen en él.

50 % PROPORCIÓN VARIABLE DE AGUA Y AIRE

45 % MINERALES (ARENA/LIMO/ARCILLA)

5 % MATERIA ORGÁNICA

COMPONENTES DEL SUELO

El suelo se compone en su mayor parte de partículas de roca (material mineral o inorgánico), que le dan su sustancia permanente. En una proporción más pequeña, pero quizá más importante, está formado por animales y plantas en descomposición, o materia orgánica, que procede de organismos que estuvieron vivos. Es la que da al suelo su color marrón. Las criaturas que viven en el suelo se encargan de descomponer poco a poco las hojas, las raíces y otros organismos muertos. Cuando se alimentan, hacen la digestión y excretan los restos, el suelo se enriquece con materia orgánica oscura rica en nutrientes y carbono, que es lo que hace que un buen suelo parezca un bizcocho blando y grumoso.

ESTRUCTURA COMPLEJA

Juntas, las partículas minerales y la materia orgánica forman pequeños terrones que dan estructura al suelo. Entre estos, hay pequeños huecos (poros) por los que el agua y el aire circulan, formando una red subterránea de túneles microscópicos, llenos de organismos que viven en el suelo, por los que las raíces pueden crecer. Los suelos con una buena estructura permiten que el agua se filtre por los poros más grandes, pero también retienen agua en los poros más pequeños, donde es absorbida por las raíces de las plantas. Un suelo sano está compuesto por un 25 por ciento de aire, que es esencial para las raíces y para que los organismos puedan respirar. El suelo es mucho más dinámico de lo que parece, y el aire de los 20 cm (8 in) superiores de un suelo bien drenado se renueva cada hora.

¿DE QUÉ TIPO ES MI SUELO?

Todos los suelos presentan una combinación de arena, limo y arcilla. Suele bastar con trabajarlo y observar cómo drena el agua después de llover para saber qué tipo de suelo es, pero también puedes hacer la prueba de la pelota: coges un puñado de tierra y tratas de hacer con ella una pelota. Si es un suelo arenoso, la pelota no quedará lisa y tendrá un tacto grumoso; si es limoso, se formará una pelota con la superficie suave y nada pegajosa, y te costará darle forma de salchicha; si es arcilloso, se formará una pelota lisa y pegajosa a la que puedes dar forma de salchicha y de «U» sin que se rompa.

SUELOS ARENOSOS

Las partículas minerales más grandes se llaman arena. El suelo en el que predomina la arena se describe como «bien drenado» o «ligero», porque el agua baja rápidamente por los poros o espacios cavernosos que hay entre las partículas de arena. A estos suelos les cuesta más retener los nutrientes, pero se calientan más rápido en primavera. Tras la lluvia, las paredes de los poros quedan cubiertas por una pátina fina de agua, humedad a la que pueden acceder las raíces. A pesar de su tamaño, la superficie de que disponen las partículas de arena para que se aferre el agua es menor que en partículas más pequeñas, así que los suelos arenosos retienen menos humedad.

SUELOS LIMOSOS

Las partículas de limo son más pequeñas que las de la arena. Los suelos limosos están a medio camino entre los arenosos y los arcillosos. Retienen el agua y los nutrientes mejor que los arenosos, pero son menos propensos a encharcarse que los ricos en arcilla. En primavera el suelo limoso se calienta más rápido que el arcilloso, que es más denso, pero más despacio que el arenoso, que es más ligero. Cuando se secan, los suelos predominantemente limosos se vuelven polvorientos y salen volando con facilidad.

SUELOS ARCILLOSOS

Las partículas minerales más pequeñas se llaman arcilla. Los suelos con más de un 30 por ciento de arcilla suelen ser muy pegajosos cuando están mojados, pero duros cuando están secos. Esto hace que sean difíciles de cavar, razón por la que se denominan «pesados». En primavera tardan en calentarse, lo que retrasa el momento de sembrar y plantar. Las partículas de arcilla obstruyen los poros entre la arena y el limo, dificultando el drenaje y provocando el encharcamiento. Pero forman agregados más grandes con la materia orgánica, lo que mejora la estructura del suelo. El suelo arcilloso puede retener 10-100 veces más nutrientes que el arenoso o el limoso, por lo que potencialmente es enormemente fértil.

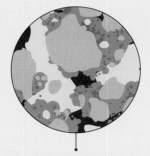

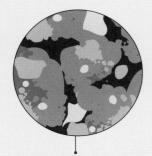

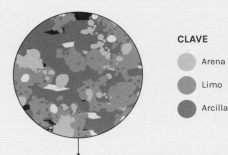

CLAVE

Arena

Limo

Arcilla

SUELOS ARENOSOS

Las partículas de 0,2 mm-2 mm dan a estos suelos textura arenosa y rugosa. Gracias a sus partículas grandes drenan bien el agua, pero les cuesta más retener los nutrientes.

SUELOS LIMOSOS

Cuando el limo está mojado, sus partículas de 0,002-0,02 mm les dan textura lisa. Gracias a las partículas pequeñas retienen bien el agua y los nutrientes, pero suelen encharcarse.

SUELOS ARCILLOSOS

Las partículas de arcilla, de menos de 0,002 mm, se cuelan entre otras y se unen a la materia orgánica, lo que mejora la retención de nutrientes pero hace que se encharquen.

¿QUÉ ES EL PH DEL SUELO Y CÓMO INFLUYE EN LO QUE PLANTO?

De todas las propiedades del suelo, el pH es la que más determina lo que crece bien. El pH mide la acidez del agua en la que están las partículas del suelo y se conoce como factor maestro, porque influye en todos los seres vivos que lo habitan.

El pH del suelo va desde muy ácido (4) hasta muy alcalino (10). Para la mayoría de las plantas el pH debe ser de 5,5-8,5, aunque el punto óptimo es de 6,2-6,8. El nivel de acidez del suelo viene dado por la roca de la que procede (ver p. 39), normalmente el lecho de roca que está muy por debajo de la capa superior del suelo. Los suelos de granito o esquisto suelen ser ácidos y los suelos de tipo calcáreo (caliza incluida) son alcalinos (lo contrario de ácidos). Los suelos arcillosos drenan lentamente y suelen retener las sustancias alcalinas, por lo que tienen un pH más alto; los suelos arenosos que drenan bien suelen ser más ácidos. El uso prolongado de fertilizantes y la contaminación suelen aumentar la acidez del suelo.

ABSORCIÓN DE NUTRIENTES

El pH del suelo es importante, ya que determina los nutrientes que las raíces pueden absorber, al margen de la cantidad que haya en el suelo. Un pH elevado suele dificultar la absorción del fósforo y de muchos oligoelementos (ver pp. 122-123) y provocar clorosis inducida por cal, que hace que las hojas amarilleen entre los nervios porque la planta no puede absorber suficiente hierro o manganeso.

En los suelos ácidos de pH bajo, el calcio, el fósforo y el magnesio pueden quedar bloqueados, mientras que el aluminio y el manganeso son más accesibles y pueden alcanzarse niveles potencialmente tóxicos. Todos los miembros de la red alimentaria del suelo (ver pp. 44-45) se ven afectados por el pH del agua del suelo. Por ejemplo, las lombrices de tierra abundan más en los suelos de pH más neutro, y las bacterias del suelo se ralentizan a medida que el pH disminuye, lo que dificulta la descomposición del material vegetal y animal.

APÁÑATE CON LO QUE TIENES

Cada especie ha evolucionado para adaptarse al pH de su hábitat, así que conocer el pH de tu suelo te ayudará a elegir las mejores plantas. Hay dispositivos para medir el pH, pero la única forma de conocerlo con certeza es con una prueba de laboratorio, ya que un resultado impreciso puede dar un error de peso. El pH se mide a escala logarítmica, lo que significa que un punto de diferencia equivale a diez veces más: el pH 5 es diez veces más ácido que el pH 6.

Encontrarás muchos consejos para corregir el pH del suelo. ¿Quieres plantar plantas ericáceas, que adoran los suelos ácidos? «Añade fertilizante con azufre». ¿Quieres verduras sanas? «Añade cal». Cuesta saber qué usar y qué no, y a la larga es inútil, porque el agua del suelo no tarda en volver a la tendencia de su roca madre. Además, alterar el pH pone en riesgo la salud de la red alimentaria del suelo. Lo mejor con cualquier tipo de suelo es añadir con regularidad una capa de compost a la superficie (cubrir con mantillo). Así el pH se acercará a un valor neutro (7) y evitarás los cambios de pH. O mejor aún, confórmate con lo que prospera de forma natural en tu parcela. Y si de verdad quieres plantar otro tipo de plantas, crea las condiciones ideales en un bancal elevado o en un contenedor adecuado.

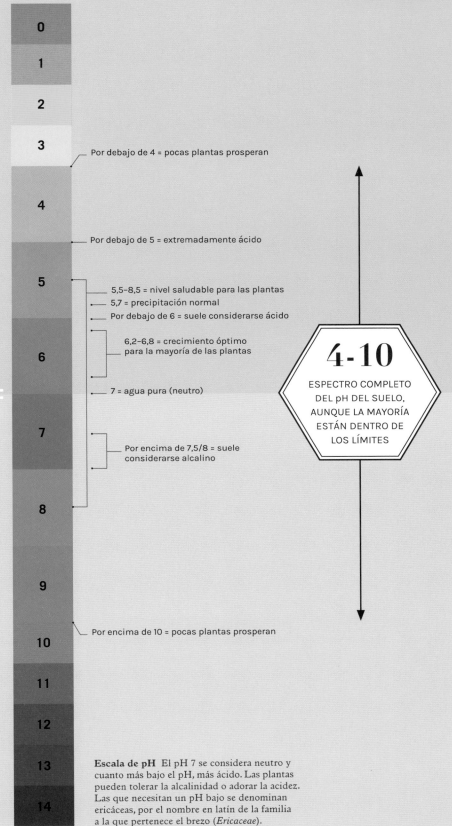

CAMELIA
ARCE JAPONÉS (*Acer*)
ARÁNDANO (*Vaccinium*)
BREZO (*Calluna, Erica*)
RODODENDRO
MAGNOLIA

PLANTAS QUE PREFIEREN UN SUELO ÁCIDO (pH < 7)

PLANTAS QUE PREFIEREN UN SUELO ALCALINO (pH > 7)

LILA (*Syringa*)
MEJORANA (*Origanum*)
LAVANDA (*Lavandula*)
LIRIO DE LOS VALLES (*Convallaria*)
FACELIA

Por debajo de 4 = pocas plantas prosperan

Por debajo de 5 = extremadamente ácido

5,5–8,5 = nivel saludable para las plantas
5,7 = precipitación normal
Por debajo de 6 = suele considerarse ácido

6,2–6,8 = crecimiento óptimo para la mayoría de las plantas

7 = agua pura (neutro)

Por encima de 7,5/8 = suele considerarse alcalino

Por encima de 10 = pocas plantas prosperan

4-10
ESPECTRO COMPLETO DEL pH DEL SUELO, AUNQUE LA MAYORÍA ESTÁN DENTRO DE LOS LÍMITES

Escala de pH El pH 7 se considera neutro y cuanto más bajo el pH, más ácido. Las plantas pueden tolerar la alcalinidad o adorar la acidez. Las que necesitan un pH bajo se denominan ericáceas, por el nombre en latín de la familia a la que pertenece el brezo (*Ericaceae*).

¿CÓMO PUEDO MEJORAR MI SUELO?

La ciencia ha desterrado las viejas ideas que aconsejaban cavar y añadir cosas como gravilla o cal para conseguir un suelo sano. Hoy sabemos que el suelo mejora si no usamos la pala y abonamos periódicamente con materia orgánica.

———

El suelo es lo más preciado, pero durante años lo hemos maltratado. Cavar, nos decían, sirve para eliminar las malas hierbas, reduce la compactación, ya que lo airea y mejora el drenaje, y aumenta su fertilidad. Pero se ha demostrado que es al contrario.

NADA DE CAVAR

En realidad, tras cavar hay más malas hierbas porque las semillas sepultadas salen a la superficie, y la luz y el aire fresco las despiertan de su letargo. Cada palada destruye además la estructura del suelo, igual que un terremoto destrozaría un edificio. El suelo se acaba compactando: denso, comprimido y sin aire.

Un suelo sano presenta una estructura esponjosa que se desmenuza y vuelve a prensarse fácilmente. La materia orgánica y el material mineral (ver pp. 38-39) se unen en agregados o peds que dan al suelo su estructura. Pegamentos de las bacterias del suelo y los hongos (ver pp. 44-45), y una sustancia pegajosa llamada mucílago procedente de las raíces, dan estabilidad a estos agregados, y entre ellos se forman pequeños huecos o poros. El aire y el agua circulan por esta red de túneles microscópicos, pero al usar la pala la destrozamos por completo.

Cavar agranda los poros, pero solo temporalmente: con el tiempo y la lluvia, la construcción se derrumba y las partículas se juntan, haciendo que el suelo sea más compactado y denso. Y lo que es peor, esta alteración daña la delicada red alimentaria del suelo. Cada palada rompe numerosas fibras fúngicas, a través de las que las plantas reciben los nutrientes y el agua (ver pp. 44-45), destroza los túneles hechos por las lombrices de tierra y desentierra microbios

aletargados, que empezarán a alimentarse y a emitir a la atmósfera gases de efecto invernadero.

ABONA CON MATERIA ORGÁNICA

Para proteger la estructura del suelo y nutrir su valiosa red alimentaria hay que abonarlo. Además de mejorar la estructura de cualquier tipo de suelo, abonar periódicamente impide que crezcan las malas hierbas (ver pp. 46-47) y contribuye a que retenga la humedad y el calor, disminuyendo la necesidad de riego en verano y el riesgo de daño por heladas en invierno. En la naturaleza no verás nunca el suelo expuesto. El suelo desnudo es propenso al deterioro y es arrastrado (se erosiona) más rápidamente. Cubrir el suelo a finales de otoño con virutas de madera, compost, paja o estiércol bien fermentado (distintos mantillos) lo protege del embate de la lluvia invernal (las gotas caen a 30 km/h, es decir a 20 mph).

En la frontera entre el mantillo y el suelo, insectos, bichos diminutos, lombrices de tierra y organismos microscópicos trabajan para digerir este material orgánico (término para materia que estuvo viva), que acaba integrándose en el suelo. El compost está compuesto de materia orgánica descompuesta plagada de microorganismos (ver pp. 188-189), que se alimentan y dan nueva vida a la red alimentaria del suelo. Otra opción consiste en cubrir el suelo de plantas, lo que puede lograrse sembrando una capa vegetal, con tréboles o fenogreco. Estas plantas, si las dejas morir y descomponerse en el sitio, se convierten en abono verde, que devolverá al suelo los nutrientes.

El suelo como sistema vivo

La tierra de tu parcela no es simple polvo, sino un ecosistema dinámico formado por gran diversidad de animales, hongos y bacterias, que prosperan si tienen alimento y se les deja tranquilos. Aprende a nutrirla y, por el bien de tu suelo, altéralo lo menos posible usando la pala solo para hacer hoyos de siembra.

MANTILLO ORGÁNICO

Una capa de compost casero o comprado sirve para nutrir a los seres vivos del suelo, aporta nutrientes, y protege y mejora la estructura del suelo.

MALAS HIERBAS

Limita las malas hierbas aplicando un mantillo que no deje pasar la luz y tratando de no cavar, para no exponer las semillas sepultadas.

RAÍCES

Un suelo sano está lleno de poros, que dan espacio para que las raíces puedan crecer y retienen el agua y el aire, que son vitales.

CRIATURAS DEL SUELO

Un universo subterráneo lleno de vida enriquece el suelo y mejora su estructura, se alimenta de materia orgánica e interactúa con las plantas.

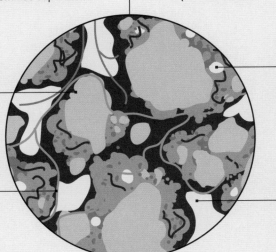

PEDS (AGREGADOS DE PARTÍCULAS DEL SUELO)

Los minerales y la materia orgánica se combinan con sustancias pegajosas de los microorganismos en peds más grandes que dan al suelo su estructura.

HONGOS MICORRÍZICOS

Las plantas establecen una relación beneficiosa con hongos que dan agua y nutrientes a las raíces a cambio de azúcares vegetales ricos en energía.

POROS PEQUEÑOS

Estos microporos se producen en o entre los agregados y retienen el agua, así que las raíces pueden acceder a ella.

POROS GRANDES

Conocidos como macroporos, son los túneles que permiten que el agua y el aire circulen por el suelo, dando buena ventilación y drenaje.

¿POR QUÉ LA RED ALIMENTARIA DEL SUELO ES IMPORTANTE?

La mayoría sabe muy poco acerca de su suelo, así que tal vez te sorprenda saber que una cucharadita de tierra pueda contener miles de millones de organismos vivos. Esta gran comunidad es la red alimentaria del suelo y es vital para la salud del suelo.

En los 200 g (7 oz) de tierra que caben en las manos hay 100 000 millones de bacterias, 5000 insectos, arácnidos, gusanos, moluscos y diminutos filamentos fúngicos que medirían unos 100 km (62 mi) si se extendieran uno tras otro. Y eso solo para empezar: también hay algas, gusanos diminutos (llamados nematodos) e infinidad de criaturas microscópicas. Todos estos organismos viven en el suelo y dependen unos de otros para sobrevivir, así que forman una red vital interconectada.

Los organismos unicelulares se los comen criaturas microscópicas más grandes, que a su vez son comidas por gusanos e insectos, que son el alimento de animales todavía más grandes, como las aves. Los caracoles, las babosas, los insectos y los gusanos son solo algunos de los invertebrados que trituran y digieren el material vegetal y lo descomponen en trozos más pequeños. La digestión produce heces, que alimentan a un montón de microbios. Estos ayudan a transformar lo que de otro modo no sería más que polvo sin vida en el suelo oscuro en el que prosperan las plantas (ver pp. 42-43). Este sistema interconectado es el que hace que el suelo sea sano, y nutre y protege a cualquier planta que eche raíces.

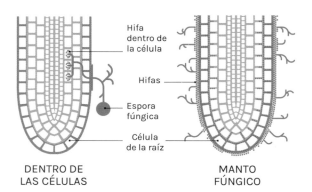

DENTRO DE LAS CÉLULAS

MANTO FÚNGICO

Hifa dentro de la célula

Hifas

Espora fúngica

Célula de la raíz

Los hongos micorrízicos pueden colonizar las raíces para formar una relación cooperativa (simbiótica) con las plantas. A cambio de azúcares, los filamentos fúngicos (hifas) pasan nutrientes a las raíces, o penetrando en su interior o cubriéndolas con el manto de sus hifas.

PLANTAS Y HONGOS TRABAJAN JUNTOS

Los hongos tienen un papel clave en la red alimentaria del suelo. Son especialistas en digerir lo que otros no pueden, como huesos, madera, caparazones duros de insecto e incluso roca, y son claves en la supervivencia de las plantas. Son la punta de un iceberg fúngico, bajo el que se extienden millones de diminutas hifas en forma de pelo.

Los hongos micorrízicos (raíz-hongo) forman asociaciones simbióticas duraderas con alrededor del 90 por ciento de las plantas, incluidos casi todos los árboles. A cambio de los fluidos azucarados que las raíces bombean, los hongos micorrízicos envían sus hifas mucho más lejos, a veces a muchos kilómetros

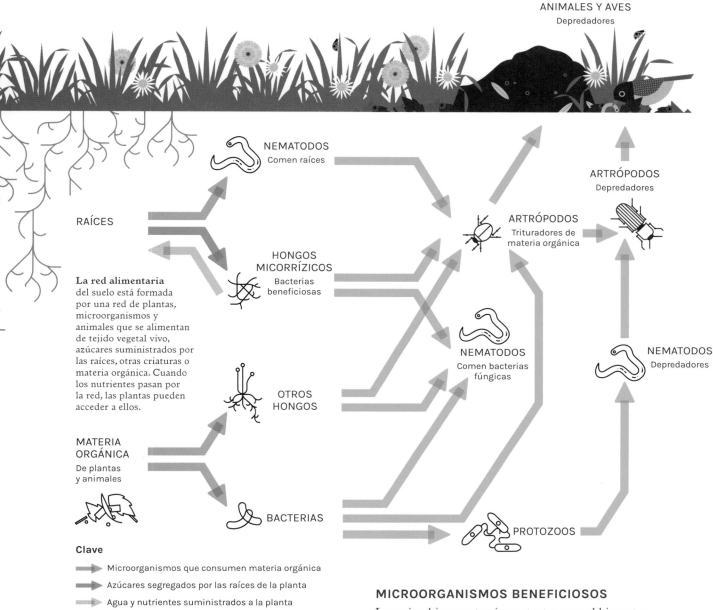

ANIMALES Y AVES
Depredadores

NEMATODOS
Comen raíces

ARTRÓPODOS
Depredadores

RAÍCES

ARTRÓPODOS
Trituradores de
materia orgánica

HONGOS
MICORRÍZICOS
Bacterias
beneficiosas

La red alimentaria
del suelo está formada
por una red de plantas,
microorganismos y
animales que se alimentan
de tejido vegetal vivo,
azúcares suministrados por
las raíces, otras criaturas o
materia orgánica. Cuando
los nutrientes pasan por
la red, las plantas pueden
acceder a ellos.

NEMATODOS
Comen bacterias
fúngicas

OTROS
HONGOS

NEMATODOS
Depredadores

MATERIA
ORGÁNICA
De plantas
y animales

BACTERIAS

PROTOZOOS

Clave

Microorganismos que consumen materia orgánica

Azúcares segregados por las raíces de la planta

Agua y nutrientes suministrados a la planta

Animales o microbios que son ingeridos

MICROORGANISMOS BENEFICIOSOS

de distancia, en busca de nutrientes y agua. Las hifas
penetran en las células de las raíces de las plantas
(ver a la izquierda) y les suministran nutrientes,
como nitrógeno, fosfato y zinc. Los filamentos
fúngicos también forman una red que conecta las
plantas cuyos conductos comparten nutrientes,
envían señales químicas sobre enfermedades e
incluso usan toxinas para intoxicar a un enemigo.

Los microbios son tan importantes para el bienestar
de las plantas que estas usan hasta un 40 por ciento
de la energía del sol para producir secreciones para
nutrirlos. Los seres microscópicos pululan alrededor
de las raíces, comiéndose los azúcares que exudan y
dándoles a cambio alimento y protección. Algunas
bacterias incluso dan a las plantas el nutriente más
importante, el nitrógeno (ver pp. 122-123), que
extraen directamente del aire, algo que los humanos
solo pueden lograr en cubas industriales sometidas a
elevadas presiones y a más de 400 °C (752 °F).

¿ARRANCO LAS MALAS HIERBAS?

Una mala hierba es cualquier planta que crezca en el lugar equivocado, pero la belleza está en los ojos de quien mira. Muchas de ellas son atractivas y valiosas para la fauna, pero hay otras sin las que indudablemente estarás mejor.

Las malas hierbas son grandes supervivientes que salen vencedoras en la brutal batalla por el suelo y la luz. Su presencia puede molestarte, pero estas plantas tan vilipendiadas suelen ser beneficiosas para el suelo y la fauna. Crecen rápido, cubren enseguida el suelo desnudo y lo protegen de la erosión. Y a los insectos les encantan sus flores. Los estudios demuestran que los polinizadores visitan algunas malas hierbas autóctonas cuatro veces más que las plantas con mezcla de semillas silvestres.

Existen distintos métodos para controlar las malas hierbas, la mayoría de ellos con más repercusiones para tu tiempo libre que para el entorno. Aunque sean eficaces, es mejor evitar los herbicidas sintéticos, ya que los estudios demuestran que pueden dañar los microbios y las criaturas que viven en el suelo. En vista de sus beneficios, ha llegado el momento de que aprendamos algo más sobre las malas hierbas y que dejemos también un espacio para que crezcan.

Diente de león Esta perenne tiene una inflorescencia de color intenso y es una fuente importante de néctar para los insectos, así que es buena idea dejar unas cuantas en una esquina de tu parcela.

RICO EN NÉCTAR
CADA FLOR DE DIENTE DE LEÓN LA FORMAN CENTENARES DE FLORECILLAS LLENAS DE POLEN Y NÉCTAR

Pétalos fusionados

Estigma y estilo (parte femenina)

Anteras (parte masculina, para el polen)

Nectario

Papus (paracaídas de la semilla)

Ovario

ANUALES Y PERENNES

Las plantas consideradas malas hierbas crecen muy rápido a costa de sus vecinas, pues acaparan la luz o incluso las ahogan con sus fuertes tallos. Pueden ser perennes que salen año tras año de largas raíces primarias o de tallos subterráneos (llamados rizomas o estolones), o anuales de rápido crecimiento que se desarrollan, florecen y dejan miles de semillas (ver abajo). Tanto las semillas de las anuales como las de las perennes pueden llegar de parcelas vecinas o de la suela de un zapato, o esperar en el suelo hasta que alcanzan la superficie y germinan (ver pp. 74-75).

Muchas plantas invasivas se han importado (a propósito o por azar) de otros continentes. Se propagan rápidamente y suelen perjudicar a la fauna y las plantas autóctonas (ver pp. 62-63). Lo mejor es que las arranques en cuanto las veas.

CONTROL EFICAZ

Si arrancas las malas hierbas anuales antes de que den semillas, las evitarás al año siguiente, pero intenta alterar lo mínimo el suelo ya que podría haber un montón de semillas esperando la oportunidad de germinar. Si remueves la superficie del suelo con una azada cuando el clima sea seco, cortarás y matarás los plantones de las malas hierbas. Las perennes son más difíciles de eliminar porque muchas pueden regenerarse a partir de trozos diminutos de raíz

(ver pp. 136-137), así que debes desherbar de forma exhaustiva para eliminar cualquier resto. Otro método menos exigente es no dejar que les llegue la luz para impedir la fotosíntesis (ver pp. 70-71) y así negarles la energía esencial para su crecimiento. Cubre el suelo desnudo con mantillo, con cartón, plástico negro o cualquier material que bloquee el sol. Incluso las perennes que crecen de raíces ricas en energía almacenada acabarán muriendo (aunque puede llevarte un año o más). Puedes lograr lo mismo con una capa de abono orgánico que se pudra, como compost o virutas de corteza, de un grosor de al menos 5 cm (2 in), que nutrirá el suelo (ver pp. 42-43).

¿FUENTE DE NUTRIENTES?

Estas plantas están repletas de nitrógeno y otros valiosos nutrientes (ver pp. 122-123), que puedes devolver al suelo si las dejas secar y las añades a la pila de compost (ver p. 192) o si las sumerges en agua durante 2-4 semanas para hacer «té» y luego lo usas como abono líquido. En algunos sitios encontrarás que la consuelda es rica en potasio, mientras que las ortigas contienen magnesio, azufre y hierro. En realidad, la ciencia nos dice que la raíz primaria de la consuelda se usa para almacenar energía y no para llevar un nutriente específico, y que las malas hierbas, como el resto de las plantas, contienen distintas cantidades de los distintos nutrientes.

PLANTAS INVASIVAS

HACEN FALTA

10
AÑOS

PARA ERRADICAR

EL PEREJIL GIGANTE
(*Heracleum mantegazzianum*)

3-4
AÑOS

PARA ERRADICAR

LA HIERBA NUDOSA JAPONESA
(*Reynoutria japonica*)

40 000
BOLSA DE PASTOR
(*Capsella bursa-pastoris*)

25 000
HIERBA GALLINERA
(*Stellaria media*)

SENECIO COMÚN
(*Senecio vulgaris*)

12 000
DIENTE DE LEÓN
(*Taraxacum officinale*)

Prolíficas en semillas
Estas malas hierbas producen miles de semillas en cuestión de semanas y enseguida suponen un problema para los jardineros.

¿ES MÁS FÁCIL CULTIVAR EN MACETAS?

Cultivar plantas en macetas tiene sus ventajas y puede funcionar tan bien como hacerlo en una parcela. Pero si confinas las raíces en una maceta deberás ser tú quien proporcione agua y nutrientes a las plantas.

Las plantas crecen bien en recipientes con agujeros de drenaje, ya sea una pequeña maceta o un contenedor grande. Tendrás control absoluto sobre el compost que uses (ver a la derecha), así que puedes crear el hogar perfecto para plantas que no saldrían adelante en el suelo. Por ejemplo, puedes cultivar arándanos con compost de ericáceas (ácido) si el pH de tu suelo es demasiado elevado (ver pp. 40-41).

MENOS PROBLEMAS

Las malas hierbas no son un problema en el compost esterilizado, y las babosas y caracoles causan menos estragos en las plantas que no están en el suelo. Las macetas pueden trasladarse a cubierto si hace mal tiempo, de modo que las plantas tiernas pueden protegerse más fácilmente de las heladas.

MÁS MANTENIMIENTO

Las macetas y los contenedores, que tienen una cantidad limitada de compost, son más propensos a congelarse cuando hace frío. También se secan antes que el suelo, por lo que hay que regarlos de forma periódica, especialmente porque reciben poca agua de lluvia donde el compost está tapado por las hojas.

Las raíces confinadas suelen limitar el tamaño de las plantas y tienen menos acceso a los nutrientes, así que tendrás que abonarlas de manera periódica con un fertilizante apropiado (ver pp. 124-125) y trasplantarlas (ver pp. 84-85) para que dispongan de espacio y recursos suficientes. Las plantas no podrán contar con la ayuda de los microbios y los hongos que les proporcionan alimento y protección en el suelo (ver pp. 44-45).

Acceso a recursos para el crecimiento

Sin acceso a las reservas de agua y los nutrientes disponibles en el suelo, las plantas cultivadas en macetas dependen de ti.

AGUA
La lluvia cae sobre el suelo y es absorbida, de modo que las raíces pueden acceder a ella.

RAÍCES
En el suelo, las raíces buscan el agua y los nutrientes con la ayuda de microbios y hongos.

EN EL SUELO

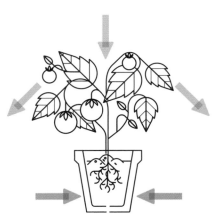

AGUA
La lluvia resbala por las hojas y el compost recibe poca agua.

RAÍCES
En una maceta, las raíces no pueden extenderse en busca de agua y nutrientes.

EN UNA MACETA

¿QUÉ TIPO DE COMPOST DEBO COMPRAR?

Existen infinidad de composts, cada uno de ellos formulado para un fin determinado y una etapa del desarrollo de la planta. Escoge el más adecuado para las necesidades de tus plantas y ten en cuenta el impacto medioambiental de sus componentes.

COMPOST PARA SEMILLAS	ABONO BASE	MULTIUSOS SIN TURBA	ERICÁCEO	MEJORADOR DEL SUELO
BUEN DRENAJE, POCOS NUTRIENTES	PESADO, CONSERVA LA ESTRUCTURA	MÁS GRUESO, NUTRIENTES DE CRECIMIENTO	PH 4–5, NUTRIENTES DE CRECIMIENTO	GRUESO, RICO EN NUTRIENTES
SIEMBRA	PRODUCTOS PARA CADA ETAPA	TODAS LAS ETAPAS	PLANTAS QUE QUIEREN ACIDEZ	CUBRIR CON MANTILLO, NO PARA MACETAS

Hay composts llamados mezclas para macetas, para distinguirlos de los composts para el suelo. Escoge con cuidado, ya que la textura, el drenaje, los nutrientes y el pH deben ser adecuados para el uso previsto.

EL COMPOST ADECUADO

Los composts para semillas tienen buen drenaje y pocos nutrientes, que es lo que necesitan las semillas para germinar, pero está demostrado que las marcas buenas de compost multiusos van igual de bien para sembrar. Dado que el compost multiusos es también ideal para los plantones y las plantas de temporada, puedes usarlo con las semillas. Escoge mezclas adecuadas a las necesidades de las plantas, como el compost ericáceo para las plantas que quieren acidez.

Los componentes de la mayoría de las mezclas para macetas proceden de materia orgánica (ver p. 207), pero algunas contienen tierra superficial (llamada marga), que se esteriliza térmicamente para aniquilar malas hierbas y microbios. Estos son más pesados y conservan una buena estructura para las raíces durante varios años, por lo que resultan adecuados para árboles o arbustos longevos.

SIN TURBA

Los problemas ambientales del uso de la turba (ver pp. 50-51) han hecho desarrollar productos sin ella. Los sustitutos, como la fibra de madera o de coco, retienen el agua y dan volumen al compost, pero no son tan consistentes. Vigila con los productos de mala calidad, pues el resultado puede decepcionarte.

Fibra de coco

ESTE DERIVADO DEL COCO SE VENDE COMO ALTERNATIVA ECOLÓGICA FRENTE A LA TURBA.

Pero hacen falta seis meses de tratamientos químicos y físicos, y mucha agua, para transformar la cáscara del coco en bloques de fibra, que luego se transportan en barco a grandes distancias desde India, Sri Lanka y el sudeste asiático.

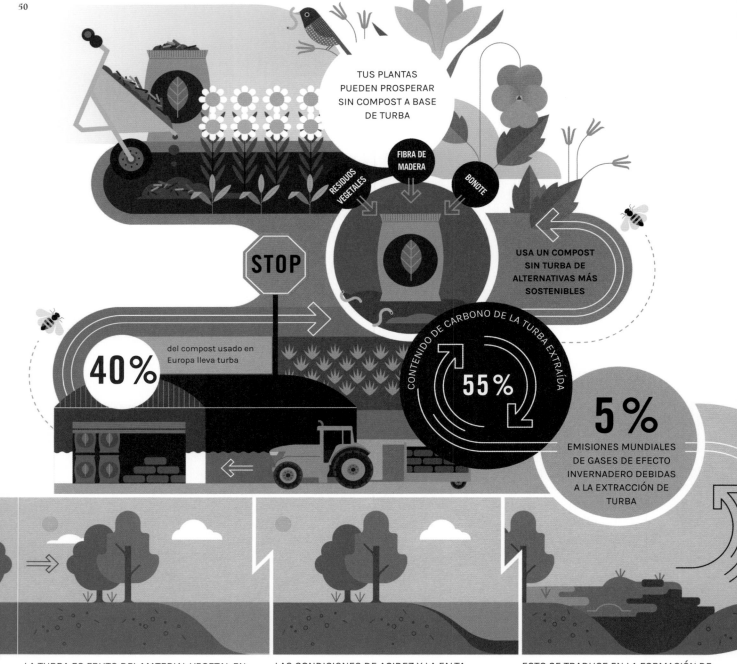

TUS PLANTAS PUEDEN PROSPERAR SIN COMPOST A BASE DE TURBA

FIBRA DE MADERA

BONOTE

RESIDUOS VEGETALES

STOP

USA UN COMPOST SIN TURBA DE ALTERNATIVAS MÁS SOSTENIBLES

40 % del compost usado en Europa lleva turba

CONTENIDO DE CARBONO DE LA TURBA EXTRAÍDA

55 %

5 % EMISIONES MUNDIALES DE GASES DE EFECTO INVERNADERO DEBIDAS A LA EXTRACCIÓN DE TURBA

LA TURBA ES FRUTO DEL MATERIAL VEGETAL EN DESCOMPOSICIÓN EN UNA ZONA DE HUMEDALES

LAS CONDICIONES DE ACIDEZ Y LA FALTA DE AIRE IMPIDEN LA DESCOMPOSICIÓN

ESTO SE TRADUCE EN LA FORMACIÓN DE TURBERAS A LO LARGO DE MILENIOS

Del pantano al jardín

La turba tarda miles de años en formarse. Si la usamos en nuestro jardín, estamos participando en la destrucción de hábitats ancestrales y en la emisión a la atmósfera de gases que causan el cambio climático.

44 % PROPORCIÓN DEL CARBONO DEL SUELO ENCERRADO EN LA TURBA

3 % SUPERFICIE TERRESTRE FORMADA POR TURBERAS

¿POR QUÉ ES MALO USAR TURBA?

Muchos jardineros consideran la turba oro marrón, pues hace prosperar incluso las plantas más exigentes. Esta sustancia maravillosa sigue utilizándose en muchos composts, pero deberíamos evitarla: es como quemar carbón para que tus petunias estén bonitas.

BENEFICIOS DE LA TURBA

La turba absorbe el agua mejor que la mayoría de las esponjas, da estructura y cuerpo al suelo mejor que cualquier mineral o sustancia fabricada por nosotros, no se deteriora ni es fácilmente arrastrada, y ofrece a las raíces un asidero firme. Esa tierra oscura y esponjosa es muy regular, por lo que es mucho más consistente y fiable que cualquier compost o capa vegetal. Si se mira al microscopio, la turba parece un panal en el que cada cavidad de blando carbono alberga una bacteria buena para las plantas, un lugar perfecto para retener los nutrientes del suelo.

ARRASAR BOSQUES PREHISTÓRICOS

Un bloque de turba contiene vegetación y bosques valiosos de miles de años, comprimidos y en parte descompuestos. Al romperla para transformarla en sustratos y compost, queda expuesta al aire, despertando microbios que han permanecido inactivos en la oscuridad durante siglos. Liberados ahora de su parálisis ácida, lanzan nubes invisibles de dióxido de carbono y metano. Es como si quemaras un bosque prehistórico en tu jardín.

La turba es tan rica en carbono compactado que durante siglos la hemos quemado para calentar los hogares y obtener energía, y de hecho esto sigue haciéndose en algunos países. Pero es un combustible enormemente sucio, considerado a veces como el «combustible fósil olvidado», a pesar de que las turberas contienen más carbono que todos los bosques del mundo juntos.

TURBERAS ASOLADAS

Los jardineros que usan turba contribuyen a destruir un hábitat irreemplazable. A diferencia de los suelos normales, las turberas están tan encharcadas que los hongos, las bacterias y los insectos que descomponen las hojas, las ramitas y la vegetación caída están asfixiados. La tierra se convierte en una ciénaga ácida medio descompuesta. Debería ser un terreno yermo, pero la naturaleza se abre camino, y las turberas acaban cubiertas de una flora y unos musgos inusuales (sobre todo el musgo de turbera) y albergan animales y plantas raros, amenazados y en declive. Es toda una ironía que los amantes de la naturaleza arrasen zonas de biodiversidad tan valiosas para facilitarse las cosas innecesariamente.

¿Una opción «sostenible»?

ALGUNOS PRODUCTOS A BASE DE TURBA SE ETIQUETAN COMO SOSTENIBLES, PERO ESTO HA SIDO DESMENTIDO POR LOS CIENTÍFICOS.

Las turberas se renuevan a un ritmo de 1 mm al año, a medida que el musgo de la superficie crece y muere, añadiendo constantemente sus restos a la tierra húmeda. Algunos productores de Norteamérica venden turba que dicen que es sostenible. Aseguran que solo retiran la capa seca que hay bajo el musgo de la superficie y que dejan que vuelva a crecer del todo antes de retirar más, o que toman solo una cantidad mínima. Los ecologistas afirman que ningún producto a base de turba es sostenible y que al recogerla se libera dióxido de carbono.

¿DEBO USAR PESTICIDAS?

Los fumigadores ofrecen una solución rápida contra las malas hierbas o los áfidos, pero sus componentes pueden ser dañinos para los humanos y el entorno. Además, pueden agudizar el problema. Reducir el uso de pesticidas tiene muchas ventajas. Sin duda existen mejores alternativas.

La palabra pesticida se refiere a cualquier sustancia que se use para aniquilar seres vivos considerados una plaga. Incluye sustancias químicas para matar malas hierbas (herbicidas), insectos (insecticidas), hongos (fungicidas), ratas y ratones (rodenticidas), y babosas y caracoles (molusquicidas). Todos son tóxicos, pero algunos son más perjudiciales que otros.

Los productos orgánicos se hacen con sustancias presentes en la naturaleza que, aunque también son peligrosas, son biodegradables y se descomponen en pocas horas o días. Los sintéticos tienen ingredientes fabricados por el hombre que pueden permanecer en las plantas o el suelo durante semanas, meses o años (pesticidas persistentes), por lo que es fácil que dañen a los insectos y otras criaturas (ver pp. 44-45). Los pesticidas pueden filtrarse a través del suelo e ir a parar a arroyos y ríos, donde pueden intoxicar a los animales acuáticos. Los pesticidas actuales están muy

regulados y se someten a verificaciones exhaustivas, pero aun así pueden tener consecuencias indeseadas: los insecticidas neonicotinoides intoxican las abejas, y el glifosato perjudica por igual la salud de microbios y mamíferos, y también se ha asociado con el cáncer.

¿UNA VIDA SIN PESTICIDAS?

En EE. UU., se usan hasta diez veces más pesticidas por acre para cuidar el césped que para los cultivos. Esto ha causado que las poblaciones de insectos hayan disminuido drásticamente. Además, pueden ser perjudiciales para nuestra salud, por lo que muchos jardineros se preguntan si vale la pena usarlos para evitar algunas malas hierbas, hojas mordisqueadas o frutos imperfectos. La Unión Europea, por su parte, ha puesto en marcha la Estrategia de la Granja a la Mesa, destinada a reducir el uso de pesticidas y fitosanitarios nocivos para la salud y el medio

Manejo integrado de plagas	INVESTIGACIÓN	CULTURAL
Esta estrategia, conocida también como MIP, ofrece a los jardineros una gran variedad de alternativas. Consiste en detectar qué plagas atacan a cada planta para usar una serie de métodos específicos para prevenir o solucionar cualquier problema que surja.	**Infórmate sobre las posibles** plagas y cuándo pueden atacar: ● Consulta libros y páginas web de jardinería para identificar tus plantas y las plagas que se asocian a ellas. ● Usa trampas perfumadas y pegajosas para detectarlas.	**Usa técnicas de jardinería** para prevenir problemas: ● Favorece unas buenas condiciones de crecimiento colocando la planta adecuada en el lugar indicado (ver pp. 58-59). ● Añade materia orgánica al suelo para tener plantas sanas con fuertes defensas naturales. ● Rota los cultivos y sanea el material vegetal enfermo para evitar las plagas, y que persistan y se propaguen.

ambiente en un 50% en el año 2030. En 2023, España ha reducido ya en un 52 % el uso de los pesticidas más peligrosos y cumple, pues, este objetivo, pero debe reducir aún el uso de fitosanitarios en general, que hasta la fecha se ha rebajado solamente en un 26 %.

No debemos olvidar los métodos naturales. Si se les da la oportunidad, los depredadores naturales, como pájaros y mariquitas, vendrán al rescate y se darán un banquete de insectos como los áfidos. Rociar las plantas con insecticida al primer indicio no solo destruye una fuente alimenticia para la fauna, sino que también puede aniquilar los insectos depredadores, lo que significa que no estarán allí para controlar el número de áfidos cuando vuelvan a aparecer. Sin la interferencia de los pesticidas, las poblaciones de parásitos y depredadores pueden alcanzar un equilibrio natural, de manera que siempre habrá parásitos, pero en una cantidad tolerable y controlada. La jardinería sin pesticidas implica aprender a aceptar su presencia. Intercalar plantas que aprecies con otras que atraigan a criaturas beneficiosas (ver pp. 140-141) puede ayudar a conseguir este equilibrio.

TIPOS DE TRATAMIENTO

DEBES COMPRENDER LOS TÉRMINOS QUE SE USAN EN LAS ETIQUETAS DE LOS PESTICIDAS PARA ESCOGER EL PRODUCTO ADECUADO.

CONTACTO
Solo actúa sobre lo que toca: mata las hojas pero no las raíces, o solo los insectos que son pulverizados.

SISTÉMICO
Es absorbido por las plantas y distribuido por todo el tejido para aniquilar toda la planta o las plagas que se alimentan de ella.

SELECTIVO
Sirve para un tipo concreto de planta o animal y no afecta al resto. Por ejemplo, el herbicida para el césped.

NO SELECTIVO
Aniquila tanto plagas como los insectos beneficiosos, o todas las plantas, buenas o malas, sin distinción.

FÍSICO

Emplea métodos físicos sencillos para proteger las plantas:

- Mantén las plagas alejadas de las plantas con capas de mantillo (malla antiinsectos o vellón).
- Retira los bichos de las plantas manualmente o pulverízalas con agua.

DEPREDADORES

Favorece la fauna que acaba con las plagas:

- Planta plantas que atraen insectos beneficiosos, como las moscas de las flores que se alimentan de áfidos.
- Pon árboles y arbustos para las aves o un estanque para ranas y sapos.
- Recurre a los depredadores naturales para controlar plagas específicas.

DINAMIZADORES VEGETALES

Prueba pesticidas naturales si el daño es intolerable:

- Usa productos que contengan aceites o surfactantes naturales para aniquilar las plagas de insectos.
- **La tierra de** diatomeas es una roca que ahuyenta las plagas.

SUSTANCIAS QUÍMICAS

Los pesticidas químicos pueden usarse como último recurso.

- Si lo prefieres puedes decidir no usar pesticidas.
- Busca un producto adecuado para tratar las plantas; opta por el menos perjudicial para la fauna.
- Aplícalo y guárdalo tal como se indica en las instrucciones.

¿ES MÁS DIFÍCIL LA JARDINERÍA ORGÁNICA?

La jardinería orgánica no es simplemente evitar el uso de sustancias químicas. Supone un cambio de mentalidad que permite que las plantas, el suelo y las criaturas de tu parcela trabajen conjuntamente. Parece complicado, pero a la larga es más fácil.

La agricultura orgánica, nacida en el período de posguerra como respuesta a las prácticas agrícolas intensivas, trata de cooperar con la naturaleza en vez de intentar dominarla. Te será más fácil conseguirlo y reducir el uso de pesticidas y fertilizantes si dejas de obsesionarte con tener un césped perfecto o unos parterres de rosas inmaculados. Mira a tu alrededor y verás que la naturaleza con toda su variedad es más sana, mientras que el monocultivo de un único tipo de planta atrae plagas y enfermedades.

Ya cultiven verduras o flores, los jardineros orgánicos buscan un equilibrio más natural, así que optan por una serie de plantas que proporcionen alimento y refugio a los insectos beneficiosos que polinizan las plantas y controlan las plagas. Esta variedad, además, desconcierta a las plagas, y cuando surge un problema es poco probable que afecte a todas las plantas. Sacar partido al modo en que las distintas especies de plantas interactúan física y químicamente entre sí se conoce como asociación de cultivos y la ciencia ha hallado combinaciones de plantas que resultan beneficiosas (ver p. 94).

ALTERNATIVAS FRENTE A LOS PESTICIDAS

La combinación de plantas hace que la presencia de manchas en las hojas o áfidos resulte menos evidente y más fácil de tolerar, lo que reduce la necesidad de usar pulverizadores. De hecho, pulverizar una zona con pesticida o herbicida (ver pp. 52-53) a la larga no ayuda a nadie, ya que plantas, aves, insectos, mamíferos y microbios dependen unos de otros. Un insecticida (ya sea sintético u orgánico) pensado para aniquilar áfidos también puede exterminar a

sus depredadores naturales, como las moscas de las flores y las mariquitas, así que dejarán de estar ahí para comerse los áfidos y controlar su población cuando vuelvan a aparecer. Saber cuándo las plagas constituyen un problema te permitirá sembrar y colocar una capa de mantillo para prevenir el problema, o introducir depredadores naturales como parte del manejo integrado de plagas (ver pp. 52-53), que ofrece muchas estrategias útiles antes de tener que considerar los pesticidas.

Otra piedra angular de la jardinería orgánica es centrarse en el crecimiento estable para producir plantas resistentes, menos propensas a ser atacadas o seriamente dañadas por plagas y enfermedades. Esto empieza por seleccionar plantas adecuadas a tu suelo, clima y espacio (ver pp. 58-59), que prosperarán con poca dedicación.

Método «sin cavar»

LA JARDINERÍA «SIN CAVAR» DA MENOS TRABAJO Y MEJORA LA SALUD Y LA ESTRUCTURA DEL SUELO. Con este método es crucial nutrir el suelo con una capa anual de compost, que se deja en la superficie. Esto lo enriquece con nutrientes, mejora su estructura y nutre su red alimentaria (ver pp. 42-45). Además, asfixia las malas hierbas antes de que crezcan. Si lo mantienes sano de este modo, el suelo aportará a las plantas todos los nutrientes que necesitan y no te harán falta fertilizantes. Si fabricas tu propia pila de compost dispondrás de un suministro gratis de oro negro a partir de los desechos de la cocina y el jardín (ver pp. 190-191).

Aumento de la fauna beneficiosa

A menos pesticidas, más sana será la red alimentaria del suelo

Disminución de daños sin perjudicar a los insectos beneficiosos

MENOR NECESIDAD DE PESTICIDAS

MATERIAL VEGETAL SANO PARA ABONAR

Beneficios de la jardinería orgánica

Cada espacio verde alberga un complejo ecosistema compuesto por innumerables microbios, plantas y animales. El uso de métodos orgánicos mantiene un equilibrio natural entre todos estos seres vivos, en el que el suelo sano nutre a las plantas y los depredadores mantienen las plagas bajo control.

El compost casero es gratis y está lleno de nutrientes y microbios

USA CAPAS DE MANTILLO, BARRERAS O CONTROLES BIOLÓGICOS

ABONA EL SUELO CON COMPOST

Plantas fuertes y resistentes, menos propensas a plagas y enfermedades

MENOR USO DE FERTILIZANTES

Mejora la red alimentaria del suelo, lo que ayuda a nutrir las plantas

Reduce las malas hierbas y protege el suelo de la erosión

Mejora la red alimentaria y la cantidad de nutrientes del suelo

Mucho o poco mantenimiento

Los pequeños cambios pueden significar una gran diferencia en cuanto a la cantidad de cuidados. Sustituye las prácticas que generan trabajo (izquierda) por otras que exijan menos esfuerzo (derecha).

CÉSPED CORTADO

El césped hay que cortarlo y arreglarlo con regularidad, lo que exige tiempo y esfuerzo.

HIERBA MÁS ALTA

Una zona tipo pradera reduce el césped que cortar y es buena para la naturaleza.

SUELO DESNUDO

Las malas hierbas crecen en cualquier espacio libre. El suelo expuesto requiere un mayor deshierbe.

SUELO CUBIERTO

Llena los parterres de plantas para que no quede espacio para las malas hierbas.

CAVAR

Cavar daña la estructura del suelo y favorece la aparición de malas hierbas.

SIN CAVAR

Un mantillo de compost asfixia las malas hierbas y nutre el suelo, lo que reduce el trabajo.

LUGAR EQUIVOCADO

En condiciones inapropiadas las plantas sufren y necesitan más cuidados.

LUGAR ADECUADO

Si las plantas en un lugar que se adapte a sus necesidades requerirán muy poca atención.

PLANTAR EN MACETAS

Las plantas en macetas deben regarse y abonarse más para que crezcan bien.

PLANTAR EN EL SUELO

Las plantas dependerán menos de ti si sus raíces crecen en el suelo.

¿CÓMO LOGRO UNA PARCELA CON POCO MANTENIMIENTO?

Todos los espacios verdes requieren cierto mantenimiento, pero si adaptas tu espacio verde a tus intereses y necesidades dicho mantenimiento no tiene por qué ser una tarea pesada. Si creas un espacio que te funcione, disfrutarás cuidando de él.

———

Muchas personas piensan que tener un espacio verde requiere mucho trabajo, pero si eliges bien qué plantas, y dónde y cómo lo cultivas, necesitarás mucho menos tiempo y te será más gratificante.

REDUCE EL CÉSPED

Eliminar parte o todo el césped es la mejor forma de ahorrar tiempo. En un metro cuadrado de césped hay 100 000 briznas de hierba sedientas: pocas plantas necesitan tanta agua y alimento, y además hay que cortarlo periódicamente. Eso implica mucho esfuerzo, así que puedes sustituirlo por plantas de vivos colores que necesiten menos cuidados. Reemplazar el césped por pavimento o césped artificial puede ser tentador, pero suele acabar con las plantas, el suelo y los insectos, aumentando el riesgo de inundaciones (ver p. 23).

SUELO CUBIERTO

No dejes el suelo desnudo, o será rápidamente colonizado por las malas hierbas. El suelo expuesto se erosiona y deteriora rápidamente a causa de los elementos (ver p. 42). El método «sin cavar», en el que en vez de cavar se abona el suelo anualmente con compost (ver p. 42-43), es mejor para tu espalda, y con él, además, mejorarás la salud del suelo y reducirás la cantidad de agua de riego y de malas hierbas.

SELECCIÓN DE PLANTAS

Una buena selección de plantas te ahorrará dolores de cabeza más adelante. Coloca las plantas allí donde las condiciones de luz y el suelo sean adecuados para ellas (ver p. 58-59), y así necesitarán muy poco riego y cuidados una vez asentadas. Es mejor evitar las plantas anuales que hay que reemplazar una o dos veces al año. Opta por árboles, arbustos y plantas perennes que crezcan año tras año. Planta setos de crecimiento lento, como el tejo (*Taxus*), que puede podarse una vez al año y apenas requiere mantenimiento.

Las plantas en macetas o jardineras deben regarse con frecuencia (incluso a diario en verano) y abonarse con regularidad (ver pp. 110-111). Quizá sea mejor evitarlas para disminuir la carga de trabajo.

ESPACIO
PARA CRECER
COMPRUEBA LO QUE
CRECERÁN LOS ÁRBOLES
Y ARBUSTOS; SI
DISPONEN DE ESPACIO
NO TENDRÁS QUE
PODARLOS

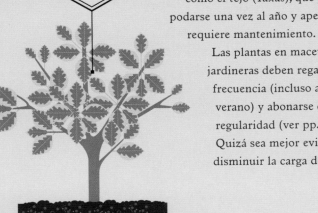

¿QUÉ SE ENTIENDE POR «CADA PLANTA EN SU LUGAR»?

Cada rincón tiene sus propias condiciones, y en cada uno se adaptarán mejor unas especies u otras. La expresión «cada planta en su lugar» significa que debes escoger las plantas según el entorno. Eso os hará la vida más fácil, tanto a ellas como a ti.

Es muy fácil comprar una planta sin pensar y que luego no salga adelante. Si no tienes ni idea de lo que necesitan las plantas ni de las condiciones que reúne tu parcela, lo más probable es que el resultado sea decepcionante. Las plantas, si se ven obligadas a salir de su zona de confort, tendrán que esforzarse en conseguir la luz, el agua y los nutrientes que necesitan, lo que las dejará débiles, vulnerables a las plagas y las enfermedades, y más supeditadas a ti.

PLANTAS PERFECTAS PARA TU PARCELA

El secreto está en encontrar plantas que procedan de entornos similares a tu parcela. Las plantas han evolucionado para crecer en prácticamente cualquier lugar del planeta, por muy inhóspito que sea. Incluso los lugares más cenagosos o sombríos se adaptarán perfectamente a alguna especie. Quizá te parezca complicado, pero los libros, las páginas web y el personal de los centros de jardinería son muy buenas fuentes de información, y si investigas un poco no te faltará donde elegir.

Descubrir qué plantas prosperan en cada zona será una tarea ardua en la que tendrás que recurrir al método de prueba y error. Descubre cuál es la zona de rusticidad (ver pp. 80-81) y la orientación (ver pp. 32-33) de tu parcela, y empareja las plantas con los distintos microclimas (ver pp. 36-37).

OBSERVA LA LUZ Y LAS SOMBRAS

Las necesidades lumínicas son importantes. Las plantas se dividen en las que quieren sombra y las que quieren sol. A las segundas les encanta estar bañadas por el sol durante todo el día y han desarrollado hojas con protección solar y estrategias para conservar el agua (ver p. 117). Las que quieren sombra tienen hojas capaces de hacer una fotosíntesis muy eficiente con poca luz, pero no suelen tener protector solar biológico, y el sol intenso las daña.

La mayoría de las plantas están entre ambos extremos y prefieren disfrutar de 4-6 horas de sol al día, a poder ser por la mañana, cuando es menos dañino. La luz del sol que se filtra entre las ramas frondosas (disipada) suele ser la más indicada para las plantas leñosas, pero no hay pruebas de que les vaya mejor que una zona parcialmente sombreada.

ANALIZA TU SUELO

Las condiciones del suelo son cruciales y pueden variar cada pocos metros, así que es vital comprobar el tipo de suelo (ver p. 39) y saber si es un suelo arenoso predominantemente seco y de drenaje rápido, que es apropiado para muchas plantas mediterráneas, o si contiene más arcilla, ideal para las plantas a las que les gusta la humedad.

El pH del suelo (ver pp. 40-41) también es clave, ya que influye en la capacidad de las plantas para extraer determinados nutrientes del suelo. Así pues, es aconsejable averiguar el pH del suelo antes de plantar. Echa un vistazo en los espacios verdes locales para tener alguna pista sobre las plantas más apropiadas.

Empareja plantas y lugares

Las diferencias de luz, sombra, temperatura, viento y condiciones del suelo influirán en el crecimiento. Selecciona plantas que se adapten a las distintas partes de tu espacio verde.

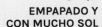

EMPAPADO Y CON MUCHO SOL

El suelo está empapado alrededor de una charca orientada al sur, que está todo el día soleada.

HÚMEDO Y PARCIALMENTE SOMBREADO

La verja orientada al norte solo recibe el sol de la mañana, así que el suelo retiene la humedad.

SECO Y SOMBREADO

El parterre elevado con buen drenaje suele estar seco y está en la sombra orientada al norte.

HÚMEDO Y SOMBREADO

La pérgola proyecta sombra y el suelo rico en arcilla permanece consistentemente húmedo.

SECO Y CON MUCHO SOL

Esta pared orientada al sur está bañada por el sol intenso y el suelo recibe poca lluvia.

INVERNADERO

ZONA DE PATIO

ENTRADA

SECO, SOL INTENSO	**MOJADO, SOL INTENSO**	**HÚMEDO, SOMBREADO**	**SECO, SOMBRA**	**HÚMEDO, SOMBRA**
Necesitan un suelo con buen drenaje y estar en una zona abierta o orientada al sur.	Requieren condiciones húmedas, en parcelas cenagosas o suelos arcillosos, y soleadas.	Crecen en suelos que retienen la humedad y que no reciben el sol intenso.	Soportan la escasez de agua y la sombra total; ideal bajo arbustos o árboles.	Plantas exuberantes que necesitan un buen suelo y que no les dé la luz directa del sol.
ROMERO (*Rosmarinus*)	LIGULARIA	ELÉBORO (*Helleborus*)	HIERBA DE CABRA EN CELO (*Epimedium*)	ARCE JAPONÉS (*Acer*)
LIRIO AFRICANO (*Agapanthus*)	PRÍMULA CANDELABRO (*Primula bulleyana*)	ANÉMONA JAPONESA (*Anemone x hybrida*)	BÚGULA (*Ajuga reptans*)	RODODENDROS
MENTA GATUNA (*Nepeta*)	LIRIO AMARILLO (*Iris pseudacorus*)	HEUCHERAS	HELECHO MACHO (*Dryopteris filix-mas*)	CAMPANILLA DE INVIERNO (*Galanthus*)
ALLIUMS				HOSTAS

¿DEBERÍA PONER CÉSPED?

El césped verde y bien cortado ha sido siempre el centro del jardín. En los últimos años, no obstante, esto ha sido puesto en duda, ya que ha quedado claro que su mantenimiento tiene un elevado coste medioambiental.

El césped moderno surgió a finales del siglo XII en Inglaterra, como una zona de hierba bien cortada en la que la alta burguesía jugaba a los bolos. Desde entonces, tener un pedazo de hierba arreglada ha sido un símbolo de prestigio, y en cuanto el cortacésped llegó a las tiendas a finales del siglo XIX, el césped se convirtió en un símbolo de éxito para cualquier propietario que se preciara. Pero ¿sigue siendo el césped un elemento esencial en el siglo XXI?

EL PROBLEMA CON EL CÉSPED

Tener ese verde esmeralda en tu parcela tiene un precio. El césped es un monocultivo con un solo tipo de planta que como se corta a menudo no puede florecer ni producir semillas. El césped corto es una zona yerma para la mayor parte de la fauna. Ofrece escaso refugio y nada de alimento a los insectos polinizadores. Además, las hierbas cortas tienen raíces superficiales y solo pueden acceder al agua que está

cerca de la superficie del suelo, así que si hace calor necesitan riego constante para estar verdes. Hay que decir, sin embargo, que sobreviven bien a la sequía y recuperan el verde en cuanto llueve.

Añádele los dañinos herbicidas y fertilizantes, y la energía necesaria para mantenerlo inmaculado, y te darás cuenta de que ese elemento indispensable es más bien un desastre medioambiental.

RENUNCIA AL CÉSPED IMPOLUTO

No obstante, tener una zona con hierba puede ser una bendición. Lo bueno es que existen formas de que no sea una carga tan grande para el planeta. Cuando siembres o coloques césped, opta por una mezcla de especies resistentes que necesiten menos cuidados. Algunas mezclas de semillas también contienen tréboles diminutos, que disminuyen la necesidad de abono gracias a su capacidad para absorber nitrógeno del aire (ver p. 122). El césped

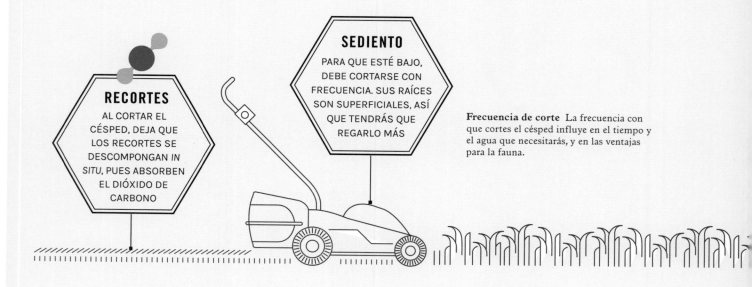

RECORTES
AL CORTAR EL CÉSPED, DEJA QUE LOS RECORTES SE DESCOMPONGAN *IN SITU*, PUES ABSORBEN EL DIÓXIDO DE CARBONO

SEDIENTO
PARA QUE ESTÉ BAJO, DEBE CORTARSE CON FRECUENCIA. SUS RAÍCES SON SUPERFICIALES, ASÍ QUE TENDRÁS QUE REGARLO MÁS

Frecuencia de corte La frecuencia con que cortes el césped influye en el tiempo y el agua que necesitarás, y en las ventajas para la fauna.

Alternativas al césped

Considera si el césped cortado es la opción correcta para tener un espacio verde atractivo fácil de mantener y sostenible.

CLIMA

NECESIDADES PRÁCTICAS

TIEMPO PARA CORTARLO

PRODUCTOS QUÍMICOS

FAUNA

¿Es el clima apropiado para el césped? Hace falta mucha agua para mantenerlo verde si en verano hace calor.

¿Cómo usarás el césped? ¿Necesitas espacio para jugar o puedes usarlo de otra forma?

¿Puedes mantener el césped? Para cortar y arreglar el césped con frecuencia hace falta tiempo.

¿Son necesarios los fertilizantes y los pesticidas? Es posible tener el césped verde sin ellos.

¿Puede tu césped ser una fuente de riqueza para la fauna? Incluir flores y cortarlo menos ayuda.

en el que se deja que los recortes se descompongan, aunque no es tan eficaz como los árboles para captar los gases de efecto invernadero, absorbe el CO_2 del aire y es capaz de retener parte del carbono en el suelo.

Dejar que florezcan en tu césped las plantas autóctonas que suelen ser consideradas malas hierbas quizá te cueste un poco, pero muchas de ellas, incluidas las margaritas (*Bellis perennis*) y el trébol blanco (*Trifolium repens*), pueden florecer en el césped cortado, aportándole colorido en primavera y verano, y una fuente alimenticia muy valiosa para los insectos. La decisión de incluirlas elimina de forma automática la necesidad de usar herbicidas, que pueden dañar las otras plantas y criaturas que forman la red alimentaria del suelo (ver pp. 44-45). Además, tanto los pesticidas como los fertilizantes ricos en nitrógeno que se usan para mantener el césped verde y nutrido pueden contaminar el agua subterránea.

Si evitas el cortacésped a gasolina (ver pp. 30-31) y no te pasas la vida cortándolo, disminuirás el consumo de energía y la contaminación del aire, algo muy beneficioso para la fauna. Si dejas una parte sin cortar, la hierba podrá producir semillas y las plantas ricas en néctar podrán florecer, creando una fuente alimenticia para muchas criaturas.

CÉSPED ALTO

SI NO LO CORTAS, A FINALES DE PRIMAVERA SE LLENARÁ DE FLORES, IDEALES PARA LOS INSECTOS

EN EE. UU.
EL CÉSPED
ES EL CULTIVO DE REGADÍO MÁS EXTENDIDO, YA QUE OCUPA

3
VECES
LA SUPERFICIE DE
MAÍZ

EL CÉSPED ABONADO CON
FERTILIZANTE NITROGENADO
EMITE
5-6
VECES MÁS
CO_2
QUE EL QUE ABSORBE EN LA FOTOSÍNTESIS

¿DEBERÍA CULTIVAR SOLO PLANTAS AUTÓCTONAS?

Las plantas autóctonas alimentan a la fauna de la zona en que han evolucionado, pero los estudios muestran que, aunque algunas plantas no autóctonas sean invasivas, la mayoría son igual de buenas para la fauna, así que deben ser bienvenidas también.

Las plantas autóctonas llevan miles de años viviendo en una región y han evolucionado junto a la fauna local. Plantas y animales han desarrollado relaciones especiales entre ellos, y la supervivencia de unas se ve amenazada si faltan los otros. Son muy valiosas, porque algunas florecen en el momento de producir el néctar para un polinizador y otras son el único alimento de los insectos en etapas específicas de su ciclo vital, especialmente la fase de larva (orugas).

Tradicionalmente, no obstante, los espacios verdes suelen recoger una variedad de plantas traídas de todo el mundo. A veces incluso incluyen plantas producidas para ser artificiosamente hermosas. Por supuesto, las plantas autóctonas bonitas son una parte muy popular de esta selección, pero a los horticultores siempre les han cautivado las plantas nuevas, más grandes y mejores. Este deseo de lograr ejemplares siempre más grandes y llamativos ha llevado a cultivar variedades que son un regalo para la vista, pero una distracción estéril para los insectos. Las flores «dobles» (ver pp. 140-141), por ejemplo, son muy hermosas, pero han perdido los estambres portadores de polen y las glándulas que producen el néctar (nectarios) a cambio de tener más pétalos.

INVASORES FORASTEROS

Dondequiera que ponen los pies los humanos, las plantas van con ellos, ya sea intencionada o accidentalmente, para convertirse en especies no autóctonas o forasteras en otro lugar. Estas neófitas solo suelen sobrevivir si se cultivan en jardines o huertos, pero las que logran prosperar en la naturaleza (naturalizarse) a veces dañan el hábitat o aniquilan las plantas autóctonas, convirtiendo

Escabiosa macedonia (*Knautia macedonica*) es autóctona del sudeste de Europa pero, se plante donde se plante, sus bonitas flores producen abundante néctar para los insectos.

RICAS EN NÉCTAR

LAS FLORES DE LA VIUDA ESTÁN FORMADAS POR MUCHAS BRÁCTEAS, CADA UNA CON SU NECTARIO

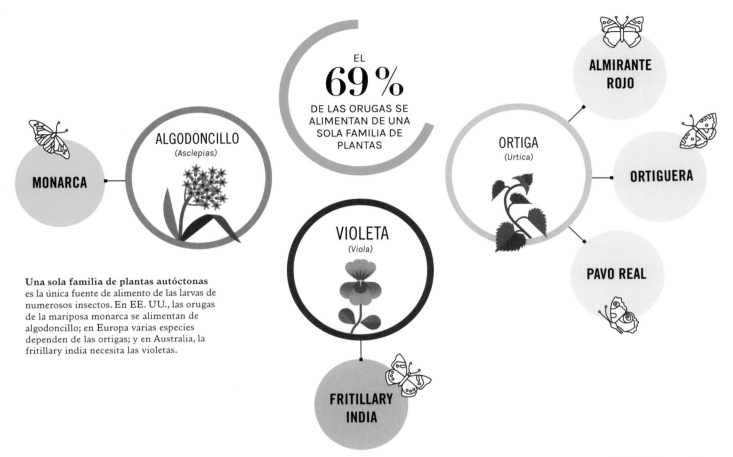

EL
69%
DE LAS ORUGAS SE ALIMENTAN DE UNA SOLA FAMILIA DE PLANTAS

MONARCA

ALGODONCILLO
(*Asclepias*)

VIOLETA
(*Viola*)

FRITILLARY INDIA

ORTIGA
(*Urtica*)

ALMIRANTE ROJO

ORTIGUERA

PAVO REAL

Una sola familia de plantas autóctonas es la única fuente de alimento de las larvas de numerosos insectos. En EE. UU., las orugas de la mariposa monarca se alimentan de algodoncillo; en Europa varias especies dependen de las ortigas; y en Australia, la fritillary india necesita las violetas.

un ecosistema perfectamente equilibrado en una espiral de caos. En ese caso se conocen como especies invasivas y suelen ser poco beneficiosas para los insectos locales, ya que además desplazan las plantas de las que estos dependen. Para proteger las plantas autóctonas y la fauna, comprueba las listas de plantas invasoras de tu país, estado o región. Evita plantarlas y arráncalas si ya están en tu parcela.

PLANTEAMIENTO PRAGMÁTICO

Que una planta sea no autóctona no significa que sea mala. Menos de una de cada mil especies introducidas se convierte en invasiva y alrededor de un tercio de todas las plantas de la naturaleza son internacionales en origen. Muchas plantas importadas son apreciadas por los jardineros y los animales en igual medida por sus vistosas

flores, a menudo rebosantes de polen y néctar. De hecho, los estudios demuestran que las parcelas en las que se mezclan las plantas autóctonas y las no autóctonas son mejores, ya que sustentan una mayor variedad de insectos. La definición de autóctona también puede variar de un lugar a otro: en Norteamérica, cualquier planta presente antes de que llegaran los colonos europeos se considera autóctona, mientras que en cualquier otro lugar, el punto de referencia es el final de la última glaciación. Las amapolas, las ortigas y los dientes de león antiguamente pudieron considerarse como invasivas, pero actualmente forman parte de la flora de muchos países. Evita las plantas invasivas conocidas, pero no te sientas mal por disfrutar de especies exóticas que servirán de alimento a aves e insectos.

PLANTAS INVASIVAS

HIERBA NUDOSA JAPONESA
(*Reynoutria japonica*)
EUROPA Y EE. UU.

BALSAMINA DEL HIMALAYA
(*Impatiens glandulifera*)
EUROPA

HIEDRA COMÚN
(*Hedera helix*)
EE. UU.

BELLA ALFOMBRA
(*Phyla nodiflora*)
AUSTRALIA

¿POR QUÉ SE USA EL LATÍN?

Los jardineros tienen fama de simpáticos, de que les gusta compartir sus conocimientos, su tiempo y sus plantas. ¿Por qué insisten en usar tantos términos en latín si hay nombres comunes más sencillos?

Los términos en latín parecen difíciles, pero son vitales para no confundirse. Sin ellos, es imposible estar seguros de si dos personas hablan de la misma planta. Hay muchos casos en los que los nombres comunes pueden confundirse fácilmente, sobre todo si cambiamos de país: un mismo árbol puede tener nombres distintos en España y México, por ejemplo, o incluso en dos regiones de un mismo país. ¡Es muy fácil confundirse!

LOS NOMBRES CIENTÍFICOS SON SIMPLES

El actual sistema que usa dos palabras en latín (binominal) para denominar las plantas fue un hallazgo del botánico sueco Carlos Lineo, que sustituyó las incomprensibles denominaciones científicas del siglo XVIII por nombres de especies formados por dos palabras. Todas las plantas con el mismo nombre tendrían el mismo aspecto, serían genéticamente parecidas y podrían reproducirse entre sí. Esta primera parte del binomio también da información acerca de cómo están relacionadas las especies entre sí.

Comprender el sistema binominal es tan fácil como aprender a identificar los coches, por su marca, modelo y, opcionalmente, una versión. Así, un Ford Mustang GT, por ejemplo, es un coche fabricado por Ford, que se llama Mustang y es una versión GT. Cada coche se fabrica de acuerdo con el mismo prototipo, de modo que si quieres comprar uno sabes lo que tienes que pedir. Los nombres de las plantas funcionan del mismo modo, pero usando grupos botánicos: el género en vez del fabricante, el nombre de la especie en vez del modelo y, a veces, un nombre adicional para describir variaciones dentro de una misma especie.

ENTENDER LOS GRUPOS BOTÁNICOS

Un género es un grupo de plantas relacionadas entre sí al que pertenecen las especies. Del mismo modo que todos los coches de un fabricante tienen similitudes, todas las plantas de un género tienen rasgos en común y serán genéticamente parecidas. Por ejemplo, el género del ranúnculo, *Ranunculus*, contiene cientos de especies, la mayoría de las cuales tienen flores de cinco pétalos de color amarillo o blanco. Los jardineros a menudo se refieren a las plantas solo por su género.

Cada especie dentro de un género tiene su propio nombre, igual que el modelo de un coche. El nombre suele decir algo sobre el aspecto o el hábitat favorito de la planta. Por ejemplo, *aquatilis* significa «del agua», *lutea* significa «de color amarillo».

A veces se usa una palabra adicional para indicar una variación dentro de la especie, como en una versión especial de un coche (el GT). Puede tratarse de una variedad o subespecie que se produce de forma natural o de una variedad seleccionada o producida por un jardinero, que se conoce como 'cultivar' y recibe un nombre entre comillas simples.

NOMENCLATURA BINOMINAL

NOMEN CLATURA BI NOMINAL
DENOMINAR CON DOS NOMBRES

Una única denominación En todo el mundo se usan los dos mismos nombres en latín, de manera que es posible comercializar, estudiar y hablar de las plantas internacionalmente.

Nomenclatura

Los nombre en latín siempre siguen el mismo patrón: primero el género y luego la especie de la planta, a veces seguidos por uno o varios nombres que indican alguna diferencia dentro de esa misma especie.

SUBESPECIE (SUBSP.)
VARIACIÓN NATURAL DE LA ESPECIE EN UNA O MÁS FORMAS

CLASE (F.)
DIFIERE DE LA ESPECIE EN ALGÚN RASGO SECUNDARIO, COMO EL COLOR DE LAS FLORES

VARIEDAD (VAR.)
INDICA UNA PEQUEÑA DIFERENCIA EN LA ESTRUCTURA BOTÁNICA RESPECTO DE LA ESPECIE

Género   *especie*   (.............)   'Cultivar'

Grupo de plantas con rasgos comunes que están relacionadas.

Cómo se indica
Con mayúscula inicial y en cursiva, y puede abreviarse con la primera letra.

Plantas del mismo género que se reproducen naturalmente, dando vástagos parecidos a los progenitores

Cómo se indica
En minúsculas y cursiva.

Variedad producida o seleccionada por su utilidad o con fines decorativos

Cómo se indica
Con mayúscula inicial, redondilla y entre comillas simples.

Los geranios son un género de plantas con características parecidas que se confundirían fácilmente entre sí sin los nombres en latín. Pueden ser anuales, bienales o perennes, y varían en tamaño y en las condiciones que prefieren.

G. maderense

G. 'Rozanne'

G. robertianum

G. renardii

G. phaeum

G. phaeum 'Rose Madder'

G. phaeum 'Rose Madder'

Geranium

Este género tiene más de 400 especies, la mayoría amantes del sol y con flores de 5 pétalos blancas, rosas o moradas.

Geranium phaeum

Esta especie quiere sombra y produce pequeñas flores de color morado oscuro en altos tallos que destacan sobre el follaje.

Geranium phaeum 'Rose Madder'

Este cultivar difiere de la especie en que sus flores son más pequeñas y de color rosa oscuro, y sus hojas son verde pálido.

¿HAY HERRAMIENTAS MEJORES QUE OTRAS?

Las herramientas baratas salen caras, ya que es poco probable que resistan bien el paso del tiempo, o que sean eficaces y cómodas de usar. Así, es mejor comprar solo las herramientas imprescindibles e invertir en calidad.

Solo hacen falta un puñado de herramientas para cuidar de una parcela: una pala y una horca para trabajar el suelo; una paleta y una horca de mano para desherbar y plantar; unas tijeras de podar, y quizá una azada para arrancar las malas hierbas y un rastrillo para nivelar el suelo. Prueba la herramienta antes de comprarla para comprobar que es fácil de manejar y adecuada para tu tamaño.

PENSADA PARA DURAR

La pala de jardín se usa para mover la tierra y para plantar. Dispone de un mango largo y resistente con asa, para sujetarla y hacer palanca, y una pala estrecha para excavar el suelo. Las horcas tienen púas afiladas con que perforar y aflojar más fácilmente los suelos duros y el compost denso. Los mangos de madera van mejor que los metálicos. La madera de fresno es muy apreciada por su durabilidad y resistencia al impacto. La pala o la horca multiplican la fuerza de empuje que ejerces sobre el mango, y es importante que vayan reforzadas con un largo collar (la extensión metálica que cubre el mango) y remaches resistentes.

DESHIERBA CON FACILIDAD

Las azadas tienen una cabeza con una hoja afilada e inclinada para poder atravesar la capa superior del suelo y cortar las malas hierbas. Hay azadas de mano, pero las versiones de mango largo son más cómodas de usar para deshebrar zonas grandes. El diseño de la hoja puede variar: la azada Dego tiene una hoja

Herramientas para cortar

Si las tijeras y cizallas de podar son buenas harán un corte preciso y limpio (ver pp. 170-171). Disponen de una cuchilla superior afilada y otra inferior roma. Según lo que tengas que hacer, deberás usar una de tipo yunque o una de corte deslizante. Las de corte deslizante sirven para casi cualquier tarea de poda.

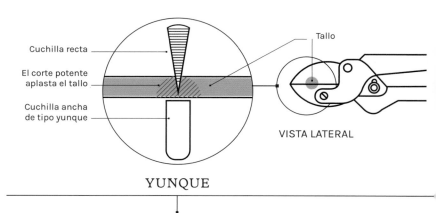

Cuchilla recta

El corte potente aplasta el tallo

Cuchilla ancha de tipo yunque

Tallo

VISTA LATERAL

YUNQUE

Ambas cuchillas tienen el borde recto. El borde afilado de la cuchilla superior de desplaza sobre la ranura central de la cuchilla inferior. Esta potente acción es imprecisa y aplasta el tallo cortado. Se usa para cortar ramas muertas o dañadas.

inclinada y debes tirar de ella hacia ti; la azada holandesa tiene forma triangular y se empuja alejándola del cuerpo; la azada estribo tiene una cuchilla oscilante de doble filo, eficaz tanto al tirar de ella como al empujar.

ELECCIÓN DEL METAL

El metal usado para la cuchilla influye en su rendimiento y su mantenimiento. Las de acero inoxidable no se oxidan, se mantienen relucientes sin apenas mantenimiento y son las más eficaces en las pruebas de rendimiento. El acero de carbono (acero puro sin aditivos anticorrosivos) es duradero, pero se oxida rápidamente, así que hay que limpiarlo y engrasarlo tras el uso. El cobre es un metal práctico y bonito, pero es ligeramente más pesado y caro que el acero. La creencia de que las herramientas de cobre enriquecen el suelo y no alteran los campos magnéticos de la tierra son falsas. Las cuchillas de azadas y herramientas para cortar, como las tijeras de podar, deben mantenerse afiladas. El acero inoxidable no se oxida, pero es más difícil de afilar que el acero de carbono. Este último, no obstante, hay que limpiarlo y engrasarlo después de cada uso para evitar la corrosión.

MANGO
LOS DE MADERA SE ADAPTAN BIEN A TU MANO Y SON LO BASTANTE FUERTES PARA RESISTIR UN USO INTENSO

CUCHILLA
EL ACERO INOXIDABLE DURA Y PRECISA POCA LIMPIEZA; LA CUCHILLA DEBE ESTAR INCLINADA PARA QUE HAGA PALANCA

Una paleta es una herramienta sencilla pero importante. Si está bien diseñada te será cómoda y fácil de usar.

Tallo
Cuchilla curva
Corte preciso con menos aplastamiento
Punta de la cuchilla en la base

VISTA LATERAL

CORTE DESLIZANTE

Las cuchillas son curvas y se superponen una a la otra. El borde afilado de la cuchilla superior se desliza sobre la punta roma, de modo que el corte es limpio, con apenas aplastamiento. Pueden hacerse cortes de precisión.

PRIMEROS BROTES

¿QUÉ NECESITAN LAS PLANTAS?

Como la mayoría de los seres vivos, las plantas tienen unas necesidades básicas muy sencillas: luz, aire, agua, alimento y calor. Si tus plantas se están marchitando o poniendo marrones por los bordes, lo más probable es que esas necesidades no estén siendo cubiertas.

Para cualquier ser vivo mayor que un microbio, el oxígeno es esencial, ya que libera la energía de los alimentos durante la respiración. Seguramente hayas oído que los animales inhalan oxígeno y exhalan dióxido de carbono, mientras que las plantas hacen lo contrario, absorben dióxido de carbono y liberan oxígeno. Eso es cierto a medias. Las plantas también necesitan respirar oxígeno, lo que hacen a través de unos poros de las hojas llamados estomas (ver p. 30). Las raíces necesitan a su vez oxígeno y se asfixian en suelos compactados o encharcados.

ENERGÍA SOLAR

Cuando el sol brilla, las plantas fabrican su propio alimento (en forma de azúcar) en todas sus partes verdes, mediante un proceso llamado fotosíntesis. De cerca verías unos granos verdes llamados cloroplastos (ver pp. 80-81), unos mecanismos para recolectar luz llenos de clorofila verde, que es donde tiene lugar la fotosíntesis.

Fotosíntesis

En las hojas, el agua se divide en dos, liberando oxígeno al aire y produciendo energía para activar una serie de reacciones que culminan con la fusión del dióxido de carbono para fabricar azúcar.

SIN AGUA NO HAY VIDA

En el agua se producen las reacciones químicas para la vida. Sin agua líquida, la vida se detiene por completo. Las plantas no leñosas se mantienen verticales con la presión del agua (turgencia). Cada célula es como un globo lleno de agua que se desinfla cuando el agua escasea, lo que hace que la planta se marchite. La evaporación del agua por los poros de las hojas produce la succión para que el agua y los nutrientes sean absorbidos por las raíces y suban por los tallos hasta las hojas y las flores. Este flujo se conoce como transpiración (ver p. 30).

Cuantas más hojas tiene una planta, más rápido se pierde el agua, y por eso las plantas grandes necesitan más riego que los plantones. La pérdida de agua aumenta si hace calor o viento, ya que se evapora más humedad por las hojas y eso aumenta la cantidad de agua que las raíces necesitan (ver pp. 120-123).

MANTÉN LA TEMPERATURA ADECUADA

En esencia, la vida no es más que una secuencia de reacciones químicas, y su ritmo va ligado a la temperatura. El calor acelera las cosas, pero si hace demasiado calor las proteínas que impulsan las reacciones empiezan a cocerse. El frío, en cambio, ralentiza. La fotosíntesis prácticamente se detiene por debajo de 10 °C (50 °F). Dado que las plantas no pueden producir su propio calor ni sudor para enfriarse, dependen de nosotros, que debemos colocarlas en un espacio adecuado.

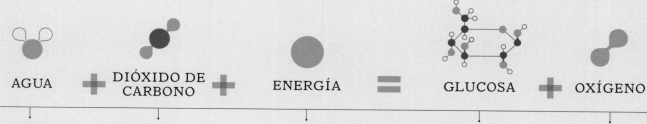

AGUA	+	DIÓXIDO DE CARBONO	+	ENERGÍA	=	GLUCOSA	+	OXÍGENO

Es transportada por los tallos desde las raíces hasta las hojas.

Es absorbido del aire por los estomas del dorso de la hoja.

La luz del sol es la fuente de energía que activa la reacción de la fotosíntesis.

El azúcar que alimenta los procesos vitales en las células de las plantas.

Un subproducto liberado al aire a través de los estomas.

Respiración

Esta reacción vital, que tiene lugar en todas las células, descompone la glucosa y libera la energía necesaria para activar los procesos vitales.

GLUCOSA

OXÍGENO

AGUA

DIÓXIDO DE CARBONO

Esta fuente de energía es producida en las hojas por la fotosíntesis.

Es absorbido del aire a través de los estomas del dorso de las hojas.

Se evapora por los estomas de las hojas o se usa para la fotosíntesis.

Subproducto de la respiración que puede escapar de las hojas a través de los estomas.

LUZ DEL SOL
CON LA ENERGÍA DEL SOL, LA PLANTA ACTIVA LA FOTOSÍNTESIS PARA FABRICAR AZÚCAR

DIÓXIDO DE CARBONO
LA MITAD DEL DIÓXIDO DE CARBONO USADO EN LA FOTOSÍNTESIS ES LIBERADO POR LA RESPIRACIÓN

AGUA
SUBE POR EL TALLO A MEDIDA QUE SE EVAPORA A TRAVÉS DE LOS ESTOMAS, EN UN PROCESO LLAMADO TRANSPIRACIÓN

OXÍGENO
SE PRODUCE MÁS CANTIDAD CON LA FOTOSÍNTESIS DEL QUE SE USA EN LA RESPIRACIÓN

Hoja viva que respira Cada hoja está llena de cloroplastos que fabrican alimento a partir de la luz del sol (ver p. 72) y de poros que intercambian gases con el aire (ver p. 22).

¿CÓMO ES UNA CÉLULA VEGETAL?

Si observaras una hoja muy ampliada verías lo que parece plástico de burbujas de color verde. Cada burbuja sería una célula de la planta. Más ampliada, descubrirías que cada célula está formada por distintas partes, cada una con un papel específico.

Las células son las unidades vivas más pequeñas que forman las plantas. Cada uno de sus componentes microscópicos tiene un papel para mantenerlas a ellas, y a la planta, vivas y en buen estado.

PARED CELULAR

El envoltorio de la célula se compone de celulosa, un plástico compuesto por azúcar. El agua circula por los poros diminutos de la pared. Tiene incrustados unos sensores que detectan estiramiento y movimiento (ver pp. 86-87), que desencadenan el engrosamiento de la pared celular y otras señales químicas.

MEMBRANA CELULAR

La membrana celular, pegada al interior de la pared celular, es una capa muy fina de grasa (lípido) crucial para la vida. La maquinaria molecular que tachona su superficie transporta continuamente sales, azúcares y otras sustancias dentro y fuera de la célula, y además detecta hormonas y posibles amenazas.

CITOPLASMA (O CITOSOL)

La mayoría de las reacciones químicas vitales tienen lugar en el líquido gelatinoso del interior de las células. Una red de filamentos proteicos se extiende por el citoplasma hasta el borde de la célula. Esta fija los distintos orgánulos (miniórganos) en su sitio, mientras varias moléculas se deslizan por toda su longitud. También hay sensores de luz y de calor.

VACUOLA

Por sí solo, el citoplasma no podría mantener la pared celular lo bastante tensa como para que la planta se sostuviera erguida. Por eso, las células vegetales han desarrollado las vacuolas, que les proporcionan más rigidez. Como un globo dentro de otro globo, la cámara se llena de un líquido acuoso presurizado (savia celular) que mantiene la célula firme desde dentro.

CLOROPLASTO

Estas cápsulas diminutas y verdes captan la energía del sol. Dentro, unos tilacoides en forma de sacos aplanados que absorben la luz, llenos de clorofila, fabrican el alimento (un azúcar llamado glucosa) a partir de agua y dióxido de carbono, en un proceso conocido como fotosíntesis (ver pp. 70-71).

MITOCONDRIA

Las mitocondrias, más pequeñas y simples que los cloroplastos, son generadores biológicos de energía y digieren el azúcar producido en la fotosíntesis para suministrar energía a la célula. Estos orgánulos no descansan nunca y siguen funcionando incluso a bajas temperaturas y en las semillas inactivas.

NÚCLEO

Es el centro de mando que contiene el ADN de la célula. Toda la actividad de la célula es controlada por su maquinaria molecular, que lee el código genético de la planta (ADN) y sigue sus instrucciones. Los mensajes químicos son transportados a través de los poros hasta el núcleo. Todas las nuevas sustancias producidas por una célula inician su vida aquí.

FÁBRICAS DE CONSTRUCCIÓN

Un conjunto de estructuras (retículo endoplasmático, ribosomas y aparato de Golgi) actúan conjuntamente como en una línea de montaje para crear nuevas sustancias, siguiendo las instrucciones genéticas enviadas por el núcleo.

Anatomía de la célula

**Cada célula vegetal está formada por una
gran variedad de estructuras, que funcionan
conjuntamente a escala microscópica para que
la planta crezca y se adapte a su entorno.**

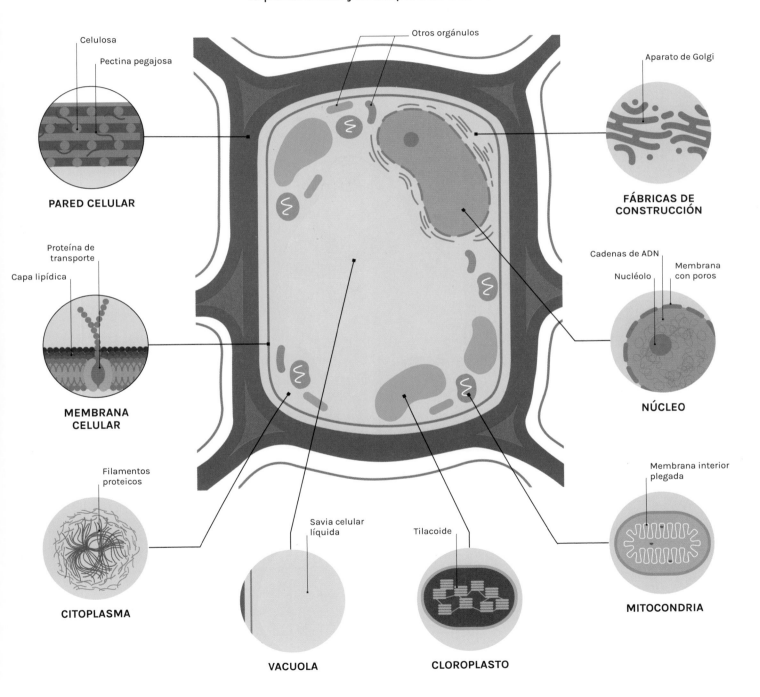

Celulosa

Pectina pegajosa

Otros orgánulos

Aparato de Golgi

PARED CELULAR

**FÁBRICAS DE
CONSTRUCCIÓN**

Proteína de
transporte

Capa lipídica

Cadenas de ADN

Nucléolo

Membrana
con poros

**MEMBRANA
CELULAR**

NÚCLEO

Filamentos
proteicos

Savia celular
líquida

Tilacoide

Membrana interior
plegada

CITOPLASMA

VACUOLA

CLOROPLASTO

MITOCONDRIA

¿QUÉ ES UNA SEMILLA?

Las plantas presentan infinidad de formas y tamaños, y lo mismo ocurre con las semillas. Y sin embargo todas las semillas son básicamente lo mismo: una planta diminuta inmadura, llamada embrión, con un revestimiento protector.

Antes de las semillas había esporas, diminutas partículas que se propagan por el aire. Pero estos microscópicos receptáculos de información genética sin protección necesitan caer en tierra húmeda. Los helechos y los musgos usan esporas, pero para propagarse más allá de los hábitats húmedos, las plantas desarrollaron las semillas, con una capa protectora de su valiosa carga: una planta en miniatura, con su primera o sus dos primeras hojas plegadas (cotiledones).
En las semillas de plantas como las judías y los guisantes, hay provisiones para estimular el crecimiento inicial, y en otras muchas plantas, como el maíz y las cebollas, estos depósitos están en el endosperma. Las semillas más grandes, como el coco de mar de 20 kg (44 lb), requieren una gran inversión de energía y se producen en pequeñas cantidades, mientras que las orquídeas dan miles de semillas diminutas.

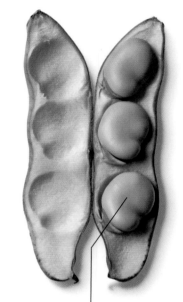

LISTAS PARA TRIUNFAR

Germinar es complicado, así que las plantas han desarrollado estrategias para que sus semillas sobrevivan. A diferencia de un embrión humano, que nace tras nueve meses de gestación, el embrión de una planta puede permanecer inactivo durante meses o años (incluso más de 2000 años), esperando a que las condiciones sean idóneas.

Las plantas tienen muchos métodos para que las semillas colonicen nuevos lugares. Muchas, como las semillas aladas del arce (*Acer*) y las de tipo paracaídas del diente de león (*Taraxacum officinale*), vuelan con el viento. Los frutos dulces que contienen semillas atraen a aves y otros animales para que se los coman y expulsen las semillas tras la digestión. Otras semillas acaban pegadas a la ropa o al pelaje de un animal. Las del bálsamo del Himalaya (*Impatiens glandulifera*) salen despedidas a 4 m (13 ft) de sus vainas.

Una semilla con dos mitades
Las semillas de haba están formadas por dos cotiledones. Eso hace que sean fáciles de identificar como parte de un grupo de plantas con flores llamadas dicotiledóneas, cuyos plantones suelen tener dos hojas primordiales. Son distintas de las monocotiledóneas, que tienen un único cotiledón en sus semillas y producen una sola hoja.

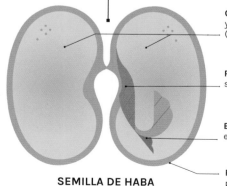

SEMILLA DE HABA

Cotiledones: en las hojas de la semilla hay alimento y nutrientes para que crezcan los plantones (tarea del endosperma en otras semillas)

Radícula: se transforma en el sistema radicular de la planta

Epicótilo: se transforma en el brote, con hojas y tallo

Revestimiento de la semilla (testa): protege la planta embrionaria

¿A QUÉ PROFUNDIDAD SEMBRAR?

Tanto si eres nuevo en esto como si no, puede que dudes de si plantas las semillas a la profundidad indicada. Según la tradición hay que sembrarlas a una profundidad equivalente a lo que midan de diámetro.

El aire y el agua deben filtrarse por el suelo para que las semillas germinen y los plantones sobrevivan. Las semillas pequeñas también pueden necesitar luz. Si plantas demasiado profundo, especialmente en suelos densos y ricos en arcilla (ver pp. 38-39), puedes asfixiar las semillas, lo mismo que si riegas en exceso o presionas la tierra demasiado. Los suelos arenosos y ligeros dejan que el aire se filtre más fácilmente, así que es posible que tengas que plantar las semillas a más profundidad para que reciban la protección que necesitan, mientras que en suelos de arcilla más pesados pueden plantarse a menos profundidad. La tierra muy seca puede ser imposible de atravesar para un plantón; tendrás que aflojarla con una horca o azada antes de sembrar.

SEMILLAS PEQUEÑAS

Esparce las semillas pequeñas, de 1 mm (¹⁄₁₆ in) o menos, por la superficie del suelo o espolvoréalas ligeramente con tierra, ya que la luz no puede penetrar a más de 4-5 mm (⅛-¼ in) en suelos pesados o 8-10 mm (⅜-½ in) en suelos arenosos.

Dado que las semillas pequeñas pueden ser fácilmente arrastradas por un aguacero o picoteadas por pájaros, es mejor germinarlas bajo techo o en un invernadero.

SEMILLAS MEDIANAS

Las semillas medianas, de 1-5 mm (¹⁄₁₆-¼ in), no suelen necesitar luz diurna, sino que dependen de la temperatura y el agua para activar el crecimiento. Prefieren una cómoda manta de suelo o tierra para macetas que las proteja de temperaturas extremas, el exceso de agua y las aves y los roedores. Métela como mínimo a una profundidad equivalente a su diámetro (2-10 mm/¹⁄₁₆-½ in) o haz un surco y cúbrelas con la misma cantidad de tierra.

SEMILLAS GRANDES

Hasta que el brote no rompe la superficie del suelo, sus hojas primordiales, llamadas cotiledones, no pueden desplegarse para que el plantón pueda empezar a alimentarse absorbiendo la energía del sol. Las semillas grandes de más de 5 mm (¼ in) de diámetro llevan alimento suficiente para sustentar sus brotes, lo que permite plantarlas a mayor profundidad y en lugares más seguros. A estas semillas, que pueden plantarse a una profundidad equivalente a dos veces su longitud (unos 5 cm/2 in en el caso de las judías), les gustan los suelos húmedos, fuera del alcance de las raíces de plantas con semillas más pequeñas.

Las semillas más grandes con revestimiento blando, como las judías y guisantes, también se benefician de esta mayor profundidad, ya que pueden absorber el agua lentamente. El agua se filtra por la tierra, así que la lluvia copiosa penetra poco a poco llegando de forma gradual.

SEMILLA PEQUEÑA **SEMILLA MEDIANA** **SEMILLA GRANDE**

Guía de siembra
Las semillas de 1 mm (¹⁄₁₆ in) de diámetro o menos necesitan sentir la luz, así que deben dejarse expuestas o cubrirse solo ligeramente. Siembra las semillas más grandes a una profundidad equivalente al doble de su diámetro.

SE SIEMBRA AL doble DEL TAMAÑO DE LA SEMILLA

¿QUÉ NECESITAN LAS SEMILLAS PARA GERMINAR?

Una semilla puede parecer seca y muerta, pero el proceso de germinación hace que el diminuto embrión inactivo de su interior empiece a crecer y, casi milagrosamente, aparece un brote verde en lo que sembramos apenas unos días antes.

SEMILLA SECA +

AGUA + CALOR + AIRE
(+ A VECES LUZ)

= CRECIMIENTO

Cada semilla lleva codificadas en su ADN las condiciones apropiadas para empezar a crecer. El revestimiento exterior (testa) examina el entorno y decide el momento adecuado. La germinación no puede empezar hasta que todos los elementos de la lista del ADN están marcados: para algunas será el calor tras un período de frío que indica la llegada de la primavera o la lluvia tras la sequía. El agua es absorbida a través de la testa, la semilla se hincha y el embrión dormido empieza a crecer. Una vez que el proceso de germinación se pone en marcha, no hay vuelta atrás.

CREA LAS CONDICIONES PROPICIAS

Técnicamente, la germinación empieza en cuanto la semilla comienza a absorber agua (imbibición) y acaba cuando la raíz embrionaria (radícula) asoma por el revestimiento de la semilla. El agua, el calor, el aire y a veces la luz son cruciales para la germinación. Basta con ello para que germinen, aunque sus necesidades específicas varían de una a otra: algunas necesitan calor, como el *Amaranthus*, que germina mejor a 35 °C (95 °F); otras, como el kale, pueden germinar cuando el suelo está a 5 °C (41 °F). Si siembras las semillas bajo techo o en un invernadero podrás cerrar la puerta cuando el tiempo sea inestable y dar a las semillas las condiciones óptimas. Si colocas una esterilla térmica debajo de un semillero, potenciarás

la germinación, acelerando infinidad de reacciones químicas. El suelo con una temperatura de 24 °C (75 °F) es ideal para la germinación de muchas plantas. Si tapas un semillero corriente con una tapa lo convertirás en un propagador. Este espacio cerrado retiene el calor, aumenta la humedad alrededor de las semillas y puede contener un calentador eléctrico en la base, de manera que acelera la germinación. Tras un riego inicial, los semilleros tapados necesitan muy poco o nada de riego. Una vez que al plantón le salen sus primeras hojas primordiales (cotiledones) puedes apartarlo del calor para evitar que crezca rápido y débil, lo que lo hace más propenso a plagas o daños asociados al clima.

INTERRUMPE EL LETARGO

Hay semillas con una protección adicional que garantiza su supervivencia. Se logra una mejor germinación reproduciendo las condiciones que las plantas tienen en su hábitat natural tras caer al suelo. Suele usarse un método sencillo de estratificación para simular el frío del invierno o el calor del verano con un frigorífico o un propagador.

Las semillas pequeñas solo tienen una pequeña reserva de alimento y no pueden germinar si están a mucha profundidad, pues los plantones no llegarían a la superficie. Muchas de estas semillas han evolucionado y solo germinan cuando detectan

Calabaza Esta delicada planta necesita humedad y mucho calor para estimular la germinación. Los plantones crecen muy deprisa si se dan estas condiciones y despliegan dos grandes cotiledones redondeados.

Las hojas embrionarias se conocen como cotiledones

El tallo embrionario se conoce como epicótilo

La raíz embrionaria se conoce como radícula

SALE LA RAÍZ
La radícula aparece primero para anclar el plantón al suelo.

SALE EL TALLO
El brote empuja hacia arriba; su crecimiento es impulsado por las reservas de alimento de la semilla.

LAS HOJAS SE ABREN
Las raíces laterales se desarrollan, en busca de humedad y nutrientes, y salen los cotiledones.

EMPIEZA LA FOTOSÍNTESIS
Cuando las reservas se agotan, los cotiledones producen energía con la fotosíntesis.

el sol, a través de unos sensores de luz microscópicos llamados fitocromos. Estos se encienden como un interruptor con el sol, desencadenando reacciones químicas que sacan a la semilla de su letargo.

Las semillas con un revestimiento duro necesitan ayuda para dañar la testa y permitir que la semilla beba agua. En un proceso de escarificación, se raspa, corta o empapa la superficie de semillas como las del don Diego de día (*Ipomoea purpurea*) y el guisante de

olor (*Lathyrus odoratus*) antes de sembrarlas, para que salgan del letargo e inicien la germinación.

Aunque parezca increíble, algunas semillas solo germinan tras un incendio forestal, cuando es más probable que haya un claro fértil en el que echar raíces. Las semillas de *Eucalyptus* y *Banksia* están encerradas en piñas o frutos sellados con resina, que se derrite con el calor del fuego, un proceso que los jardineros pueden reproducir en un horno para extraer las semillas.

¿POR QUÉ SE SIEMBRA Y PLANTA EN DISTINTAS ÉPOCAS DEL AÑO?

Hay muchos factores que influyen en cuál es el momento óptimo para sembrar y plantar los distintos tipos y especies de plantas, sin olvidar las particularidades del clima local. Conocerlos te ayudará a dar a tus plantas el mejor inicio posible.

En invierno el sol, indispensable para fabricar el alimento de la planta, escasea. Las plantas resistentes que pierden las hojas (caducifolias) están inactivas. Y las que mantienen las hojas (perennes) crecen muy poco porque la fotosíntesis no proporciona azúcares suficientes al ser los días cortos. Suele ser el momento ideal para plantar, trasplantar o mover las plantas.

PLANTAR CUANDO ESTÁN INACTIVAS

La mayoría de las plantas sobreviven las plantes cuando las plantes, pero si lo haces en su período vegetativo, las raíces tendrán tiempo para asentarse y absorber de forma eficaz agua y nutrientes antes de que llegue la primavera. Eso es válido para árboles caducifolios, arbustos y trepadoras, y para plantas que se marchitan en otoño y vuelven a crecer en primavera (herbáceas perennes).

Finales de otoño es un momento ideal, porque el suelo todavía está caliente. Si se trata de especímenes caducifolios es mejor a principios de primavera. Las plantas leñosas pueden plantarse en invierno si el suelo no está helado. Algunos viveros aprovechan el período vegetativo para extraer árboles y arbustos (como rosales) cultivados en parcelas, y no en macetas, y enviarlos a sus clientes con las raíces expuestas (raíz desnuda) para ser plantados de inmediato. Así reducen los recursos necesarios para cultivar y transportar plantas grandes.

PLANTAR EN CRECIMIENTO ACTIVO

Las plantas en maceta pueden plantarse cuando están en crecimiento activo, ya que se pueden trasplantar sin dañar las raíces. Pero como ya tienen hojas hay que regarlas bien tras plantarlas, especialmente si el clima es seco y caluroso. No arranques ni trasplantes las plantas asentadas cuando estén creciendo, porque si dañas sus raíces disminuirá la cantidad de agua que llegue a las hojas y podrían morir (ver pp. 106-107). Si plantas en primavera, comprueba la fecha de la última helada en la zona y asegúrate de que las plantas son lo bastante resistentes para aguantar si todavía se esperen heladas. Los bulbos pequeños, como las campanillas de invierno, se secan fácilmente si están inactivos y es mejor plantarlos con hojas o verdes.

¿CÓMO DECIDIR CUÁNDO SEMBRAR?

Es mejor sembrar cuando el suelo está caliente, para que las semillas germinen bien y no se pudran (ver pp. 82-83). En plantas resistentes, puede hacerse tan pronto como la temperatura del suelo empiece a subir a principios de primavera (las primeras malas hierbas indican que las condiciones son adecuadas). Los cultivos hortícolas pueden sembrarse en función de cuándo quieras cosecharlos: siembra unos cuantos rábanos o lechugas cada pocas semanas entre primavera y verano para tener una cosecha escalonada. Las plantas que florecen en su segundo año (bienales), como las dedaleras (*Digitalis*), es mejor sembrarlas tan pronto como dan semillas en verano.

Las plantas delicadas no deben sembrarse fuera hasta que el riesgo de heladas haya pasado, pero puedes ampliar la temporada de cultivo sembrándolas bajo techo, o en un invernadero sobre una esterilla de calor o en un propagador. Siembra cuatro semanas antes de la fecha de la última helada, tras la cual los plantones pueden endurecerse (ver pp. 86-87) y sacarse fuera.

Cuándo plantar y sembrar

Las bajas temperaturas ralentizan los procesos internos de las plantas, limitando el crecimiento e inhibiendo la germinación de las semillas (ver pp. 80-81), por lo que suele ser mejor sembrar durante la temporada de crecimiento y plantar durante el período vegetativo.

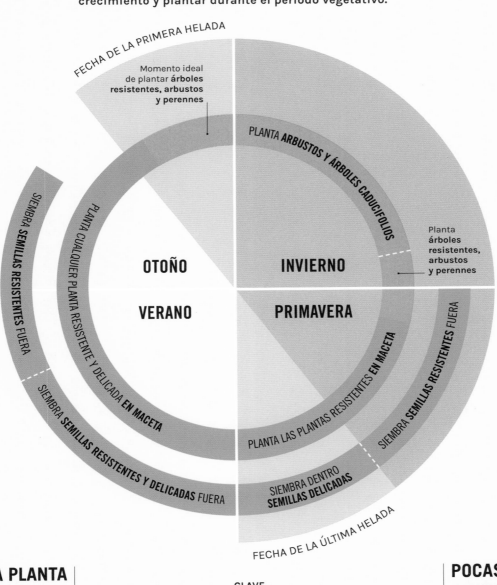

FECHA DE LA PRIMERA HELADA

Momento ideal de plantar **árboles resistentes, arbustos y perennes**

PLANTA **ARBUSTOS Y ÁRBOLES CADUCIFOLIOS**

Planta árboles resistentes, arbustos y perennes

SIEMBRA **SEMILLAS RESISTENTES** FUERA

PLANTA CUALQUIER PLANTA RESISTENTE Y DELICADA **EN MACETA**

OTOÑO

INVIERNO

VERANO

PRIMAVERA

PLANTA LAS PLANTAS RESISTENTES **EN MACETA**

SIEMBRA SEMILLAS RESISTENTES FUERA

SIEMBRA **SEMILLAS RESISTENTES Y DELICADAS** FUERA

SIEMBRA DENTRO **SEMILLAS DELICADAS**

FECHA DE LA ÚLTIMA HELADA

NINGUNA PLANTA
CRECE A MENOS DE
4°C
(39°F)

CLAVE

- Período vegetativo
- Temporada de cultivo
- Período de heladas
- Período de riesgo de heladas

POCAS SEMILLAS
GERMINAN A MENOS DE
7°C
(45°F)

¿QUÉ ES LA RUSTICIDAD Y CÓMO SE MIDE?

Nuestra capacidad para tolerar bajas temperaturas se debe en parte a nuestra genética y lo mismo ocurre con las plantas. Las que están adaptadas para resistir el frío lo llevan programado en su ADN. Esta capacidad para resistir el frío se denomina rusticidad.

Nos gusta cultivar plantas exóticas en un clima templado, pero hay que tener en cuenta que muchas de estas plantas no están preparadas para resistir el frío ni las heladas (ver pp. 118-119). Muchas, sin embargo, son lo bastante resistentes para superar largos períodos de temperaturas gélidas. El reto para los jardineros es saber el frío que hará en su parcela en invierno y qué plantas podrán sobrevivir en aquellas condiciones.

ZONAS Y CATEGORÍAS DE RUSTICIDAD

Para hablar de la rusticidad de las plantas, los jardineros emplean términos generales. Son un buen punto de partida: las plantas «rústicas» o «completamente rústicas» suelen sobrevivir a temperaturas bajo cero; los especímenes «medio rústicos» sucumbirán durante un invierno frío y podrían necesitar algo de protección (ver pp. 160-161); las plantas «delicadas» no toleran el frío y mueren cuando llega el invierno. Pero el invierno y el clima de cada región es distinto, y por ello los expertos han establecido una serie de categorías y mapas de zonas de rusticidad que ayuden a los jardineros a saber qué plantas prosperarán en su zona. Aunque parezca simple, la realidad puede resultar confusa, ya que las organizaciones de cada país han elaborado su propia escala de rusticidad basándose en distintos criterios y sistemas de denominación. Desde 1960, el Departamento de Agricultura de Estados Unidos (USDA) ha publicado mapas con las zonas de rusticidad de EE. UU. Divide el país en 13 zonas

basándose en la temperatura mínima media invernal anual de cada región. Así pues, los jardineros seleccionan plantas con el mismo grado de rusticidad de su zona o con un grado más alto. Estas zonas de rusticidad han sido adoptadas en muchos países. Canadá tiene un sistema parecido al de EE. UU., que también tiene en cuenta las precipitaciones, los días que no hiela y otras variables.

En el Reino Unido, la Real Sociedad de Horticultura (RHS) ha elaborado un sistema que se compone de 9 categorías (H1A a H7, de invernadero con calefacción tropical a muy rústica), basándose en la temperatura más baja a la que las plantas pueden sobrevivir. El manual European Garden Flora divide la rusticidad de las plantas de un modo parecido, pero en siete categorías (H1 a H5, más G1 y G2 para plantas de invernadero).

LIMITACIONES DE CATEGORIZACIÓN

Ninguna de estas categorías o zonas de rusticidad es exacta, ya que es difícil que tengan en cuenta todas las variables. El tiempo que las plantas pueden soportar las bajas temperaturas y la cantidad de precipitaciones invernales pueden influir en su supervivencia. En una misma región pueden variar las condiciones óptimas de crecimiento (ver pp. 34-37), así que las categorías de rusticidad solo son una guía general.

Además, la rusticidad no considera la resistencia de la planta ante el calor y la sequía estivales, y las zonas de rusticidad no son un indicador fiable del clima de una región el resto del año.

EE. UU. ZONAS SEGÚN EL USDA

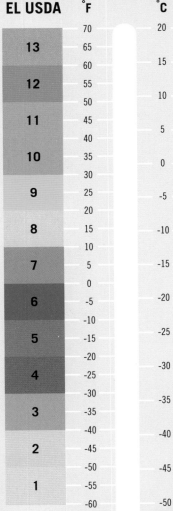

EE. UU. ZONAS SEGÚN EL USDA	°F	°C
13	70	20
	65	
12	60	15
	55	
11	50	10
	45	
10	40	5
	35	
9	30	0
	25	
8	20	-5
	15	
7	10	-10
	5	-15
6	0	
	-5	-20
5	-10	
	-15	-25
4	-20	-30
	-25	
3	-30	-35
	-35	
2	-40	-40
	-45	-45
1	-50	
	-55	-50
	-60	

REINO UNIDO CATEGORÍAS DE LA RHS

H1A Invernadero con calefacción – tropical

H1B Invernadero con calefacción – subtropical

H1C Invernadero con calefacción – cálido templado

H2 Delicada – invernadero sin frío ni heladas

H3 Medio rústica – invernadero sin calefacción/ invierno suave

H4 Rústica – invierno normal

H5 Rústica – invierno frío

H6 Rústica – invierno muy frío

H7 Muy rústica

CLASIFICACIÓN EUROPEA

G2 Invernadero de cristal con calefacción incluso en el sur de Europa

G1 Invernadero frío incluso en el sur de Europa

H5 Rústica en zonas favorables

H4 Rústica en zonas suaves

H3 Rústica en zonas frescas

H2 Rústica prácticamente en cualquier sitio

H1 Rústica en todas partes

Comparación entre clasificaciones
El sistema de la RHS y el europeo califican la rusticidad de las plantas, lo que permite clasificar las especies y variedades y que los jardineros juzguen qué es lo más indicado para su clima. Las zonas del USDA son divisiones basadas en las mínimas invernales, que se usan como guía para saber cuáles son las plantas adecuadas en cada zona.

Aclimatación

LAS PLANTAS PUEDEN ACLIMATARSE GRADUALMENTE AL CLIMA LOCAL adaptando sus mecanismos internos para funcionar mejor a temperaturas más frías. Así, las plantas cultivadas localmente es probable que sean más rústicas que las importadas de un clima más frío o las cultivadas en un túnel de plástico con calefacción.

¿ES MEJOR SEMBRAR AL AIRE LIBRE O A CUBIERTO?

Debes decidir si sembrar al aire libre, lo más natural, o a cubierto en casa, un invernadero, un túnel de plástico u otro espacio resguardado. Decídelo según la planta, la estación y el espacio para cultivar de que dispongas.

La siembra al aire libre (siembra directa) está estrictamente limitada por las estaciones, ya que las semillas solo germinan cuando el suelo se calienta por encima de los 5 °C (41 °F) en primavera y los plantones pueden morir en caso de una helada tardía. Las semillas siempre tardan más en germinar y crecer al aire libre, donde además corren el riesgo

de que se las coman las aves, los ratones, las babosas y los caracoles (ver pp. 202-203) y son vulnerables a las inclemencias del tiempo. Pero en el caso de muchas verduras resistentes y flores anuales, así como de las plantas delicadas en climas cálidos, sembrar al aire libre es rápido y sencillo. No requiere ni compost, ni contenedores ni un lugar techado. Las zanahorias,

Temporada de plantación

Cada semilla tiene sus propias necesidades germinativas (ver pp. 76-77) y cada espacio verde es único. En primavera, en un clima frío del hemisferio norte, las temperaturas del suelo son mucho más altas bajo techo que al aire libre, lo que beneficia la germinación de las semillas.

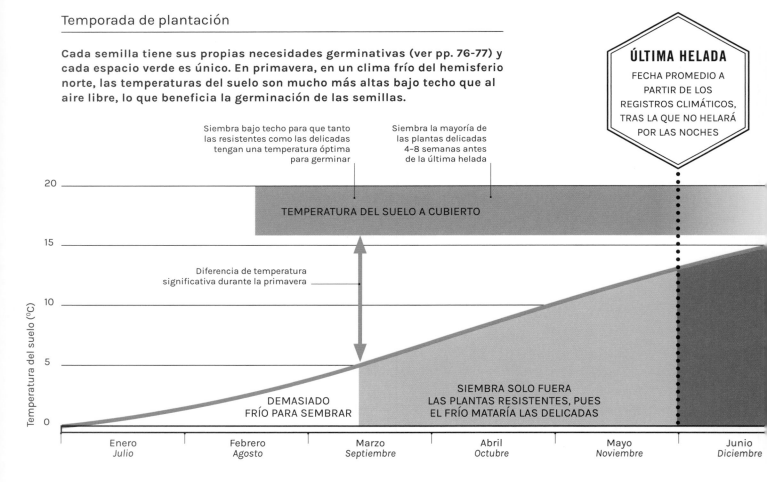

las chirivías y otras plantas con raíz primaria es mejor sembrarlas directamente, porque sus raíces se dañan fácilmente al trasplantarlas (ver p. 85).

PROTEGIDAS A CUBIERTO

Si siembras las semillas en semilleros, módulos o macetas (ver pp. 84-85), con compost multiusos o compost especial para semillas (ver p. 49), y las pones a cubierto, puedes empezar a sembrar antes, cuando fuera el suelo todavía está demasiado frío. Eso amplía la temporada de cultivo y da a las anuales delicadas más tiempo para producir flores o madurar los frutos en climas fríos.

Hacen falta temperaturas de al menos 16 °C (61 °F) para estimular el crecimiento de plantas delicadas que quieren calor, como los pepinos y los tomates, así que deben sembrarse a cubierto en zonas donde puede haber noches frías, o incluso heladas, a finales de primavera. Pero incluso las plantas resistentes suelen germinar mejor alrededor de 20 °C (69 °F). Además, si siembras en primavera dentro de casa en el alféizar de una ventana, en un propagador o sobre una esterilla de calor en un invernadero, obtendrás mejores resultados, y más rápidamente, que si siembras al aire libre.

Asimismo, en un entorno protegido los plantones están a salvo de las plagas, el mal tiempo y la competencia de las malas hierbas, lo que aumenta sus posibilidades de éxito. Los plantones que crecen bajo techo, no obstante, tienen que ser endurecidos (ver pp. 86-87) antes de ser trasplantados a su ubicación definitiva fuera (ver p. 85).

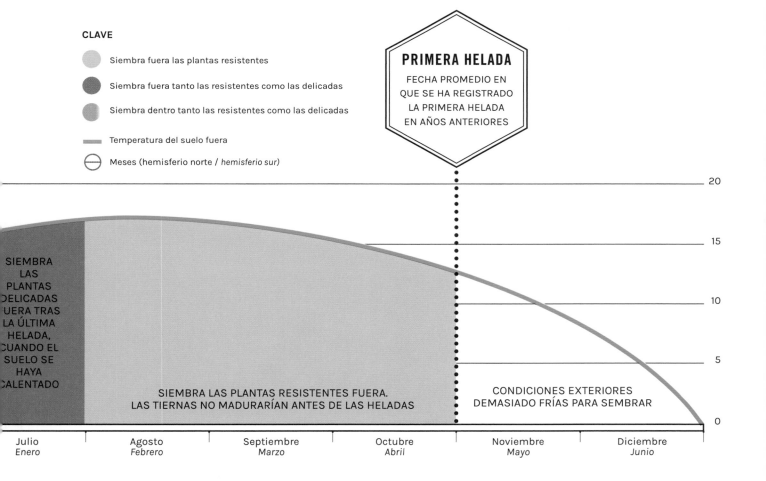

CLAVE

- Siembra fuera las plantas resistentes
- Siembra fuera tanto las resistentes como las delicadas
- Siembra dentro tanto las resistentes como las delicadas
- Temperatura del suelo fuera
- Meses (hemisferio norte / *hemisferio sur*)

PRIMERA HELADA
FECHA PROMEDIO EN QUE SE HA REGISTRADO LA PRIMERA HELADA EN AÑOS ANTERIORES

SIEMBRA LAS PLANTAS DELICADAS FUERA TRAS LA ÚLTIMA HELADA, CUANDO EL SUELO SE HAYA CALENTADO

SIEMBRA LAS PLANTAS RESISTENTES FUERA. LAS TIERNAS NO MADURARÍAN ANTES DE LAS HELADAS

CONDICIONES EXTERIORES DEMASIADO FRÍAS PARA SEMBRAR

| Julio *Enero* | Agosto *Febrero* | Septiembre *Marzo* | Octubre *Abril* | Noviembre *Mayo* | Diciembre *Junio* |

¿CÓMO PUEDO HACER QUE MIS PLANTONES ESTÉN FUERTES?

Los plantones son delicados y disponen de reservas limitadas para crecer. Tanto al aire libre como a cubierto, debes encargarte de que reciban todo lo necesario para crecer fuertes y sanos.

La lucha por la supervivencia empieza pronto y los plantones que crecen juntos compiten por el agua, los nutrientes y la luz. Si no haces nada, crecerán altos y flacuchos (etiolados) tratando de superar a sus vecinos. Hay varias formas de evitarlo. La primera es sembrar espaciado, dejando como mínimo ½ cm (¼ in) entre semillas, para que los plantones no estén apretados y tengan menos probabilidades de sucumbir.

ACLARADO

Los plantones que crecen en hileras al aire libre o se han sembrado muy juntos en macetas o módulos deben ser aclarados, es decir, hay que eliminar unos cuantos para que queden a la distancia que se indica en el paquete de semillas. Habrá que sacrificar muchos plantones sanos por el bien del conjunto, tirando de ellos con cuidado o cortando el tallo con tijeras y dejando la raíz en el suelo.

TRASPLANTE DE PLANTONES

Los plantones sembrados muy juntos expresamente en semilleros o macetas pueden trasplantarse siendo muy pequeños a macetas individuales. Con un plantador pequeño (palo de punta reforzada) o un lápiz, afloja las raíces. Sujeta con cuidado el plantón por una hoja, pues si el tallo se daña sería fatal. Plántalos en compost multiusos o universal, que contiene nutrientes, en vez de compost. Haz agujeros con el plantador, presiona suavemente el compost alrededor de las raíces y riégalos bien.

ENMACETAR

A las plantas jóvenes enseguida se les quedan pequeños los recipientes y hay que trasplantarlas a macetas más grandes antes de que las raíces se queden sin espacio y les cueste absorber agua y nutrientes. Hay que girar la

maceta, sacar la planta con cuidado y ponerla en un contenedor más grande con compost nuevo. En cuanto al tamaño de la nueva maceta, cuanto más libres crezcan las raíces, más felices estarán. La creencia de que si la maceta es muy grande las raíces se encharcarán y se pudrirán es falsa, siempre que tenga agujeros de drenaje. Si tienes poco espacio, aumenta el tamaño de las macetas gradualmente y trasplanta varias veces. Si no, usa macetas más grandes. Al trasplantarlas también aumentas el espacio del que disponen las hojas y los tallos, lo que evita que se etiolen.

TRASPLANTAR

Las plantas pueden trasplantarse fuera en cuanto el clima y el suelo sean lo bastante cálidos y los ejemplares hayan sido endurecidos (ver pp. 86-87). Muchos plantones sobreviven si se trasplantan 4-6 semanas después de sembrarlos, pero también se pueden enmacetar y trasplantar fuera cuando sean más grandes. Para hacerlo, cava un agujero del tamaño de la maceta en el suelo, gira la maceta y extrae la planta, pon las raíces en el agujero y presiona suavemente la tierra a su alrededor. Riega bien para que las raíces se asienten. Los plantones crecen mejor si se plantan a una profundidad algo mayor que en la maceta.

Elegir contenedores para sembrar

Los semilleros abiertos aprovechan bien el espacio, pero habrá que trasplantar los plantones a recipientes más grandes cuando aún sean pequeños. Las macetas individuales y las bandejas modulares requieren más espacio, pero los plantones crecen individualmente y pueden trasplantarse sin apenas dañar sus raíces.

En contenedores

Los plantones pueden comenzar en un semillero, pero deberás cambiarlos de recipiente y quizá enmacetarlos antes de trasplantarlos.

Los estudios demuestran que, de media, doblar el tamaño de la maceta aumenta la producción de raíces y brotes en un 43 por ciento.

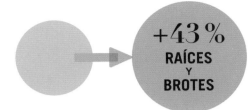

+43 %
RAÍCES
Y
BROTES

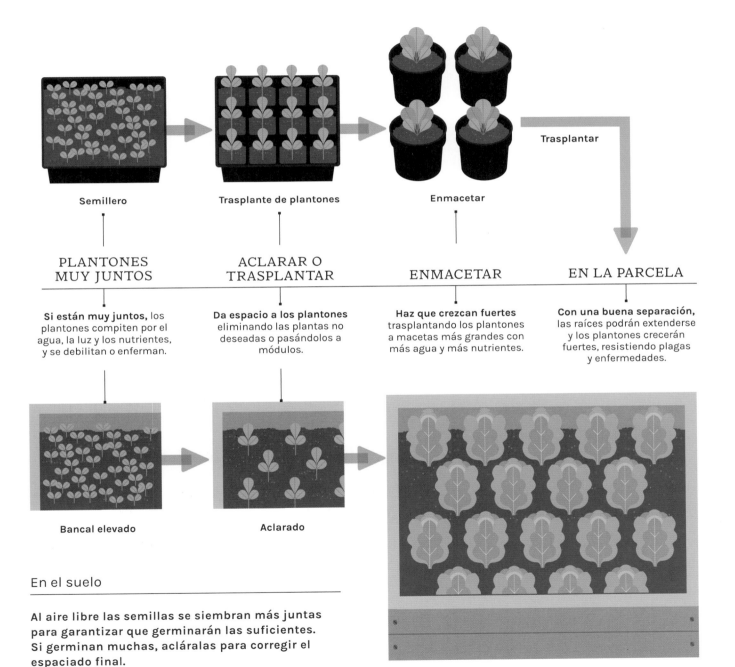

Semillero

Trasplante de plantones

Enmacetar

Trasplantar

PLANTONES MUY JUNTOS

Si están muy juntos, los plantones compiten por el agua, la luz y los nutrientes, y se debilitan o enferman.

ACLARAR O TRASPLANTAR

Da espacio a los plantones eliminando las plantas no deseadas o pasándolos a módulos.

ENMACETAR

Haz que crezcan fuertes trasplantando los plantones a macetas más grandes con más agua y más nutrientes.

EN LA PARCELA

Con una buena separación, las raíces podrán extenderse y los plantones crecerán fuertes, resistiendo plagas y enfermedades.

Bancal elevado

Aclarado

En el suelo

Al aire libre las semillas se siembran más juntas para garantizar que germinarán las suficientes. Si germinan muchas, acláralas para corregir el espaciado final.

Crecimiento

¿QUÉ ES «ENDURECER»?

Un plantón o un esqueje cultivado bajo techo corre el riesgo de sufrir una muerte prematura si se traslada fuera sin antes prepararlo físicamente. Aclimatar las plantas para la vida al aire libre se conoce como «endurecer».

A todos nos cuesta adaptarnos a un clima distinto. Tras bajar del avión, nuestro cuerpo puede tardar varias semanas en acostumbrarse al calor inusual, al frío intenso o al aire puro de las montañas. La biología de una planta es parecida: un plantón acostumbrado al alféizar de una ventana o a un invernadero acogedor no está preparado para la vida al aire libre.

PROTECCIÓN DEL SOL

El cristal de una ventana filtra los rayos de sol más potentes (UVB), así que ni siquiera los plantones cultivados en el alféizar más soleado habrán podido experimentar toda la fuerza del sol (ver pp. 100-101). Del mismo modo que una piel sin broncear reacciona poniéndose morena frente el sol, las hojas, para poder tolerar el sol intenso, necesitan exponerse de forma

gradual al sol para poder producir unas sustancias químicas, los flavonoides, que lo bloqueen. Las hojas que no dispongan de este escudo protector en sus capas exteriores acabarán destrozadas por la radiación ultravioleta, que las quemará. Las plantas quemadas por el sol tienen el borde de las hojas marrón o, a veces, amarillean o se oscurecen entre los nervios foliares.

RESISTIR EL CLIMA ADVERSO

Sobreprotegidas a cubierto, las plantas no habrán invertido recursos en producir gruesas capas cerosas para protegerse ni robustos armazones de celulosa para estabilizar sus tallos. El frío y el viento aparecerán de forma repentina, dañando o incluso matando a la planta. El endurecimiento prepara las plantas para la intemperie, aclimatándolas poco a poco para la

Endurecimiento

Las plantas procedentes de un alféizar o un invernadero con calefacción deben trasladarse primero a un invernadero o un marco frío, si lo hay. Si no, ponlas fuera en lugar resguardado durante el día y métalas dentro por la noche. O al principio protege las plantas que queden más expuestas con dos capas de vellón hortícola.

A CUBIERTO

En un alféizar cálido las plantas no se enfrentan a noches frías, ni a la brisa, ni a toda la fuerza del sol. Endurécelas aclimatándolas poco a poco al aire libre.

SEMANA 1 – MARCO FRÍO DÉJALO ABIERTO

Traslada las plantas a un marco frío con la cubierta de cristal, que deje pasar la luz y pueda abrirse durante el día para dejar que corra el aire. Cierra la cubierta de noche para conservar el calor.

agresión física que supone pasar de estar a cubierto al aire libre. Mientras siguen dentro, prepara tus plantones para la exposición al viento estimulándolos durante 10 segundos una o dos veces al día. Así aumentarás la elasticidad de sus paredes celulares y harás circular un aluvión de hormonas por la planta, que ralentizarán su crecimiento hacia arriba y harán que dedique la energía y los nutrientes a fortalecer sus tallos. El nombre técnico de este proceso es tigmomorfogénesis (ver a la derecha). Los cultivadores comerciales usan ventiladores o robots para lograr el mismo resultado. Una de las hormonas que interviene en este proceso es el ácido salicílico, el ingrediente activo de la aspirina. Los estudios demuestran que si se rocían las hojas con una solución de ácido salicílico se consigue activar esa misma respuesta.

UN PROCESO GRADUAL

Los plantones pueden empezar a sacarse fuera de forma gradual durante dos o tres semanas, pero sin exponerlos a heladas que pudieran acabar con ellos (ver pp. 118-119). Las plantas compradas en un vivero al aire libre pueden plantarse enseguida, pero el resto es mejor endurecerlas.

Condiciones al aire libre
El endurecimiento consiste en exponer las plantas a los elementos de forma gradual y hace que se fortalezcan antes de ser trasplantadas.

TIGMOMORFOGÉNESIS

THIGMA — TOCAR
MORPHO — FORMA
GENESIS — CREACIÓN

Significa «forma por contacto» y se refiere a cuando una planta cambia su patrón de crecimiento como reacción al contacto, como el de las gotas de lluvia.

El aumento de elasticidad activa una cascada de hormonas que pasan a dedicar parte de los recursos a fortalecer los tallos

El movimiento causado por la exposición al viento da elasticidad a las paredes celulares de la planta

SEMANA 2 – MARCO FRÍO RETIRA LA CUBIERTA

A medida que las plantas se acostumbren a las condiciones del marco frío, puedes empezar a exponerlas a más luz, frío y viento abriendo del todo la cubierta o retirándola por completo.

SEMANA 3 – PLÁNTALAS FUERA

Una vez endurecidas puedes trasplantarlas al aire libre sabiendo que serán menos propensas a sufrir daños. Si se anuncian heladas, no está de más ponerles una capa de vellón.

¿QUÉ SON LAS VARIEDADES F1? ¿DEBO COMPRARLAS?

Las «híbridas F1» o variedades F1 producen plantas idénticas con propiedades especiales, como la resistencia a plagas o la abundancia de flores. A algunos jardineros les preocupa que esta perfección proceda de la ingeniería genética, pero es el resultado de dedicar mucho trabajo a las técnicas de cultivo.

En la naturaleza, las plantas de una misma especie se reproducen entre sí mediante la polinización (con ayuda de los insectos o el viento). Sus vástagos (progenie) son una mezcla genética al 50 por ciento entre la madre (portadora de semilla) y el padre (donante de polen). Así pues, si recolectas y cultivas semillas de tu jardín, las plantas resultantes serán todas distintas (ver pp. 176-177). Las semillas de cultivo incontrolado son de polinización abierta.

Este método natural se usa para producir las semillas de variedades que no son F1, entre las que se incluyen las variedades heirloom o vestigiales, que llevan cultivándose así durante generaciones (normalmente más de 50 años). Para que las variedades de polinización abierta se mantengan puras, hay que evitar que se cuele polen de otras variedades y eliminar cualquier planta con características inusuales. Algunas plantas tienen flores que pueden ser fertilizadas por su propio polen (autopolinización), lo que implica que todos los vástagos serán muy parecidos.

PRODUCCIÓN DE HÍBRIDOS F1

Las plantas pueden someterse a una polinización cruzada, en la que los humanos toman polen de una flor y lo pasan a la parte femenina de otra flor. Los rasgos de los padres son transmitidos a los hijos: si se cruzan pelargonias rojas y blancas, por ejemplo, puede salir una mezcla de ejemplares rojos, blancos y rosas. El valor de los híbridos F1 reside en que no

Polinización

La polinización se produce cuando los granos de polen se transfieren de la parte masculina de la flor a la parte femenina. Según la especie, esto ocurre en la misma planta (autopolinización) o entre distintas plantas (polinización cruzada). Ambas pueden producir semillas sanas.

AUTOPOLINIZACIÓN INDIVIDUAL

En algunas flores bisexuales puede producirse la polinización dentro de la misma flor.

AUTOPOLINIZACIÓN EN LA MISMA PLANTA

El polen transferido en una misma planta produce poca variación genética y vástagos parecidos.

POLINIZACIÓN CRUZADA

La polinización entre plantas distintas combina los genes de ambos progenitores en vástagos híbridos que pueden variar.

Creación de un híbrido F1

Producir semillas F1 es un proceso largo y minucioso que culmina con la polinización cruzada de dos líneas paternales para crear una primera generación filial (F1).

GRANDE, COLOR APAGADO

PEQUEÑA, COLOR INTENSO

GENERACIÓN PATERNAL

Se crean dos variedades genéticamente puras (líneas) y se someten a polinización cruzada.

HÍBRIDO
HACE REFERENCIA A LOS VÁSTAGOS DE LA POLINIZACIÓN CRUZADA ENTRE DOS PROGENITORES DISTINTOS

F1
ABREVIATURA DE «PRIMERA GENERACIÓN FILIAL» (PRIMERA HIJA)

GRANDE, COLOR INTENSO

GENERACIÓN F1

Vástagos híbridos idénticos combinan las cualidades de los progenitores y presentan mayor vigor.

GENERACIÓN F2

Segunda generación filial, que se crea si las plantas F1 producen semillas. Son más desiguales y menos predecibles que las plantas F1.

se produce ninguna de estas variaciones: lo que sale es exactamente lo que muestra la bolsa de semillas.

Para lograrlo, los criadores crean dos variedades de progenitores genéticamente puros que someten a una polinización cruzada para producir semillas. Pueden empezar con un clavelón de flor grande y color apagado y otro de flor pequeña pero color naranja intenso. Estas plantas se autopolinizan para crear dos líneas endógamas, en las que progenitor e hijo son prácticamente idénticos, algo que puede llevar unos ocho años. Las dos líneas endógamas se someten a polinización cruzada manual para producir semillas F1, que darán clavelones grandes y naranjas,

con muy poca variación entre ejemplares. Los vástagos de dos progenitores endógamos pueden ser asimismo más fuertes (lo que se llama vigor híbrido).

Los cuidados y el tiempo requeridos hacen que los híbridos F1 sean caros, pero también mejoran su resistencia a las enfermedades, su tamaño, su color y su rendimiento. Tener plantas idénticas también tiene sus inconvenientes: las variedades F1 de algunas verduras, como la col, suelen madurar a la vez, produciendo un excedente. Y no te molestes en recoger las semillas de híbridos F1, ya que sus vástagos serán muy desiguales y, a menudo, peores que sus progenitores.

¿QUÉ SON LAS PLANTAS INJERTADAS? ¿DEBO COMPRARLAS?

Incorporar un miembro de una persona a otra puede sonar a ciencia ficción, pero es algo que se hace con las plantas desde hace 2500 años. La unión de dos plantas distintas, o injerto, es una técnica que se emplea para controlar el tamaño, la resistencia a las enfermedades y el vigor de las plantas.

Muchos árboles, arbustos y rosales y algunas hortalizas se injertan. Pero como solo puede hacerse con plantas emparentadas, ¡no hay riesgo de crear una criatura con cuerpo de león y cabeza de caballo! Es prácticamente imposible injertar los miembros del grupo de las monocotiledóneas (como el bambú y las palmeras).

¿CÓMO SE HACE UN INJERTO?

Esta técnica consiste en alinear con precisión la superficie cortada de un brote (injerto) con el tallo decapitado de una planta con raíz (portainjerto).

Los injertos son posibles gracias a un denso anillo verde de células madre (ver pp. 136-137) llamado cámbium o meristemo, que se extiende por los conductos que transportan la savia (llamados xilema y floema). Para injertar se usa un cuchillo afilado. Hay que hacer sendos cortes con la misma inclinación en el esqueje y en el portainjerto. Luego se unen con cinta adhesiva o cera.

VENTAJAS DE INJERTAR

Cuando un injerto y un portainjerto crecen juntos, el injerto sigue siendo una planta genéticamente distinta,

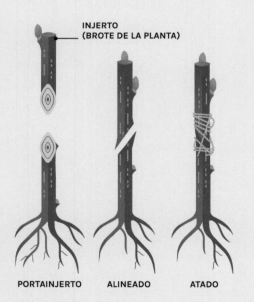

INJERTO (BROTE DE LA PLANTA)

PORTAINJERTO **ALINEADO** **ATADO**

Unión del injerto con el portainjerto
El corte de ambas superficies debe tener la misma inclinación para que encajen bien limpiamente. Luego el injerto se ata para que no se mueva.

Injerto

Tras fijar el injerto, los anillos de células madre (cámbium) del portainjerto y del injerto (brote de la planta) forman células callosas, que cubren la brecha uniéndolos. Eso permite que los tejidos que transportan la savia y el agua se unan, y que la planta crezca.

CLAVE

Corteza
Floema
Cámbium
Xilema
Médula central

PORTAINJERTO   INJERTO

ALINEA EL PORTAINJERTO Y EL INJERTO

Hay que colocar las dos secciones con mucho cuidado para que los anillos de células que las unirán queden bien alineadas.

que produce sus propias hojas, flores y frutos. El portainjerto suministra al esqueje agua y nutrientes, y las hormonas que controlan el crecimiento. Además, mejora su resistencia ante la sequía y las enfermedades. Los productores de fruta cultivan portainjertos que controlan el tamaño final de los frutales. Los portainjertos para manzanas van desde los «muy enanos» M27, que dan árboles pequeños que necesitan un buen suelo y estar siempre atados a estacas (ver pp. 130-131), a los «muy vigorosos» M25, que dan árboles demasiado grandes para la mayoría de las parcelas.

Al igual que los esquejes, los injertos son un tipo de propagación vegetativa que permite producir decenas de plantas a partir de un arbusto o un árbol (ver pp. 136-137). Pero, a diferencia de los esquejes, las plantas injertadas tienen un sistema radicular preformado y por tanto se desarrollan más rápido. Los conocimientos y el tiempo necesarios hacen que las plantas injertadas sean más caras, pero la inversión vale la pena cuando se trata de un arbusto o árbol longevo. Los pepinos, los tomates y otras hortalizas pueden injertarse en portainjertos escogidos por su velocidad de crecimiento o su resistencia a las enfermedades. Paga solo ese dinero adicional si has tenido problemas con las plantas convencionales.

Chupones de los portainjertos

TEN CUIDADO CON LOS CHUPONES, BROTES NUEVOS QUE SALEN DEL PORTAINJERTO DE LAS PLANTAS LEÑOSAS (VER PP. 174-175).
Estos brotes vigorosos que crecen por debajo del injerto tienen hojas y flores distintas a las de la variedad elegida, que proceden del injerto. Los chupones pueden llegar a dominar rápidamente la planta. Elimínalos o arráncalos en cuanto los veas.

QUÉ DEBES BUSCAR

Normalmente reconocerás el injerto por la cicatriz inclinada o en forma de anillo, o bien por una ligera diferencia en el color o la textura que se observa entre el portainjerto y el injerto. En el caso de los rosales, el injerto puede estar bajo el nivel del suelo. Algunos sauces llorones se injertan a una altura de 1,5-2 m (5-6 ft), para que las ramas dispongan de espacio para caer hacia abajo.

Los cortes cicatrizan

EMPIEZA LA CICATRIZACIÓN

Antes de que el injerto se una, la cicatrización sella la herida para prevenir la pérdida de savia y las infecciones.

Callo

CÉLULAS CALLOSAS

Tanto el injerto como el portainjerto producen células para crear una cicatriz llamada callo que cubre la brecha.

El cámbium cubre el injerto

UNIÓN DE CÁMBIUMS

Las células del cámbium se dividen y se unen mediante el callo y luego pueden formar otros tipos de células.

El floema y el xilema se unen

INJERTO COMPLETADO

El xilema y el floema se conectan de modo que el agua y los nutrientes pueden circular por el tallo.

¿CUÁNTO ESPACIO DEBO DEJAR ENTRE PLANTAS?

Viajar como sardinas en el metro en hora punta es bastante desagradable, pero para una planta, que no puede moverse, estar demasiado pegada a su vecina puede marcar la diferencia entre limitarse a sobrevivir o salir adelante. El espacio entre plantas es algo que hay que tener muy en cuenta.

MITO
LAS RAÍCES DE UN ÁRBOL SON REFLEJO DE SU COPA

LAS RAÍCES SE PUEDEN EXTENDER ENTRE

4 y 5

VECES EL ANCHO DE LA COPA

El tamaño y la resistencia de una planta dependen de la extensión de su sistema radicular. Las raíces son la única fuente de agua y nutrientes de la planta, y si están confinadas el crecimiento de la planta se paraliza. El caso más evidente es el de los bonsáis. Si las raíces se extienden sin trabas, el crecimiento solo se ve limitado por la cantidad de nutrientes y agua del suelo.

Cualquier sistema radicular cercano competirá por el agua y los nutrientes, y limitará su crecimiento si la competición se vuelve demasiado agresiva. Así, el espacio es esencial para que las plantas desarrollen todo su potencial. Para ello es necesario saber lo que crecerán sus raíces y su follaje.

¿CUÁNTO CRECERÁ CADA PLANTA?

Los árboles son las plantas más glotonas, así que lo ideal es que estén a una distancia amplia de otros árboles y arbustos.

Debajo de ellos solo debe haber plantas que toleren la sequedad y la sombra, sobre todo porque las raíces de los árboles suelen estar en los 30 cm (12 in) superiores del suelo y acostumbran a dejarlo seco.

Ten en cuenta el tamaño final de las plantas, que suele especificarse en la etiqueta. Deja esta distancia entre los arbustos y árboles adultos, para que puedan crecer sin tener que podarlos. Las trepadoras leñosas también agradecen contar con un espacio generoso, para que sus raíces puedan

extenderse y sostener un fuerte crecimiento. Generalmente las plantas que se pueden plantar más juntas son las anuales, que tienen una sola temporada para extender sus raíces, y muchas perennes herbáceas, que pueden extraerse y dividirse (ver pp. 182-183) cuando empiezan a ocupar demasiado espacio. Las plantaciones densas sirven para cubrir el suelo y asfixiar las malas hierbas.

SEPÁRALAS SEGÚN TE INTERESE

No existen reglas absolutas en cuanto a la distancia entre plantas. Cuanto más cerca estén, más pequeños serán los ejemplares. Además, la calidad del suelo influye mucho. Si se mantiene el suelo sano abonándolo periódicamente (ver pp. 42-43) y se siembran juntas determinadas hortalizas, como la remolacha, el rábano y las cebollas, pueden conseguirse resultados excelentes. Si siembras tres o cuatro semillas juntas y las plantas como una sola, saldrá un grupo de plantas ligeramente más pequeñas pero perfectamente formadas, y podrás plantar con una mayor densidad de lo que te permitiría una única planta.

Los bancales elevados permiten aprovechar bien el espacio porque pueden abarrotarse, ya que no hay que dejar sitio para pasar entre las plantas. Puedes meter más ejemplares colocándolos a lo largo, en vez de a lo ancho. El diseño en triángulo es el que mejor aprovecha el espacio (ver derecha).

Disposición de las plantas

Si colocas las plantas con cuidado dispondrán de espacio para crecer y podrás meter más ejemplares y aprovechar mejor el espacio. Esto es especialmente útil en el caso de las hortalizas, pero también funciona en los arriates con flores.

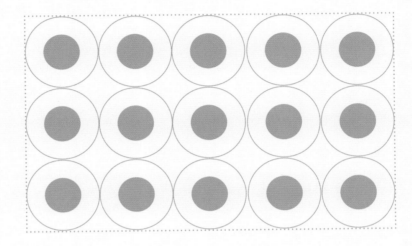

CUADRÍCULA

Alinear las plantas en filas colindantes hace que sea muy fácil medir la distancia correcta entre plantas, pero se desperdicia espacio entre las filas.

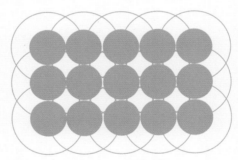

CONGESTIONADO

Si las plantas muy juntas tendrán poco espacio para crecer. Para que puedan salir adelante, tendrás que eliminar algunas.

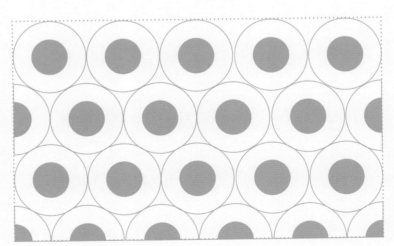

TRIANGULAR

Escalonar las filas formando triángulos es un sistema eficaz, ya que permite plantar un 22 por ciento más de plantas que si se colocan en cuadrícula.

¿HAY PLANTAS QUE CONVIENE PLANTAR JUNTAS?

La técnica de sembrar plantas en grupo para que se ayuden entre sí se conoce como asociación de cultivos. Hay muchos falsos mitos alrededor de esta práctica, pero los científicos han descubierto que algunas plantas realmente pueden ayudar a otras.

Las leguminosas (la familia del guisante y la judía) absorben nitrógeno del aire gracias a bacterias que viven en sus raíces (ver p. 122). Parte del nitrógeno se filtra en el suelo y nutre a microorganismos y plantas circundantes, y acaba siendo devuelto a la tierra cuando mueren y se pudren. Así, las patatas salen significativamente más grandes junto a las judías verdes, y las lechugas, cerca de los guisantes. Los cultivos de cobertura de leguminosas (o abonos verdes) pueden plantarse entre siembras para aportar nutrientes al suelo y desplazar las malas hierbas.

ATRAER Y REPELER

Las plantas asociadas pueden cultivarse para atraer, atrapar, confundir y repeler posibles plagas de insectos.

Por ejemplo, el eneldo, el hinojo y otras plantas de la familia de las zanahorias (apiáceas) tienen cabezuelas con muchas flores diminutas que atraen a los áfidos y a sus depredadores, como los sírfidos. Si se usan para bordear la parcela, alejan las plagas. El fuerte aroma de la caléndula, la salvia y otras hierbas puede enmascarar el olor de las apreciadas plantas que hay junto a ellas, confundiendo o incluso ahuyentando las plagas. Científicos del Reino Unido y África han desarrollado asociaciones de plantas que crean sistemas «push-pull» (atraer/repeler) para reducir los daños por plagas en los cultivos (ver abajo). Algunas asociaciones hacen que los polinizadores mejoren los cultivos frutales. Por ejemplo, se atrae a los abejorros con flores de boca de dragón.

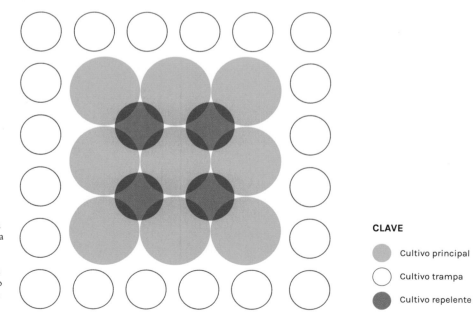

Los sistemas «push-pull» protegen las plantas colocando cultivos trampa en el perímetro para atraer a las plagas y plantas aromáticas para ahuyentarlas. Gracias a ellos algunos campos de maíz de África han podido aumentar su producción hasta en un 80 por ciento.

CLAVE

- Cultivo principal
- Cultivo trampa
- Cultivo repelente

¿DEBO ROTAR LAS PLANTAS CADA AÑO?

Las ventajas de ir variando el lugar en el que se planta (rotación) se conocen desde hace 3000 años, pero muchas guías modernas sobre esta práctica no tienen mucha base científica. Es probable, no obstante, que la rotación beneficie a tus plantas.

Rotación basada en la necesidad de nutrientes Alternar los cultivos que consumen nutrientes específicos evita que el suelo se agote. Usa mantillo para reponer los nutrientes del suelo en vez de cultivos que fijan el nitrógeno.

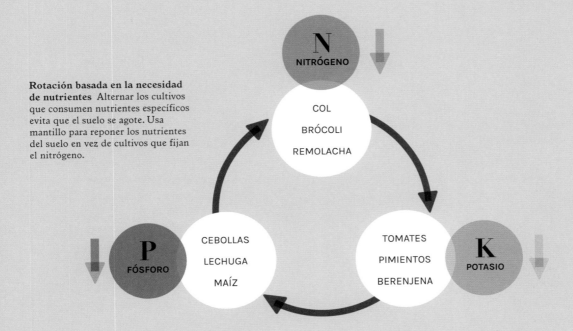

N NITRÓGENO

COL
BRÓCOLI
REMOLACHA

K POTASIO

TOMATES
PIMIENTOS
BERENJENA

P FÓSFORO

CEBOLLAS
LECHUGA
MAÍZ

Todas las plantas buscan en el suelo los nutrientes que necesitan para crecer, pero cada una sigue su dieta. Así, todas salvo las leguminosas (ver p. 94) consumen nitrógeno del suelo, las patatas se zampan el potasio y la lechuga consume mucho fósforo. Por eso tiene sentido cambiar el lugar en el que se siembra cada cultivo todos los años, para ir variando lo que absorben del suelo y evitar la falta de algún nutriente. Hoy suele usarse un ciclo basado en la ciencia que alterna los cereales con algún abono verde que fije el nitrógeno, como la alfalfa (también conocida como lucerna o *Medicago sativa*), para reponer el nitrógeno del suelo. Pero en las parcelas de espacio limitado, el suelo no suele estar vacío lo suficiente para cultivar abonos verdes (ver pp. 42-43).

EVITA PLAGAS Y ENFERMEDADES

Otra razón para rotar los cultivos es reducir plagas y enfermedades, como la hernia de la col, la pudrición blanca de la cebolla y los nematodos de la patata, que pueden permanecer inactivas en el suelo o los residuos vegetales y volver a atacar al año siguiente o varios años más tarde si se planta otro cultivo vulnerable. Las plantas de la misma familia suelen ser propensas a los mismos problemas, por lo que se recomienda rotar las plantas relacionadas en grupo. No ocurre solo con hortalizas: las plantas de la familia de la rosa se ven afectadas por la enfermedad del replante cuando se plantan una tras otra. Se desconoce la causa de este retraso en el crecimiento y la única solución es plantar especies no relacionadas entre sí.

¿CUÁL ES LA DIFERENCIA ENTRE BULBO, CORMO, TUBÉRCULO Y RIZOMA?

Los bulbos son uno de los varios tipos de órganos subterráneos de almacenamiento de nutrientes que han desarrollado las plantas. Gracias a ellos sobreviven durante los períodos de letargo, y crecen y florecen rápidamente cuando las condiciones son más favorables.

RAÍCES

DE LOS RIZOMAS CRECEN NUEVAS RAÍCES, QUE APORTAN A CADA SECCIÓN AGUA Y NUTRIENTES

Cualquier planta que almacena sus reservas de energía bajo el suelo y germina en o bajo su superficie se conoce técnicamente como geófita (que significa planta-tierra). Las plantas con bulbos son geófitas, pero muchas de las plantas a las que los jardineros se refieren como bulbos en realidad no lo son. Las geófitas se dividen en cuatro grupos distintos: bulbos, cormos, tubérculos y rizomas. Cada grupo es un arsenal subterráneo de azúcar producido durante la fotosíntesis (ver pp. 70-71). Las partes subterráneas de estas plantas también se multiplican y se propagan, y frecuentemente pueden dividirse con facilidad en otras plantas nuevas (ver p. 187).

RIZOMA

TALLOS CARNOSOS DE IRIS BARBADOS SE EXTIENDEN POR EL SUELO Y SACAN BROTES DE LAS NUEVAS SECCIONES

¿CUÁNDO UN BULBO NO ES UN BULBO?

Aunque las distintas geófitas pueden parecerse, su estructura interna y su crecimiento difieren bastante. Aprender a distinguirlas te ayudará a plantarlas y propagarlas correctamente.

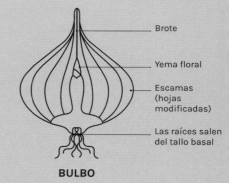

Brote

Yema floral

Escamas (hojas modificadas)

Las raíces salen del tallo basal

BULBO

BULBOS

Si has cortado una cebolla, sabrás que los bulbos tienen una capa parecida al papel que cubre varias capas carnosas. Cada capa es en realidad una hoja blanca (escama), desposeída de su verdor y repleta de energía. Bajo el suelo, los bulbos esperan el momento adecuado para que la yema floral que hay en su centro brote hacia arriba y las raíces le salgan por la base plana. El brote se abre mostrando una hermosa flor y hojas exuberantes, que absorben la luz del sol, reponiendo la energía del bulbo para la siguiente temporada.

CORMOS

Por fuera los cormos parecen bulbos, con su punto de brotación central y sus raíces carnosas saliendo de la base plana. Pero si los cortas verás que su carne es sólida y densa. Se trata de un tallo engrosado de base hinchada que ha formado un saco subterráneo lleno de energía feculenta. Los cormos se plantan y se cuidan como si fueran bulbos, por eso suelen confundirse.

TUBÉRCULOS

Las patatas, algunas especies de *Anemone* y el *Caladium* son ejemplos de tallos subterráneos, en los que la carne del órgano de almacenamiento se forma a partir de un tallo subterráneo que se ha engrosado,

a veces adquiriendo enormes proporciones. Estos tallos subterráneos pueden brotar por distintos puntos de su superficie, formando pequeños brotes llamados ojos.

Otras geófitas, incluido el boniato (*Ipomoea batatas*) y las dalias, presentan raíces tuberosas engrosadas como fuente de energía. Estas forman yemas que se transforman en nuevos brotes en el extremo por el que estaban unidas a la vieja planta. Las hortalizas de raíz, como las zanahorias, también tienen una raíz gruesa (llamada raíz primaria), y no se consideran tubérculos porque no son perennes y no se dividen bajo el suelo.

RIZOMAS

Los rizomas horizontales subterráneos del jengibre (*Zingiber officinale*), la caña de Indias y el bambú son geófitas ancestrales, que existen desde antes que los dinosaurios vagaran por la Tierra y están mejor preparadas para hacer frente a temperaturas extremas y a la sequía que otros bulbos. Lo que parecen raíces nudosas son en realidad gruesos tallos, que se extienden hacia los lados y almacenan energía. Pueden brotar por toda su longitud, mandando brotes hacia arriba para formar lo que parece una nueva planta (chupón) en la superficie, que sigue unida a la planta madre.

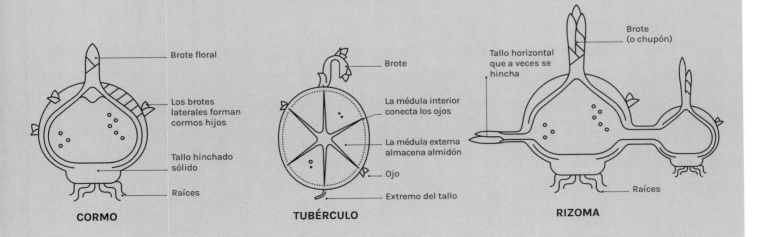

CORMO

Brote floral
Los brotes laterales forman cormos hijos
Tallo hinchado sólido
Raíces

TUBÉRCULO

Brote
La médula interior conecta los ojos
La médula externa almacena almidón
Ojo
Extremo del tallo

RIZOMA

Tallo horizontal que a veces se hincha
Brote (o chupón)
Raíces

¿A QUÉ PROFUNDIDAD DEBO ENTERRAR LOS BULBOS?

Todos los libros y las webs de jardinería indican la profundidad correcta a la que hay que plantar los bulbos, pero no te preocupes demasiado ya que, aunque parezca increíble, la mayoría saben cómo alcanzar la profundidad que prefieren.

Generalmente, la mayoría de los bulbos, cormos, tubérculos y rizomas prefieren un agujero dos o tres veces más profundo que lo que miden de alto. Pero hay excepciones: los estudios demuestran que los tulipanes florecen mejor si se plantan a 20 cm (8 in) de profundidad; y los rizomas de los iris barbados (*Iris germanica*) es mejor plantarlos a poca profundidad, para que asomen por encima del suelo. Así recibirán la luz del sol, lo que mejora su floración.

Las instrucciones de los paquetes te serán útiles, pero no es necesario que las sigas al pie de la letra, ya que los bulbos tienen raíces contráctiles, que pueden extenderse y contraerse como un músculo, y arrastran al bulbo hasta su profundidad preferida. Pasarán varias semanas relajados, a salvo de roedores como los ratones y las ardillas, que suelen ver los bulbos ricos en nutrientes como un bocado que les resulta muy apetitoso.

¿QUÉ LADO VA ARRIBA?

Muchos bulbos son puntiagudos por arriba, por donde sale la yema floral, y planos y leñosos por abajo (placa basal), por donde salen las raíces. Cuando queda claro, es fácil saber cómo hay que colocarlo, pero cuando no está tan claro tampoco tienes por qué preocuparte. Como ocurre con las semillas, en la mayoría de los casos puedes plantarlos boca abajo y no les pasará nada. Las raíces, llevadas por la gravedad, siempre crecen hacia abajo y los brotes pueden percibir el camino hacia arriba. Compruébalo tú mismo: en otoño planta la mitad de los bulbos de narciso con la parte puntiaguda hacia abajo y la otra mitad con la punta mirando hacia arriba. Cuando florezcan en primavera apenas apreciarás la diferencia, ya que con la ayuda de las raíces contráctiles, los bulbos se ponen boca arriba. Simplemente notarás que los que estaban boca abajo salen ligeramente más bajos. Muchos tubérculos y rizomas, especialmente los que se plantan a menos profundidad, no pueden darse la vuelta, así que solo florecerán los que estén colocados correctamente.

ACÓNITO DE INVIERNO · **CROCUS** · **NARCISO** · **AJO GRANDE**

10 cm (4 in)

20 cm (8 in)

HUNDE A 3 VECES LA ALTURA DEL BULBO

Guía para bulbos Solemos plantar los bulbos demasiado cerca de la superficie, sobre todo si el suelo es duro o rocoso. Eso puede hacer que salgan menos flores, así que plántalos a una profundidad equivalente a tres veces su altura.

30 cm (12 in)

¿QUÉ HACE QUE A UN BULBO LE SALGAN BROTES?

Dentro de cada una de las células del bulbo, un reloj biológico va siguiendo el paso de las estaciones gracias a unas señales procedentes de la superficie, lo que permite al bulbo florecer cuando toca y maximizar las posibilidades de éxito en la reproducción.

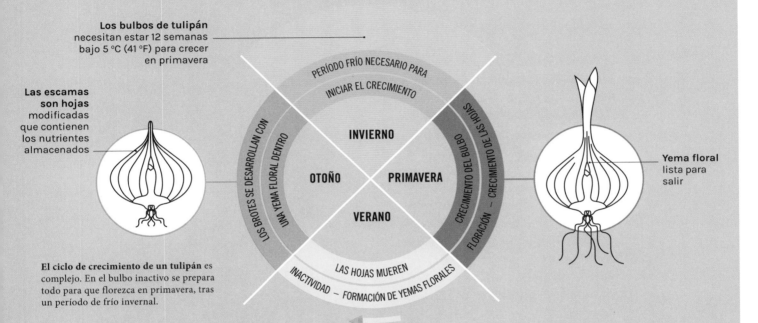

Los bulbos de tulipán necesitan estar 12 semanas bajo 5 °C (41 °F) para crecer en primavera

Las escamas son hojas modificadas que contienen los nutrientes almacenados

El ciclo de crecimiento de un tulipán es complejo. En el bulbo inactivo se prepara todo para que florezca en primavera, tras un período de frío invernal.

PERÍODO FRÍO NECESARIO PARA INICIAR EL CRECIMIENTO

LOS BROTES SE DESARROLLAN CON UNA YEMA FLORAL DENTRO

CRECIMIENTO DEL BULBO — CRECIMIENTO DE LAS HOJAS

FLORACIÓN

INVIERNO

OTOÑO

PRIMAVERA

VERANO

LAS HOJAS MUEREN

INACTIVIDAD — FORMACIÓN DE YEMAS FLORALES

Yema floral lista para salir

El complejo reloj biológico del bulbo envía una serie de señales químicas a través de sus tejidos en respuesta a la temperatura del suelo y a cualquier luz que le llegue desde la superficie. Cada planta tiene su ritmo de crecimiento y descanso, que refleja el clima y las condiciones de su hábitat natural. Los bulbos que florecen en primavera, como el crocus y los tulipanes, suelen ser de hábitats con veranos secos y duros, y por tanto crecen y se reproducen rápidamente en primavera, para luego desaparecer bajo tierra a esperar que pase el verano. Usan el invierno como señal para reanudar el ciclo al año siguiente.

VERNALIZACIÓN

Las plantas disponen de mecanismos sofisticados para detectar el cambio de estaciones. Muchas usan la exposición a una ola de frío larga durante el invierno para activar la floración,

proceso que se conoce como vernalización. Los jardineros saben desde hace mucho que los bulbos que proceden de regiones templadas necesitan experimentar un período de bajas temperaturas para florecer. A pesar de que en otoño e invierno parecen inactivos, muchos bulbos usan sus reservas de energía para empezar a producir brotes y yemas florales durante este período.

Si comprendes la vernalización podrás engañar a los que necesitan un período frío pero viven en una región con inviernos suaves, o a los que están fuera de temporada. Bastará con que los metas en el frigorífico durante 8-15 semanas. Si los plantas en un suelo húmedo o en una jarrón lleno de agua, los bulbos «forzados» de ese modo crecerán y florecerán incluso en pleno invierno. No todos los bulbos necesitan frío. La belladona (*Hippeastrum*), por ejemplo, florecerá siempre que el clima sea húmedo y cálido.

¿CÓMO PUEDO SABER CUÁL ES EL MEJOR LUGAR PARA LAS PLANTAS DE INTERIOR?

Ninguna planta está hecha para vivir en un edificio moderno, pero conocer el origen silvestre de las plantas de interior te ayudará a escoger un nuevo hogar para ellas. Algunas se adaptan bien, pero otras solo sobrevivirán en el lugar adecuado.

Las plantas de interior pueden venir de cualquier lugar del mundo. Cuando decidas dónde ponerlas, ten en cuenta si la humedad, la luz y la temperatura coinciden con las de su hábitat natural. Muchas son originarias de selvas subtropicales, en las que las temperaturas y la humedad son elevadas, pero los niveles de luz varían y son desde muy bajo en el suelo de la selva, donde florecen la *Fittonia* y el *Anthurium*, a mucho más elevado en el dosel, donde las orquídeas y muchas bromeliáceas (familia de la piña) se aferran a las ramas. Las plantas de hábitats áridos, como las cactáceas y las suculentas, necesitan poca humedad, mucho sol y lluvias estacionales. Los climas de tipo mediterráneo son apropiados para plantas como la *Strelitzia* y el *Hippeastrum*, que requieren un clima soleado, con un nivel de temperatura y humedad que fluctúa según la estación. La azalea en maceta y unas pocas plantas de interior más proceden de regiones templadas y prefieren un nivel de luz ligeramente inferior, en condiciones relativamente frías y húmedas. Ten en cuenta el tamaño que alcanzará la planta y si es una trepadora que necesitará soporte o si tiene tallos que caen hacia abajo, perfectas para una estantería o una maceta elevada.

LA LUZ ADECUADA

Nosotros obtenemos las calorías de los alimentos, pero las plantas obtienen las suyas cuando sus hojas captan los fotones de la luz del sol, algunos de los cuales son filtrados incluso por el cristal más limpio

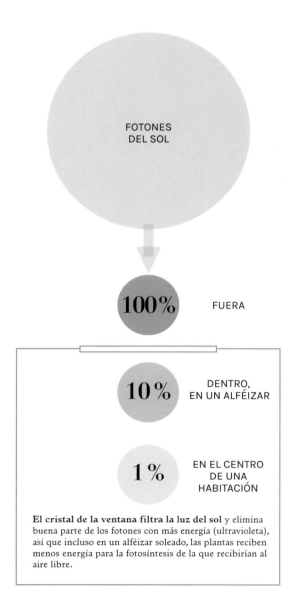

FOTONES DEL SOL

100% FUERA

10% DENTRO, EN UN ALFÉIZAR

1% EN EL CENTRO DE UNA HABITACIÓN

El cristal de la ventana filtra la luz del sol y elimina buena parte de los fotones con más energía (ultravioleta), así que incluso en un alféizar soleado, las plantas reciben menos energía para la fotosíntesis de la que recibirían al aire libre.

y transparente (ver izquierda). La intensidad y la duración de la luz natural varía con la estación: en otoño e invierno muchas plantas tienen que colocarse más cerca de las ventanas para poder recibir luz suficiente, pero en los días más largos y soleados de primavera y verano, muchas prefieren estar lejos del sol intenso. Las ventanas orientadas al norte reciben menos luz que las que se orientan al sur. La mayoría de las plantas de interior sobreviven bien en el alféizar de una ventana bien iluminada o en una mesa, estantería o soporte a unos 50 cm (20 in) de una ventana soleada orientada al sur. A las suculentas y a muchas plantas de regiones mediterráneas les gusta recibir algo de sol directo, mientras que las cactáceas se sienten como en casa a pleno sol. Las amantes de la sombra propias del suelo de la selva prosperan a cierta distancia de una ventana soleada y prefieren las estancias húmedas, como los baños y las cocinas (ver pp. 120-121).

UN POCO DE LUZ ADICIONAL

Donde haya poca luz puedes usar luz artificial. Las bombillas corrientes no dan luz suficiente, pero las luces led de crecimiento, muy eficientes, reproducen la intensidad del sol y emiten los colores de la luz que las plantas necesitan para crecer. La luz del sol contiene todos los colores del arco iris, pero las hojas de las plantas reflejan solo los tonos verdes. Las plantas absorben los azules y violetas (y los ultravioleta invisibles), ricos en energía, para el crecimiento de las hojas, y los naranjas y rojos, pobres en energía, para activar la floración. Las luces de crecimiento de los productores comerciales son moradas, una combinación altamente eficiente de rojo y azul.

TEMPERATURA

Gracias a la climatización, las plantas de interior rara vez se enfrentan a temperaturas extremas. Pero en verano estas se disparan en los alféizares soleados y en los invernaderos, así que todas menos las suculentas y las cactáceas necesitarán un lugar más fresco. El otoño y el invierno pueden ser más problemáticos, ya que las plantas que aman el calor pueden tener problemas a causa del frío (ver pp. 118-119) por debajo de 18 °C (65 °F), lo que es habitual si están en un lugar con corriente de aire o entre las cortinas y la ventana (ver p. 163).

UNA PLANTA PIERDE EL DOBLE DE AGUA POR CADA

10 °C
(18 °F)

QUE AUMENTA LA TEMPERATURA

Y POR ENCIMA DE

46 °C
(115 °F)

SERÁ INEVITABLE QUE **MUERA**

LO QUE VEMOS

Verde reflejado por las plantas (lo que vemos)

LO QUE ABSORBE UNA PLANTA

Colores para el crecimiento
No todas las partes del espectro visible de la luz son iguales. Las plantas usan los azules y violetas, de alta energía, para activar el crecimiento de las hojas, y los rojos, de baja energía, para impulsar la floración. La sección verde se refleja y es visible en el color de las hojas.

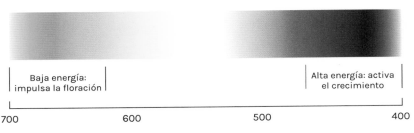

Baja energía: impulsa la floración

Alta energía: activa el crecimiento

| 700 | 600 | 500 | 400 |

LONGITUD DE ONDA DE LA LUZ (NM)

CRECIMIENTO

¿SON IGUALES TODAS LAS RAÍCES?

Las raíces pesan una tercera parte del peso de la planta y la anclan al suelo, extraen nutrientes, buscan agua e interactúan con las criaturas del suelo. Las plantas desarrollan distintos tipos de raíces para las distintas funciones.

Las raíces son la prioridad de la planta, así que esta invierte mucha energía en su desarrollo. La raíz embrionaria (la radícula) es la primera que sale de la semilla cuando la planta inicia su vida (ver pp. 76-77). Esta forma la raíz primaria, que luego se transformará en uno de los dos sistemas radiculares básicos.

RAÍCES PIVOTANTES Y RAÍCES FIBROSAS

Si arrancas un diente de león verás que tienen una larga raíz que lo sujeta al suelo. Esta raíz pivotante es la raíz primaria de la planta, de la que salen raíces laterales más pequeñas que se extienden por el suelo. Se dirige hacia abajo para crear un punto de anclaje fuerte y para acceder al agua que está a más profundidad.

Las plantas caducifolias también usan sus raíces para almacenar energía para el invierno. A veces las raíces pivotantes están especialmente diseñadas para ello, como las raíces carnosas de las zanahorias.

Este sistema es muy distinto al sistema radicular de las hierbas y de otras plantas monocotiledóneas, como los ajos, y de las palmeras, que tienen una densa masa de raíces nervudas que salen de la semilla y de la base del tallo. Se conocen como raíces fibrosas y suelen extenderse cerca de la superficie del suelo, donde absorben rápidamente el agua de la lluvia.

El aspecto de las raíces varía, pero todas ayudan a las plantas a estar erguidas y a encontrar agua y nutrientes en el suelo.

FIBROSAS

SUELEN TENER UN GROSOR PARECIDO Y NORMALMENTE SE FORMAN CERCA DE LA SUPERFICIE

Raíces adicionales

LAS PLANTAS TIENEN LA HABILIDAD DE ECHAR RAÍCES POR CASI CUALQUIER SITIO GRACIAS AL TEJIDO MERISTEMÁTICO (VER PP. 136-137) PRESENTE EN LOS TALLOS Y LAS HOJAS.
Las raíces que salen de una parte de la planta que está sobre el suelo se llaman adventicias y pueden proporcionar a los tallos soporte adicional o ayudar a las plantas a salir adelante en un suelo anegado. También crecen de tallos que están foliados (ver p. 186) o de esquejes colocados directamente en el suelo (ver p. 185).

EXPLORAR, INTERACTUAR Y ABSORBER

Excepto en las regiones desérticas, la mayoría de las plantas no suelen enterrar mucho sus raíces. Buena parte de los nutrientes y el agua, y la mayor parte de los microbios, están en las capas superiores del suelo, y es allí donde concentran su búsqueda de alimento.

Esta red está liderada por las raíces laterales más diminutas, que miden como el ancho de un pelo humano. En la punta tiene la caliptra, que actúa como la cabeza de un gusano. Prueba y percibe el suelo con sus miles de receptores químicos, dirigiéndose hacia el agua, esquivando obstáculos y exudando una sustancia azucarada llamada mucílago para lubricar el suelo a su paso.

Detrás de la caliptra crecen unos tentáculos microscópicos, llamados pelos radiculares, que aumentan la superficie de la punta de la raíz y absorben hasta el 90 por ciento de los nutrientes y el agua. Dichas estructuras son extremadamente frágiles y se dañan si se alteran, pudiendo provocar un shock del trasplante, que consiste en que el crecimiento de las plantas replantadas o cambiadas de maceta se paraliza hasta que se forman nuevos pelos radiculares.

Los pelos radiculares también exudan ácidos y digestores químicos para liberar los nutrientes del suelo, además de azúcares, proteínas y hormonas para alimentar y atraer a los microbios provechosos (ver pp. 44-45). A cambio, estos microbios extraen los nutrientes del suelo para las plantas y ahuyentan a los posibles atacantes. Este bullicioso espacio lleno de vida alrededor de las raíces se conoce como rizosfera.

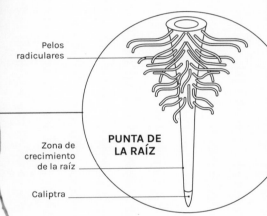

Pelos radiculares

PUNTA DE LA RAÍZ

Zona de crecimiento de la raíz

Caliptra

PIVOTANTES
PENETRAN A MAYOR PROFUNDIDAD PARA MANTENER LA PLANTA ERGUIDA Y PRODUCEN MUCHAS RAICILLAS LATERALES

¿PUEDO SIMPLEMENTE ARRANCAR Y TRASLADAR LAS PLANTAS?

Cambiar de casa es especialmente traumático para una planta: le cortamos las raíces, la arrancamos y la metemos en un suelo desconocido. Pero la mayoría de las plantas pueden trasladarse si se hace con cuidado para minimizar su sufrimiento.

Plantar la planta adecuada en el lugar indicado (ver pp. 58-59) ayuda a que prospere, pero las condiciones cambian con el tiempo, ya que los arbustos crecen y proyectan sombra o las plantas pasan a estar más abarrotadas. Cuando eso ocurre, reubicar la planta puede ser lo mejor. También puede que veas que a una planta le va mejor en otra ubicación (ver pp. 36-37) o quizá te apetezca rediseñar el jardín. Las perennes herbáceas suelen reaccionar mejor que los arbustos y los árboles cuando se reubican. De hecho, es aconsejable arrancarlas y dividirlas de forma periódica para mantenerlas sanas (ver pp. 182-183). Los árboles y los arbustos es mejor trasladarlos durante los cinco años siguientes a su plantación.

PLANEA BIEN EL TRASLADO

Arrancar una planta es sin duda algo traumático. Su disminuido y dañado sistema radicular tiene que sanar, pero además debe seguir encargándose del abastecimiento para el crecimiento de la planta.

El agua se evapora por las hojas, pero es repuesta por las raíces

Consecuencias del trasplante

Normalmente, al arrancar una planta se corta la mitad de su sistema radicular y las raíces que sobreviven pierden muchos de sus pelos radiculares (ver pp. 104-105). Esto reduce el suministro de agua y nutrientes, mientras que el agua sigue evaporándose por las hojas (ver p. 22) y hacen falta nutrientes para sanar rápidamente las raíces dañadas. Este arbusto caducifolio tiene más opciones de sobrevivir si se trasplanta cuando está inactivo y sin hojas.

ARBUSTO ASENTADO
El sistema radicular está listo para suministrar agua para reponer la que se pierde por los poros de las hojas.

Las nuevas raíces crecen rápido gracias a la hormona vegetal llamada auxina (ver pp. 166-167), que circula desde los tallos hasta las raíces, pero es posible facilitar las cosas si se hace en el momento óptimo.

Los arbustos y los árboles caducifolios es mejor trasladarlos cuando no tienen hojas, entre finales de otoño y finales de invierno. Así, la pérdida de agua será mínima y las reservas de energía seguirán almacenadas de forma segura en las ramas y los troncos leñosos (ver pp. 168-169). Normalmente también se podan las ramas para que el menguado sistema radicular pueda satisfacer sus necesidades en primavera. Está bien eliminar las ramas dañadas, pero podar más que eso solo sirve para empeorar las cosas, ya que activa respuestas frente a los daños y desvía los azúcares y los nutrientes de donde son necesarios para reparar y hacer crecer las raíces.

La ciencia demuestra que las perennes y las perennes herbáceas se recuperan más rápido si se trasladan cuando el suelo está a más de 6 °C (43 °F)

y húmedo, pero el crecimiento de las hojas no está en su punto álgido. Es decir, en otoño (al menos cinco semanas antes de la primera helada) si los inviernos son suaves y los veranos calurosos; allí donde los inviernos son lluviosos y gélidos es mejor esperar a la primavera, cuando el suelo se haya calentado.

CONSEJOS PARA EL TRASPLANTE

Riega bien las plantas el día antes de trasplantarlas y luego regularmente al menos los tres meses siguientes. Las que tienen una raíz primaria grande (ver pp. 104-105), incluidos el *Eryngium*, la *Malva* y muchas coníferas, son difíciles de trasplantar con éxito. La mayoría del resto de las plantas propagan la mayor parte de sus pequeñas raíces hacia los lados, así que cava alrededor y arranca un cepellón generoso para conservar tantas como puedas. Replántala rápido en un agujero no más profundo que el cepellón, ya que si se sepulta la base del tallo o tronco, aumentan las posibilidades de una infección fúngica.

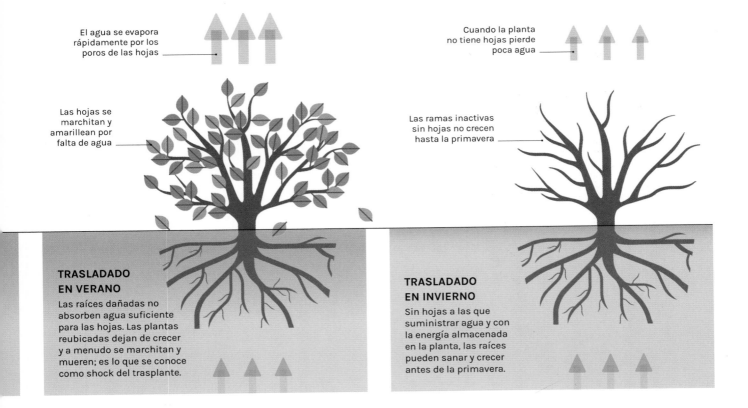

El agua se evapora rápidamente por los poros de las hojas

Las hojas se marchitan y amarillean por falta de agua

TRASLADADO EN VERANO

Las raíces dañadas no absorben agua suficiente para las hojas. Las plantas reubicadas dejan de crecer y a menudo se marchitan y mueren; es lo que se conoce como shock del trasplante.

Cuando la planta no tiene hojas pierde poca agua

Las ramas inactivas sin hojas no crecen hasta la primavera

TRASLADADO EN INVIERNO

Sin hojas a las que suministrar agua y con la energía almacenada en la planta, las raíces pueden sanar y crecer antes de la primavera.

¿OBTIENEN SIEMPRE LOS NUTRIENTES DEL SUELO?

Algunas plantas, para poder sobrevivir en hábitats pobres en nutrientes y lejos del suelo, han desarrollado formas insólitas de obtener nutrientes del entorno.

La idea de que una planta puede aprender a comer animales parece absurda, pero algunas plantas que viven en suelos encharcados pobres en nutrientes han evolucionado readaptando la maquinaria molecular de sus raíces para poder comer carne. Estas plantas atrapan insectos. Su proteína es tan rica en nitrógeno y otros nutrientes esenciales que esta capacidad se ha desarrollado por sí sola al menos en seis ocasiones a lo largo de la historia de las plantas con flores. Las plantas carnívoras, como la Venus atrapamoscas (*Dionaea muscipula*) y las plantas jarra (*Nepenthes*), atraen, capturan y digieren a sus presas con eficacia.

PARÁSITAS Y EPÍFITAS

Aprovecharse de otras plantas es otro método ingenioso que se ha desarrollado al menos doce veces ante la falta de suelo. Las plantas parásitas, que incluyen el muérdago blanco (*Viscum album*) y la cuscuta (*Cuscuta*), han transformado sus raíces en unos zarcillos llamados haustorios, que penetran en los tejidos de la planta huésped, extrayendo agua, nutrientes y azúcares. La planta fantasma (*Monotropa uniflora*) aprovecha las redes de hongos micorrízicos asociadas con los árboles como fuente de alimento.

Otras miles de plantas, llamadas epífitas, encuentran su hogar entre las ramas de otras plantas sin dañarlas. Entre estas están las orquídeas y las plantas del aire (*Tillandsia*), que no necesitan tierra, sino que usan sus raíces aéreas para aferrarse a otras plantas, a rocas o incluso a las paredes de un acantilado. Las raíces aéreas pueden extraer la humedad directamente del aire. Las epífitas obtienen los nutrientes atrapando las motas de polvo y los granos de arena que pasan cerca con los diminutos pelos de sus hojas (llamados tricomas). Estas plantas suelen ser de crecimiento lento.

¿QUÉ ES EL CRECIMIENTO HIDROPÓNICO?

La hidroponía consiste en cultivar las plantas en agua, en vez de en
el suelo. Puede ser una solución frente a las perjudiciales prácticas
agrícolas intensivas. Incluso puede practicarse en casa.

El suelo satisface las necesidades de las plantas: da una base sólida para las raíces, una mezcla de minerales y materia orgánica que contiene agua y nutrientes, y espacio para que circule el aire (ver pp. 38-39). Pero no es imprescindible: la lechuga de agua (*Pistia stratiotes*), por ejemplo, flota en los ríos, con las raíces colgando en el agua. De hecho, las raíces de la mayoría de las plantas pueden crecer en el agua, siempre que haya suficientes nutrientes (ver p. 122), oxígeno y un pH apropiado. La hidroponía no es una idea nueva: los aztecas cultivaban en balsas, para poder poner los cultivos a salvo si eran atacados.

SISTEMAS SENCILLOS

La forma más sencilla de cultivar hidropónicamente es poner las plantas en macetas para que las raíces crezcan en un sustrato sin tierra, como guijarros de arcilla, perlita, vermiculita o lana de roca. Las macetas se conectan a un sistema de riego por goteo que lleva incorporada una solución de fertilizante, y los espacios entre las piezas del sustrato permiten que el oxígeno llegue a las raíces. El sistema holandés con hidrocubos funciona así y sirve para gran variedad de plantas.

Existen otras muchas formas de cultivar plantas en agua. La recirculación de la solución nutritiva consiste en colocar las plantas sobre un flujo continuo de agua enriquecida con nutrientes y oxígeno, que corre por sus raíces. En la hidroponía en balsas (cultivo en aguas profundas), las plantas flotan en, o están suspendidas sobre, una solución nutritiva oxigenada que se renueva periódicamente.

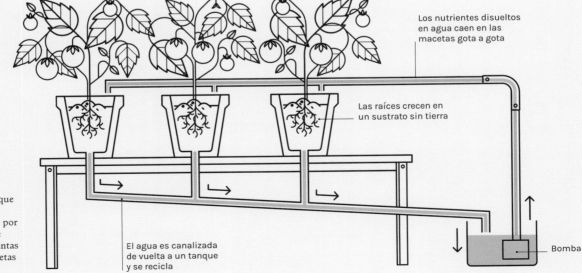

Los nutrientes disueltos en agua caen en las macetas gota a gota

Las raíces crecen en un sustrato sin tierra

Sistema holandés con hidrocubos
Instalación sencilla en que la solución nutritiva se suministra a las plantas por medio de un sistema de riego por goteo. Las plantas están colocadas en macetas con sustrato sin tierra.

El agua es canalizada de vuelta a un tanque y se recicla

Bomba

¿CÓMO PUEDO MANTENER SANAS LAS PLANTAS EN MACETA?

A las raíces les encanta estar en el suelo, donde pueden explorar en busca de agua y nutrientes con la ayuda de bacterias y hongos. Pero en el caso de las plantas que viven en un contenedor es el jardinero el que tiene que satisfacer sus necesidades.

Para mantener tus plantas sanas lo primero es elegir la maceta y el compost apropiados, y lo segundo, abonarlas, regarlas y trasplantarlas con regularidad.

ELECCIÓN DEL CONTENEDOR

Cubos, bañeras, cajones… las plantas pueden crecer en casi cualquier contenedor, siempre que tenga agujeros de drenaje en la base para que el agua pueda salir. Pero el agua drena lentamente a través del compost (ver derecha), así que incluso las macetas pueden necesitar agujeros adicionales.

Las macetas pequeñas se secan enseguida y hay que regarlas con más frecuencia, pero las grandes suelen ser muy pesadas. Cuanto más grande es el contenedor, más crece la planta: las raíces notan su tamaño y adaptan su crecimiento al espacio.

El material del que está hecho el contenedor influirá en el crecimiento. Las macetas de terracota tienen una estructura porosa que absorbe el agua del compost y por tanto hay que regarlas más a menudo que las de plástico. La terracota, la cerámica y el hormigón son materiales con algo de aire, lo que aísla el compost. Las macetas de metal difunden el calor rápidamente, por lo que pueden calentarse peligrosamente en verano y helarse fácilmente en invierno.

COMPOST

El compost multiusos sin turba es adecuado para la mayoría de las plantas anuales, pero como muchas tierras para macetas (ver p. 49), se va compactando cuando su materia orgánica se degrada, así que a las raíces les costará absorber el agua y los nutrientes. Los composts con tierra (a base de marga) tienen una estructura porosa más estable, por lo que son la mejor opción en el caso de plantas longevas. Usa compost ericáceo (pH 4-5) para las plantas que aman la acidez (ver pp. 40-41). Llena la maceta hasta unos 4 cm (1½ in) por debajo del borde, para que al regar el agua se acumule en la superficie y se filtre por el compost, en lugar de salirse por el borde.

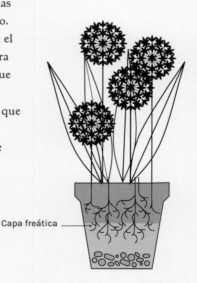

Capa freática

El mito de la gravilla

Hay la creencia de que poner trocitos de loza o gravilla en la base de la maceta mejora el drenaje del agua. Pero, debido a la tensión superficial (derecha arriba), el agua llega hasta más arriba de la maceta.

CON GRAVILLA

Un nivel elevado del agua reduce el espacio disponible para que las raíces puedan crecer sanas.

SIN GRAVILLA

Un nivel bajo del agua maximiza el buen drenaje del compost para que las raíces estén sanas.

RIEGO Y ABONO

Los contenedores se secan rápidamente, así que comprueba a menudo la humedad del compost (ver pp. 112-113) y riega cuando haga falta, en verano puede que diariamente. Empápalas bien, hasta que el agua empiece a salir por la base. No dejes que el compost se seque en exceso, porque le costaría más absorber el agua y el riego no sería eficaz. Unas seis semanas después de plantar, los nutrientes del compost ya habrán sido usados o eliminados y habrá que reponerlos (ver pp. 122-123). La mayoría pueden reponerse usando abono líquido cada 2-3 semanas, pero el tipo de fertilizante y la cantidad dependerán de la planta. Pasa las plantas a un contenedor más grande antes de que el crecimiento se ralentice o las hojas amarilleen. Si son grandes y no es posible, retira unos 10 cm (4 in) de compost todos los años y sustitúyelo por compost nuevo.

Capa de agua

LA TENSIÓN SUPERFICIAL DEL AGUA HACE QUE SE AFERRE A LOS POROS dentro del compost, por lo que se acumula en el fondo de este formando una capa freática. Si el drenaje es lento, esta capa de agua puede dejar las raíces sin oxígeno.

La forma influye en el nivel de humedad

Incluso en las macetas con mejor drenaje se acumula parte del agua en la base, de modo que la forma de la maceta influye en el espacio de que dispone la raíz para crecer sana y en la cantidad de humedad.

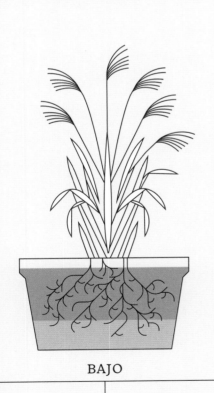

BAJO

Posibilidad de encharcamiento
Una capa freática relativamente alta puede empapar en exceso las raíces.

ESTÁNDAR

Término medio
Las raíces llegan al agua y disponen de abundante compost bien drenado.

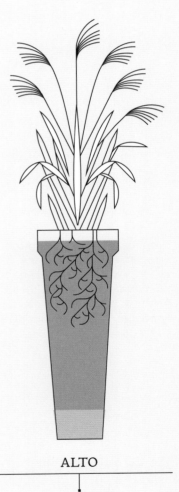

ALTO

Lejos y secas
A las raíces, lejos de la capa freática, les cuesta conseguir agua.

CALOR, SOL, VIENTO, CON RIEGO

El agua se pierde por las hojas y el suelo. El riego regular mantiene las células turgentes y evita que las hojas se marchiten.

CÁLIDO, HÚMEDO, SIN VIENTO

Las raíces necesitan menos agua para mantener las células turgentes porque la evaporación es lenta. Hace falta menos riego.

FRÍO, SIN VIENTO, NUBLADO

Cuando hace frío y no hay viento se pierde poca humedad, así que las raíces requieren poca agua. Hace falta menos riego.

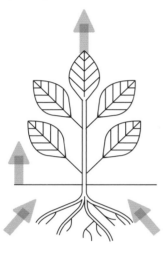

El riego varía con el clima

El calor, la humedad y el viento influyen en la rapidez con la que se evapora el agua por las hojas durante la transpiración (ver p. 22), en la cantidad de agua que necesitan las raíces y en cuándo debes regar.

TURGENTE

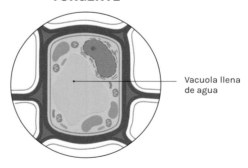

Vacuola llena de agua

CALOR, SOL, VIENTO, SIN RIEGO

Rápida evaporación por las hojas y el suelo. Las células pierden la rigidez y se encogen, y las plantas se marchitan.

Cuando la célula pierde agua, la vacuola se encoge

MARCHITA

¿CON QUÉ FRECUENCIA DEBO REGAR LAS PLANTAS?

A menudo nos equivocamos con el agua que necesitan las plantas: o las deshidratamos por descuido o las ahogamos por exceso. Las plantas no pueden decirnos que tienen sed, pero nos dan señales para que podamos conseguir un equilibrio adecuado.

Las plantas pierden el agua casi tan rápido como la obtienen. El agua viaja desde el suelo a las raíces y luego sube por el tallo en forma de savia acuosa. Este movimiento ascendente continuo se produce porque la mayor parte (el 95 por ciento) del agua se evapora por las hojas, a través de los estomas (poros diminutos situados sobre todo en el envés). Este flujo, llamado transpiración (ver p. 22), es impulsado por el calor, la humedad y el viento (ver izquierda).

CADA PLANTA TIENE SUS NECESIDADES

Cada planta tiene sus propias necesidades, que cambian a lo largo de su vida y según las condiciones. Las plantas jóvenes se deshidratan rápidamente a causa de su pequeño tamaño, así que deben ser nuestra prioridad, al igual que las recién plantadas que aún tienen que asentar sus raíces. Para una buena cosecha, también debes regar bien las hortalizas.

Hay que regar más las plantas que están en macetas que las que están en el suelo, y en verano hay que comprobarlas a diario (ver pp. 110-111). En cambio, las perennes asentadas requieren poco riego, siempre que estén plantadas en un lugar adecuado (ver pp. 58-59).

Las necesidades inherentes de cada especie también influyen enormemente en las pautas de riego (ver pp. 116-117). Las que tienen hojas grandes, frondosas y finas pierden el agua rápidamente y por lo tanto necesitan que las reguemos más, mientras que las que tienen unas hojas pequeñas, gruesas, cerosas o vellosas están preparadas para los entornos secos y si se encuentran en suelo abierto no suelen necesitar riego.

EL SUELO INFLUYE EN EL RIEGO

El tipo de suelo y su condición también influyen en la frecuencia con la que hay regar las plantas. Los suelos arcillosos son los que más agua retienen (ver p. 39), al igual que los composts para macetas con mucha materia orgánica absorbente (ver p. 49) o mucha vermiculita (mineral parecido a una esponja). Los suelos arenosos en cambio se secan rápidamente. A menos que el suelo tenga una buena estructura, no obstante, a las plantas les cuesta absorber el agua, ya que los microscópicos pelos radiculares solo pueden absorber el agua de los poros más pequeños del suelo (ver pp. 42-43).

Un suelo no cavado y que se abona periódicamente con materia orgánica tendrá poros de distintos tamaños, así que retendrá la humedad y las plantas tendrán acceso a ella. Además, el mantillo disminuye mucho la evaporación del suelo, que puede llegar a un 35 por ciento, reduciendo la necesidad de riego.

RESPONDE A CADA NECESIDAD

Debido a todos estos factores, la única regla de oro es que debes regar la planta cuando tenga sed, así que observa tanto las plantas como el suelo. Presiona la tierra con el dedo unos 2-5 cm (1-2 in): si la notas seca, es momento de regar (ver pp. 114-115). También puedes levantar las macetas: si pesan poco, necesitan riego.

Si las hojas se marchitan quiere decir que la presión del agua ha bajado, lo que sugiere que las raíces están secas y hay que regar. También puede indicar que la raíz está dañada o enferma, así que comprueba si la tierra está seca.

¿CUÁL ES LA MEJOR FORMA DE REGAR LAS PLANTAS?

El riego puede ser todo un reto, en parte porque en realidad no regamos las plantas, sino el suelo. Familiarizarte con el suelo y con cómo absorben el agua las plantas te ayudará a regar de forma más eficaz y a mantener las plantas felices.

La lluvia cae del cielo, pero las plantas absorben el agua del suelo. La mayoría de las raíces anclan la planta. Son las raíces más finas, que están recubiertas de diminutos pelos radiculares, las que absorben la mayor parte del agua y los nutrientes (ver pp. 104-105). El agua debe llegar hasta estos delicados pelos y eso lleva más tiempo del que parece: en suelos arenosos, el agua tarda 20 minutos en filtrarse 1 cm (½ in), y en los arcillosos puede tardar unas dos horas.

DEJA QUE LAS PLANTAS BUSQUEN EL AGUA

Cuando el sol pega fuerte sobre el suelo, el agua de los milímetros superiores se evapora rápidamente.

La superficie parece seca pero debajo la tierra sigue húmeda. A medida que el agua se va evaporando, las raíces más superficiales empiezan a secarse. Esto es bueno, porque hace que la planta extienda las raíces hacia abajo en busca de agua. Las raíces detectan el agua y se dirigen hacia ella (hidrotropismo), igual que los tallos crecen hacia el sol (ver p. 12).

Pero si el suelo sigue secándose, incluso las raíces más profundas se deshidratan. Entonces envían una oleada de ácido abscísico, la hormona del estrés vegetal, que asciende por la planta haciendo que los poros de las hojas (estomas) se cierren, lo que ralentiza la pérdida de agua. Enseguida aparecen los síntomas

Cómo regar

No te preocupes si la superficie del suelo está seca. Espera a que la sequedad llegue a los 2½ cm (1 in) para regar las plantas bien asentadas y la mitad de eso si se trata de plantones. Empapa bien el suelo para que el agua llegue a las raíces profundas. Si las riegas con frecuencia pero solo ligeramente, las raíces se mantendrán superficiales y no podrán aprovechar los recursos más profundos.

DESPUÉS DE REGAR

El suelo está mojado
Empapa el suelo al regar para que todas las raíces tengan acceso al agua.

SUPERFICIE DEL SUELO SECA

No hace falta regar
Cuando las raíces superficiales se secan, las más profundas se desarrollan para llegar al agua.

consecuencia de la escasez de agua, como las hojas marchitas y con aspecto apagado o el estancamiento en el crecimiento.

RIEGO SEGURO Y SOSTENIBLE

Si usas una manguera con boquilla pulverizadora o una regadera con roseta evitarás que la tierra sea arrastrada (se erosione) o dañar las plantas tiernas. Apunta directamente hacia el suelo, porque las gotas que vayan a parar al aire se evaporarán antes de llegar a las raíces profundas. No riegues al mediodía, porque el agua se evaporará en cuanto toque el suelo caliente.

Vivimos en un planeta azul, pero solo el 0,4 por ciento del agua de la Tierra es potable y el 98 por ciento de ella se encuentra bajo tierra. Si usas una manguera o un aspersor malgastarás este valioso recurso. Las plantas no necesitan agua potable, así que siempre que puedas recoge el agua de la lluvia para regar o reutiliza el agua gris de lavar los platos o la bañera, que es segura para las plantas siempre que no contenga detergentes fuertes o lejía. Los jardineros a veces desaconsejan usar agua del grifo,

porque creen que los restos de fluoruro que contiene pueden envenenar las plantas. Las plantas necesitan un poco de fluoruro y, aunque un exceso podría ser peligroso, no hay pruebas de que los niveles del agua del grifo puedan ser un problema. Algunas plantas de interior, como la *Dracaena*, son sensibles al fluoruro, así que riégalas con agua de lluvia siempre que sea posible. El agua de grifo suele ser neutra, mientras que el agua de lluvia suele ser ácida por naturaleza (ver pp. 40-41). En algunas zonas el agua de grifo también contiene algo de calcio. Estas diferencias difícilmente afectarán a las plantas en suelo abierto, pero las plantas en maceta que amen el ácido es mejor regarlas con agua de lluvia. Algunos estudios sugieren que dejar el agua de grifo a temperatura ambiente antes de regar puede acelerar el crecimiento, especialmente en el caso de plantas de interior procedentes de regiones tropicales.

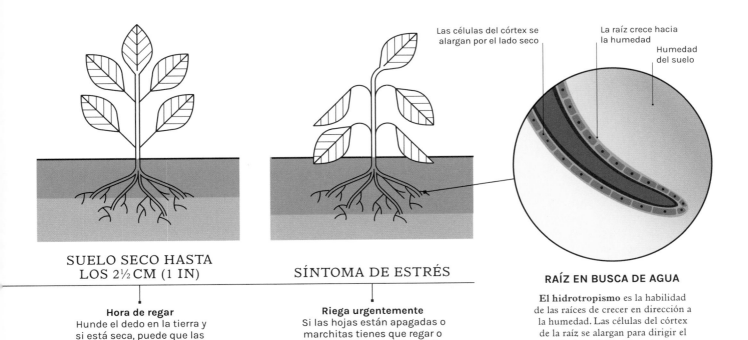

SUELO SECO HASTA LOS 2½ CM (1 IN)

Hora de regar
Hunde el dedo en la tierra y si está seca, puede que las plantas estén sedientas.

SÍNTOMA DE ESTRÉS

Riega urgentemente
Si las hojas están apagadas o marchitas tienes que regar o su crecimiento se resentirá.

Las células del córtex se alargan por el lado seco

La raíz crece hacia la humedad

Humedad del suelo

RAÍZ EN BUSCA DE AGUA

El hidrotropismo es la habilidad de las raíces de crecer en dirección a la humedad. Las células del córtex de la raíz se alargan para dirigir el crecimiento lejos del suelo seco.

¿CÓMO AFRONTAN LAS PLANTAS LOS CLIMAS LLUVIOSOS?

Las plantas acuáticas han desarrollado trucos para sobrevivir sumergidas en el agua, en parte o completamente, pero igual que el marinero que está rodeado de agua y muere de sed, a la mayoría de las plantas les cuesta arreglárselas en suelos anegados.

Las raíces sumergidas apenas absorben oxígeno del agua. Pero sin oxígeno para respirar, se empiezan a acumular el ácido láctico, el peróxido de hidrógeno y otras sustancias químicas. Si el aire no se filtra en el suelo, las raíces de la mayoría de las plantas mueren, lo que hace que las hojas y los tallos se deshidraten y se marchiten, y que la planta entera acabe muriendo. Pero algunas plantas están preparadas para poder arreglárselas en condiciones de mucha humedad, o incluso en terrenos anegados, como es el caso del cornejo (*Cornus*), las hortensias y la reina de los prados (*Filipendula*).

DEJAR RESPIRAR LAS RAÍCES

Las raíces adventicias (ver pp. 104-105) pueden brotar por encima del nivel del agua. Las raíces que viven en suelos encharcados pueden sufrir una autodestrucción interna y crear aerénquimas (espacios en forma de panal) que llevan aire hacia abajo desde la parte de arriba y dejan salir el dióxido de carbono. Asimismo, las raíces pueden crear una capa hermética en toda su longitud para que el oxígeno de sus aerénquimas no pase al agua. Las especies que viven bajo el agua durante períodos largos disponen de aerénquimas preformadas y revestimientos herméticos en las raíces.

El agua circula por los conductos del xilema de los nervios de las hojas

Las hojas tienen muchos estomas (poros) para liberar vapor de agua

LAS HOJAS FRONDOSAS CON MUCHOS ESTOMAS RECIBEN MUCHA AGUA DE SUS RAÍCES CON LA TRANSPIRACIÓN

La *Primula beesiana* crece en suelos húmedos parecidos a los de los prados montañosos de China de donde procede.

¿CÓMO AFRONTAN LAS PLANTAS LA SEQUÍA?

Con el calentamiento global, saldrán adelante las plantas que soporten el calor y la sequía. Las especies originarias de regiones secas están preparadas para sobrevivir a períodos sin lluvia y con calor abrasador. Eso las hace ideales para un jardín seco.

Si las raíces detectan que el suelo está demasiado seco, envían una señal química de socorro (ácido abscísico) para advertir que hay que conservar el agua. Los estomas de las hojas (ver p. 22) se cierran para que el agua no se evapore, pero al hacerlo también cortan el suministro de dióxido de carbono necesario para la fotosíntesis (ver pp. 70-71). La planta debe escoger si marchitarse o quedarse sin alimento. La fotosíntesis intenta continuar, pero sin combustible, las sustancias tóxicas se acumulan e intoxican la planta, haciendo que se le caigan las hojas y las flores.

AHORRAR AGUA

Las plantas buscan formas de minimizar la pérdida de agua y lidiar con los suelos secos. Muchas, como los pinos y la lavanda, han desarrollado unas hojas en forma de aguja con menos estomas, para disminuir la cantidad de agua que se escapa. Las cactáceas han transformado sus hojas en pinchos, y almacenan el agua en su cuerpo grueso.

Algunas hojas, como las de muchos arbustos perennes, presentan una gruesa capa cerosa (cutícula), otra barrera eficaz contra la pérdida de agua. Las plantas que toleran la sequía suelen tener el follaje gris plateado, que refleja la luz intensa del sol, y muchas, entre ellas la salvia y la jara (*Cistus*), tienen además una pelusa formada por diminutos pelos que retienen el agua (ver derecha). Las palmeras extienden sus raíces hasta 5 m (16 ft) de profundidad en busca del agua que sube desde los acuíferos para poder prescindir de la lluvia.

LOS TRICOMAS CAPTAN LA HUMEDAD CERCA DE LA HOJA Y AYUDAN A EVITAR LA PÉRDIDA DE AGUA

Finos apéndices como pelos de la superficie de la hoja, llamados tricomas

Las gotas de agua atrapadas ayudan a ralentizar la pérdida de humedad

El *Convolvulus cneorum* puede hacer frente a la sequía gracias a sus delgadas hojas cubiertas de sedosos pelos plateados.

¿POR QUÉ LAS HELADAS SON TAN PERJUDICIALES?

El agua es la fuente de la vida, pero si se convierte en hielo todas las reacciones bioquímicas esenciales se detienen, por lo que el agua pasa de dar la vida a convertirse en una asesina fatal.

La temperatura bajo cero puede afectar a las plantas por helada y por congelación. Las heladas se producen en noches sin nubes ni viento en las que la humedad del aire se congela y deja cristales de hielo diminutos en la superficie de las plantas. La congelación ocurre cuando soplan vientos muy fríos y la temperatura atmosférica cae en picado, a veces varios días. Cuesta más proteger las plantas de lo segundo que de lo primero (ver p. 160-161).

Cuando el agua del interior de la planta se congela a 0 °C (32 °F), se expande en cristales de hielo que perforan las células desde dentro. Si las condiciones bajo cero duran, las plantas pueden deshidratarse, ya que cada vez se congela más cantidad de su agua interna y las células poco a poco pierden el líquido.

ADAPTACIONES PARA EL FRÍO

Las plantas han desarrollado maneras de sobrevivir a los rigores del frío. La capacidad de la planta para resistir las bajas temperaturas se conoce como dureza (ver pp. 80-81). Las plantas tiernas no tienen cómo defenderse de las temperaturas bajo cero, por lo que necesitarán protección

CAMELIA

FLORECE A PRINCIPIOS DE PRIMAVERA, Y SUS PÉTALOS HELADOS PUEDEN DAÑARSE AL DESCONGELARSE CON EL PRIMER SOL

Brotes vulnerables

Los brotes primaverales son propensos a sufrir daños a causa de las heladas primaverales, ya que sus puntas blandas todavía no han madurado ni han acumulado azúcares protectores.

para sobrevivir hasta la primavera (ver pp. 160-161). Las plantas medio duras pueden soportar una helada suave (hasta -5 °C/23 °F), mientras que las duras están preparadas para heladas más fuertes.

Las plantas duras combaten los estragos del hielo transformando el almidón almacenado en azúcar (ver p. 162) y produciendo proteínas anticongelantes para evitar que se forme hielo. También sintetizan proteínas con la deshidratación para no secarse cuando hiela.

Las especies leñosas tienen una ventaja sobre las plantas herbáceas más blandas ya que su dura corteza las aísla del frío. Se ha demostrado que algunas plantas leñosas, cuando están inactivas, pueden llegar a soportar temperaturas de hasta -196 °C (-321 °F). Los brotes que están saliendo y las flores primaverales no cuentan con protección, así que pueden dañarse fácilmente con las últimas heladas.

LA SEQUEDAD DEL FRÍO

Muchas perennes están preparadas para soportar temperaturas gélidas, pero aun así pueden sufrir los efectos de la sequedad invernal. A diferencia de las caducifolias, que están inactivas en invierno, las perennes siguen creciendo lentamente, absorbiendo agua y nutrientes del suelo. Si el suelo se congela, el suministro de agua se bloquea, pero el agua sigue evaporándose por las hojas (ver p. 22) y la parte superior de la planta puede secarse peligrosamente. El aire frío tiene muy poca humedad y el viento invernal seca fácilmente los extremos de la planta.

Las manchas marrones (quemaduras invernales) pueden aparecer cuando las temperaturas suben. Proteger las perennes del viento (ver p. 160-161) y regar bien los arbustos perennes en otoño ayuda a prevenir las quemaduras invernales. Las plantas en forma de cojín suelen prosperar en los duros hábitats alpinos. El hecho de estar pegadas al suelo las protege de los vientos gélidos y les permite sobrevivir a menos de -15 °C (5 °F).

Cuando la helada se desvanece, el hielo puede asestar un último golpe. Si la planta se calienta demasiado rápido, las células no tienen tiempo de reparar los agujeros causados por los cristales y su estructura interna puede quedar reblandecida. Dado que las peores heladas se producen por la noche, las plantas orientadas al este (ver pp. 32-33) que reciben el sol matinal corren un mayor riesgo de sufrir daños al descongelarse.

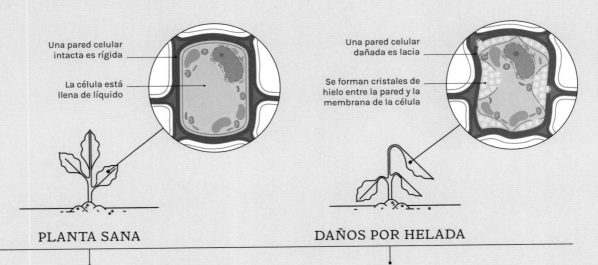

Una pared celular intacta es rígida

La célula está llena de líquido

Una pared celular dañada es lacia

Se forman cristales de hielo entre la pared y la membrana de la célula

PLANTA SANA

DAÑOS POR HELADA

Por encima del punto de congelación
las células de la planta están llenas de líquido, lo que las mantiene rígidas (turgentes) y la planta erguida. Los procesos vitales pueden continuar con normalidad.

Cuando el tiempo es gélido, se forman cristales de hielo en las células de la planta que, al expandirse, perforan las paredes y las membranas celulares. Al derretirse el hielo, el líquido se escapa, haciendo que los tejidos de la planta se arruguen.

¿CÓMO PUEDO AUMENTAR LA HUMEDAD DE LAS PLANTAS DE INTERIOR?

Muchas de las plantas de interior proceden de regiones subtropicales, como los bosques tropicales, en los que la humedad del aire es de más del 80 por ciento. Así, es normal que les cueste adaptarse al ambiente seco de una casa y necesiten un poco de ayuda.

La humedad habitual dentro de casa es más o menos del 40 por ciento, lo que significa que de todo el vapor de agua que podría contener el aire este retiene un 40 por ciento. Es un entorno mucho más seco que el hábitat natural de muchas de las plantas y hace que se deshidraten, pues su humedad interna se evapora rápidamente por los estomas del envés de la hoja (ver p. 22). Entre los efectos de la sequedad están: hojas con las puntas marrones o bordes amarillentos, caída de las hojas y el marchitamiento.

¿POR QUÉ ES TAN SECO EL AIRE DE CASA?

La calefacción hace disminuir la humedad interior. Por ejemplo, si en una estancia la humedad es del 40 por ciento a 18 °C (64 °F), al subir el termostato a 22 °C (72 °F), la humedad bajará al 31 por ciento. Asimismo, el aire suele ser más seco en invierno, cuando las corrientes de aire frío procedentes del exterior disminuyen la humedad interior. Aumentar la humedad de casa a los niveles del trópico no sería agradable, y las ventanas y las paredes chorrearían a causa de la condensación. Por suerte no es necesario, ya que la mayoría de las plantas de interior están a gusto con una humedad del 50 por ciento. Existen muchas estrategias para aumentar la humedad, pero algunas son más eficaces que otras.

MÉTODOS MÁS EFICACES

La forma más sencilla de mantener las plantas de interior a gusto es poniéndolas en el baño, donde la humedad media es del 50 por ciento y puede subir hasta más del 90 por ciento cuando nos duchamos con agua caliente. En otras habitaciones puedes usar un humidificador para añadir vapor de agua al aire. Es una estrategia segura que mantiene la estancia con un nivel de humedad ambiental agradable. Si colocas una jarra o un recipiente transparente boca abajo sobre la planta, o si las plantas en un

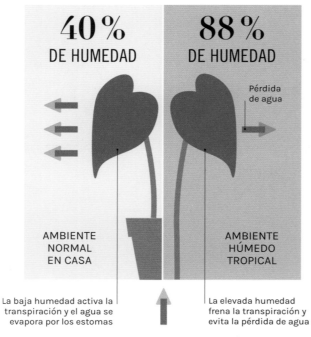

40 %
DE HUMEDAD

88 %
DE HUMEDAD

Pérdida
de agua

AMBIENTE
NORMAL
EN CASA

AMBIENTE
HÚMEDO
TROPICAL

La baja humedad activa la transpiración y el agua se evapora por los estomas

La elevada humedad frena la transpiración y evita la pérdida de agua

AGUA QUE SUBE DESDE LAS RAÍCES

La humedad del aire influye en la pérdida de agua
Dentro de las hojas la humedad es de casi el 100 por cien, lo que crea un gradiente de concentración con el aire exterior más seco, que activa la transpiración.

Orquídeas mariposa. La *Phalaenopsis*, autóctona de los bosques cálidos y húmedos de Asia y Australia, prospera en interiores con aire húmedo.

PULVERIZACIÓN

PULVERIZAR LAS PLANTAS CON GOTAS DE AGUA NO SIRVE PARA AUMENTAR LA HUMEDAD DEL AIRE SECO

recipiente de cristal, crearás un ambiente estanco llamado terrario, en el que la mayor parte del agua que se evapora de las hojas no puede escapar, lo que aumenta la humedad del aire. Un terrario necesita muy poco riego, ya que el vapor de agua se condensa en el cristal y resbala hacia la tierra.

ALGUNOS TRUCOS ÚTILES

El agua que las plantas han absorbido a través de las raíces se evapora por las hojas en forma de vapor durante la transpiración (ver p. 22). Agrupar las plantas ayuda a capturar dicho vapor y crea una burbuja de aire húmedo y en calma a su alrededor.

También puedes aumentar la humedad pulverizando las plantas con agua, aunque sus efectos duran muy poco: las gotas caen en las hojas y se evaporan poco a poco, aumentando brevemente

la humedad a su alrededor, que luego se disipa por la estancia. Los secos días invernales, las gotas de agua solo permanecen unos 10-15 minutos, así que habría que pulverizarlas cada hora para que sirviera de algo.

UN MITO POPULAR

Otro elemento que suele recomendarse son las bandejas de guijarros. La teoría dice que la evaporación de una bandeja poco profunda o de un plato lleno de agua y guijarros aumenta la humedad del aire alrededor de las plantas colocadas sobre los guijarros. Pero lo cierto es que no ayuda en nada a la planta. El aire húmedo no sube, sino que se disipa en todas direcciones, lo que significa que la humedad a la altura de las raíces y las hojas de la planta en esencia no cambia.

¿QUÉ NUTRIENTES SON ESENCIALES PARA QUE LAS PLANTAS ESTÉN SANAS?

Las plantas obtienen del suelo sus nutrientes vitales a través de las raíces. Comprender la función y la importancia de los distintos nutrientes te ayudará a mantener las plantas sanas y en buen estado y a reconocer los signos de que tienen alguna carencia.

Hasta mediados del siglo XVII, se creía que las plantas se alimentaban de tierra. Eso cambió cuando Jan Baptist van Helmont demostró que en cinco años un sauce enmacetado había aumentado 74,5 kg (164 lb) y sin embargo la tierra solo había menguado 57 g. Ahora sabemos que las plantas usan la luz del sol para fabricar su alimento (ver pp. 70-71) y este alimento activa los procesos de las células.

Pero las plantas, como nosotros, necesitan algo más que energía y sin una serie de nutrientes esenciales para la vida (representados por la tierra ingerida por el árbol de Van Helmont) acaban desnutridas. Estos nutrientes están disueltos en el agua del suelo, de modo que pueden ser absorbidos por las raíces.

NITRÓGENO

Las proteínas necesarias para construir y reparar tejidos se crean a partir del nitrógeno (N), lo que lo convierte en el nutriente más importante para el crecimiento y la salud. Es un elemento clave de la clorofila, el pigmento verde (ver pp. 70-71). Si falta clorofila, se interrumpe la producción y las hojas amarillean (clorosis). Aunque el aire está compuesto en un 78 por ciento de nitrógeno, a las plantas les cuesta acceder a él. La mayor parte del nitrógeno del suelo es reciclado a partir de la materia orgánica por hongos y microbios (ver pp. 44-45), y hay bacterias que fijan el nitrógeno que extraen del aire. Las leguminosas, como los guisantes y las judías, han desarrollado una colaboración con las bacterias que fijan el nitrógeno (los rizobios).

Dichas bacterias viven en los nódulos radiculares y les suministran nitrógeno a cambio de azúcares.

FÓSFORO Y POTASIO

Los otros nutrientes básicos (primarios), el fósforo (P) y el potasio (K), vienen de las rocas que forman el contenido mineral del suelo (ver pp. 38-39), igual que el calcio (Ca), el azufre (S) y el magnesio (Mg), que son nutrientes secundarios necesarios en cantidades menores. A las plantas les cuesta obtener el fósforo, así que recurren a algunos colaboradores de la cadena alimentaria del suelo. Los hongos micorrízicos alrededor de las raíces (ver p. 45) les pasan trazas de fósforo del suelo. Las plantas necesitan fósforo para aprovechar la energía de los alimentos, así que si escasea, el crecimiento de los plantones se detiene y las plantas dejan de florecer y dar frutos. El potasio es vital para el funcionamiento de los engranajes moleculares. Suele abundar en todos los suelos excepto los arenosos y los calcáreos.

OLIGOELEMENTOS

Hay varios elementos que se necesitan en cantidades muy pequeñas. Dichos oligoelementos (nutrientes terciarios) son el hierro (Fe), el manganeso (Mn), el boro (B), el cobre (Cu), el zinc (Zn), el molibdeno (Mo) y el cloro (Cl). Como con otros nutrientes del suelo, un crecimiento escaso y el amarillamiento u otra decoloración entre o alrededor de los nervios de las hojas indican que estos ingredientes vitales para la vida escasean.

Nutrientes de las plantas

Para estar sanas y fuertes, las plantas necesitan una serie de nutrientes. De los nutrientes primarios necesitan una cantidad mayor, mientras que de los terciarios les basta con unas trazas.

N
NITRÓGENO

P
FÓSFORO

K
POTASIO

PRIMARIOS

El nitrógeno proporciona los elementos básicos para el crecimiento, el fósforo permite el acceso a la energía y el potasio hace que los procesos funcionen bien.

Ca
CALCIO

Mg
MAGNESIO

S
AZUFRE

SECUNDARIOS

El crecimiento de la raíz depende del calcio, el magnesio es un componente de la clorofila y el azufre es necesario para producir energía.

Fe
HIERRO

Mn
MANGANESO

Zn
ZINC

Cu
COBRE

Mo
MOLIBDENO

B
BORO

Cl
CLORO

TERCIARIOS

Los oligoelementos están implicados en el crecimiento, la producción de energía, la creación de enzimas y hormonas, y la transformación del nitrógeno en formas de fácil acceso.

¿CUÁL ES LA MEJOR FORMA DE NUTRIR LAS PLANTAS?

Las plantas son expertas en fabricar su propio alimento a partir de la luz del sol, el aire y el agua (ver pp. 70-71), pero para crecer sanas también necesitan una serie de nutrientes esenciales en el suelo (ver pp. 122-123). Son estos los que tenemos que reponer.

Los fertilizantes son un negocio multimillonario, pero en la naturaleza las plantas sobreviven porque los nutrientes se reciclan de forma natural, al caer las hojas, al morir plantas y los animales, y con los excrementos. La cadena alimentaria del suelo (ver pp. 44-45) no para de reciclar: las heces de un animal son el desayuno de otro; un cuerpo sin vida es un festín para miles de organismos. Nada se desperdicia y los nutrientes necesarios para las plantas, como el nitrógeno, el fósforo, el potasio y el calcio, se reponen y están listos para que las raíces los absorban.

NUTRE EL SUELO Y NO LAS PLANTAS

Es mucho mejor nutrir el suelo que las plantas y así potenciar el sistema de reciclaje de nutrientes natural. Es fácil de conseguir. Basta con añadir un mantillo anual de compost bien descompuesto a la superficie del suelo, en general a finales de otoño o primavera. Puede ser compost casero (ver pp. 188-191) o una versión comercial hecha con residuos vegetales, compost de champiñón u otros materiales orgánicos.

No hace falta que remuevas la tierra, basta con que lo pongas en la superficie. La cadena alimentaria del suelo se nutrirá igual de bien y protegerá el suelo de la erosión del clima invernal. Los estudios sugieren que cavar altera las redes vitales del suelo, que poco a poco transforman tu mantillo en el alimento ideal para las plantas y convierten los nutrientes en formas que no son fácilmente arrastradas por la lluvia (ver pp. 42-43). El manto de hojas en descomposición repone el nitrógeno y el fósforo, mientras que el nitrógeno aumenta cuando las plantas de la familia de las leguminosas, como el trébol, mueren y se descomponen en el suelo, como abono verde.

Ventajas de abonar el suelo

Los seres vivos del suelo transforman la materia orgánica y crean una reserva de nutrientes a la que las plantas acceden si lo necesitan con ayuda de los hongos micorrízicos. Esta asociación fúngica se daña cuando los fertilizantes sintéticos dan una inyección a corto plazo de nutrientes, lo que hace que a las plantas les cueste más extraer lo que necesitan del suelo y dependan más de los fertilizantes.

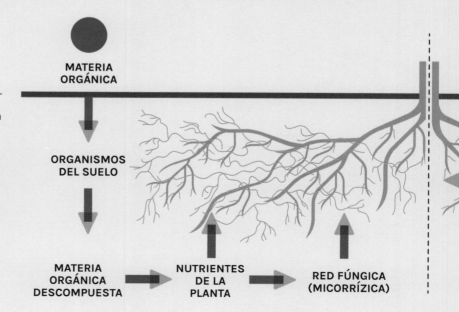

MATERIA ORGÁNICA

ORGANISMOS DEL SUELO

MATERIA ORGÁNICA DESCOMPUESTA

NUTRIENTES DE LA PLANTA

RED FÚNGICA (MICORRÍZICA)

USO PRUDENTE DE LOS FERTILIZANTES

La concentración de nutrientes de los fertilizantes impulsa el crecimiento, pero tiene un efecto breve. Nutrir las plantas es anticiparse a sus necesidades, y calcular la cantidad de nutrientes es difícil incluso con años de experiencia. Añadir un nutriente en exceso puede provocar la carencia de otro. Además, los fertilizantes alteran la delicada red alimentaria del suelo, como los hongos micorrízicos que ayudan a las raíces a obtener agua y nutrientes (ver pp. 44-45). Los nutrientes de los fertilizantes se disuelven muy fácilmente, así que si llueve fuerte son arrastrados, contaminando ríos y arroyos (ver pp. 30-31).

Las plantas cultivadas en contenedores solo disponen de los recursos que hay en el compost. Dependen de ti, que deberás reponer los nutrientes que usen. El compost para maceta suele aportar nutrientes para 4-6 semanas. Pasado ese tiempo, es esencial que las abones periódicamente. La frecuencia dependerá del tamaño de la maceta y las necesidades de cada planta. La mayoría de las plantas de interior necesitan abono una o dos veces al mes mientras crecen. Las tomateras necesitan abono dos veces a la semana. Añade gránulos de fertilizante de liberación lenta, para que dispongan de nutrientes durante toda la temporada de crecimiento.

Fertilizantes

LA CANTIDAD DE LOS TRES NUTRIENTES PRIMARIOS SUELE APARECER EN LA BOLSA COMO «PROPORCIÓN DE NPK»; INDICA EL PORCENTAJE DE NITRÓGENO (N), FÓSFORO (P) Y POTASIO (K).
Una bolsa de 100 g de fertilizante (4 oz) 7:7:7, por ejemplo, contiene 7 g (¼ oz) de cada uno de los nutrientes primarios, aunque como los minerales sólidos no son puros, las plantas no reciben los 7 g (¼ oz) enteros de potasio y fósforo. Los fertilizantes pueden ser sintéticos u orgánicos. Los orgánicos proceden de fuentes animales o vegetales, y no de una fábrica de productos químicos. En los fertilizantes sintéticos los nutrientes son solubles en agua, así que las plantas pueden disponer de ellos de inmediato, pero probablemente se filtrarán en el suelo más rápido (salvo que sean de liberación lenta). Los fertilizantes orgánicos suelen tardar más en actuar, pero permanecen en el suelo disponibles para las plantas durante más tiempo.

FERTILIZANTE SINTÉTICO

Nitrógeno, fósforo, potasio

NUTRIENTES DE LA PLANTA

LIXIVIACIÓN DE NUTRIENTES

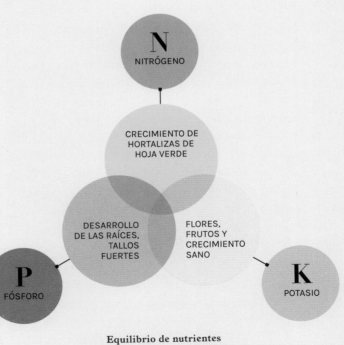

N
NITRÓGENO

CRECIMIENTO DE HORTALIZAS DE HOJA VERDE

DESARROLLO DE LAS RAÍCES, TALLOS FUERTES

FLORES, FRUTOS Y CRECIMIENTO SANO

P
FÓSFORO

K
POTASIO

Equilibrio de nutrientes
Los fertilizantes se formulan con proporciones específicas de nutrientes primarios (NPK). Los ricos en nitrógeno, como el abono césped primavera, potencian el crecimiento de las hojas, mientras que los que llevan más potasio, incluido el abono para tomates, estimulan la producción de flores y frutos.

¿CUÁL ES EL SECRETO DE UN CÉSPED SANO Y BONITO?

El césped requiere atención y cuidados continuos, pero eso no significa dejar de lado las preocupaciones ambientales. Conocer tu césped es el primer paso para ayudarlo a sobrevivir, y te permitirá disponer de más tiempo para relajarte y disfrutarlo.

Con sus 100 000 hojas/m² (10,8 pies cuadrados) que adoran el sol, el secreto para tener un césped feliz es la luz. Las hierbas son las más eficaces transformando la luz del sol en alimento, gracias a que los poros (estomas) de sus hojas son más largos que los de las plantas con hojas más anchas y porque el intercambio de dióxido de carbono y oxígeno es más rápido (ver pp. 70-71). Si hay poca luz, poda los árboles invasores y escoge una mezcla de césped que tolere la sombra.

ALIMENTO CONSTANTE

Por su rápido crecimiento, la hierba necesita mucho nitrógeno, elemento clave de la clorofila y las proteínas. Para ello, los jardineros suelen usar un fertilizante rico en nitrógeno de acción rápida (abono para césped). Pero prácticamente de la mitad de este nitrógeno acaba contaminando arroyos y aguas subterráneas.

Una alternativa más respetuosa con el ambiente es extender en la superficie una ligera capa de 1 cm (¼ in) de compost de textura fina en primavera y en otoño. Tiene los mismos beneficios que abonar el suelo (ver pp. 42-43), nutrir la cadena alimentaria del suelo, favorecer el acceso a los nutrientes y mejorar la estructura del suelo, lo que disminuye la necesidad de riego. Dejar los restos de hierba tras cortarla ayuda a reponer el nitrógeno, con un 30 por ciento de las necesidades. Pero aplicar una capa fina de mantillo no reverdece el césped al instante, como un fertilizante, porque los organismos del suelo necesitan tiempo para que el nitrógeno sea accesible.

Oxigenar o airear es hacer pequeños agujeros para que el agua, el aire y la materia orgánica circulen por el suelo. Puede hacerse una vez al año (antes de poner la capa de mantillo) con un aireador o con una horca de jardín. Haz agujeros de unos 10-13 cm (4-5 in) de profundidad cada 15 cm (6 in).

Si la hierba muerta (paja) se acumula en la base de las plantas suele ser porque el césped se ha regado en exceso o está sobrealimentado. Es mejor intentar que los microbios del suelo descompongan la paja, con la aireación, y evitar los herbicidas y los fertilizantes sintéticos, que dañan a las bacterias y los hongos. Así no tendrás que rastrillar la paja (escarificar).

HAZ QUE EL RIEGO SEA PROVECHOSO

El césped necesita mucha agua. Pero también es muy resistente. Aunque adquiera el color de la paja si el clima es seco, si está bien cuidado, en cuanto llueva volverá a ponerse verde. Es decir, que en climas templados la mayor parte del riego es para mantener su buen aspecto, y no por razones de salud. Si lo riegas, imita la lluvia y empápalo bien una o dos veces a la semana. Si el riego es corto, el agua no penetrará demasiado, por lo que las raíces seguirán siendo superficiales y a la larga el césped será más propenso a secarse.

Altura del césped

CUANTO MÁS ALTO, MÁS VERDE

La hierba crece a partir de una corona situada cerca del nivel del suelo. Si cortas el césped demasiado bajo puedes dañar este punto de crecimiento y retrasar su recuperación. Déjalo un poco más alto, de 4-5 cm (1½-2 in): las raíces llegarán a más profundidad y estará más verde en verano.

Un césped más sano y resistente

Airear el césped y ponerle una capa de compost en la superficie
puede parecerte mucho trabajo, pero conseguirás una hierba
gruesa y sana que tendrá buen aspecto todo el año sin necesidad
de aplicarle fertilizantes químicos.

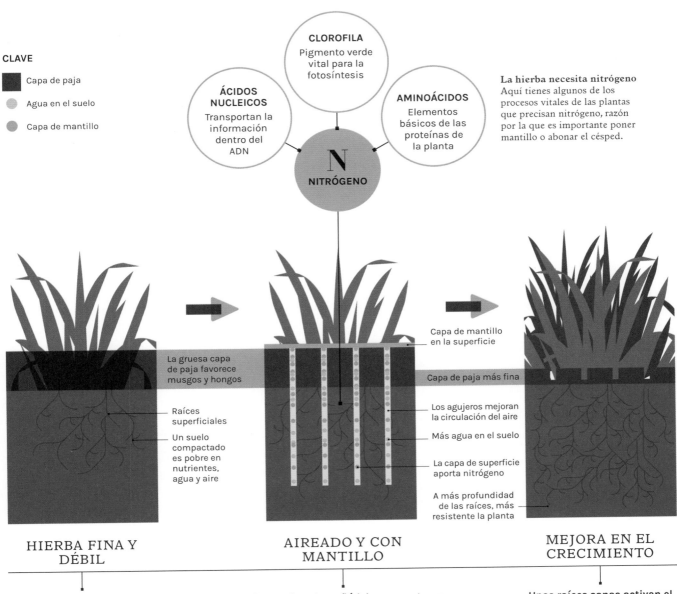

CLAVE

■ Capa de paja

● Agua en el suelo

● Capa de mantillo

CLOROFILA
Pigmento verde
vital para la
fotosíntesis

**ÁCIDOS
NUCLEICOS**
Transportan la
información
dentro del
ADN

AMINOÁCIDOS
Elementos
básicos de las
proteínas de
la planta

N
NITRÓGENO

La hierba necesita nitrógeno
Aquí tienes algunos de los
procesos vitales de las plantas
que precisan nitrógeno, razón
por la que es importante poner
mantillo o abonar el césped.

La gruesa capa
de paja favorece
musgos y hongos

Raíces
superficiales

Un suelo
compactado
es pobre en
nutrientes,
agua y aire

Capa de mantillo
en la superficie

Capa de paja más fina

Los agujeros mejoran
la circulación del aire

Más agua en el suelo

La capa de superficie
aporta nitrógeno

A más profundidad
de las raíces, más
resistente la planta

HIERBA FINA Y
DÉBIL

AIREADO Y CON
MANTILLO

MEJORA EN EL
CRECIMIENTO

El césped ralo y descuidado
presenta paja gruesa y raíces
superficiales. Si hace calor
las hojas amarillean y son
propensas a enfermedades.

Oxigena el suelo y añádele compost para
que el aire y el agua lleguen a las raíces, y
para aportarle nutrientes que serán
liberados por los microbios del suelo, que
también descomponen la paja.

**Unas raíces sanas activan el
crecimiento,** así que el follaje
denso asfixia las malas hierbas
y cuando hace calor las raíces
llegan a mayor profundidad para
poder acceder al agua.

¿CÓMO TREPAN LAS PLANTAS?

Las plantas trepadoras no juegan limpio: trepan hacia arriba para alcanzar la luz del sol, presumen de flores y frutos para atraer a polinizadores y asfixian a los posibles competidores. Los métodos que usan para hacerlo son realmente ingeniosos.

La judía escarlata, la madreselva (*Lonicera*) y la glicinia son trepadoras que se enrollan alrededor de un soporte. Mientras crecen, van girando el tallo en el aire (este movimiento se llama circunnutación). Cuando encuentran un objeto, la cara exterior del tallo empieza a crecer más rápido que la interior (lo que se conoce como tigmotropismo), de manera que la planta se va enrollando alrededor del objeto y se impulsa hacia arriba (ver derecha).

ENROSCARSE, ADHERIRSE Y EXPANDIRSE

Otras plantas, como la vid (*Vitis*), trepan ayudadas por sus zarcillos, que se agarran como manos. Los zarcillos son hojas o tallos que han desarrollado una forma alargada y nervuda, y pueden ser ramificados como los de los guisantes. También giran en el aire hasta que topan con un soporte; entonces forman un gancho con la punta y empiezan a enroscarse

alrededor de él. Los zarcillos, que giran en una dirección por un extremo y en la dirección contraria por el otro, forman una estructura parecida a un muelle que se tensa cuando se tira de él. Luego el muelle se contrae, acercando la planta al soporte.

Algunas plantas con zarcillos, como la parra virgen (*Parthenocissus tricuspidata*), también cuentan con unas almohadillas adhesivas en las puntas. Estas producen un fuerte pegamento que pega el zarcillo a cualquier superficie. Otras plantas, como el clemátide, se agarran con peciolos modificados. Igual que los zarcillos, se enroscan alrededor de cualquier cosa con la que se topen siempre que no sea demasiado gruesa.

La hiedra común (*Hedera helix*) y la hortensia trepadora son trepadoras resistentes cuyos tallos echan agrupaciones tupidas de raíces adventicias (ver pp. 104-105). Estas se abren paso por grietas y hendiduras y se expanden hasta llenar el hueco.

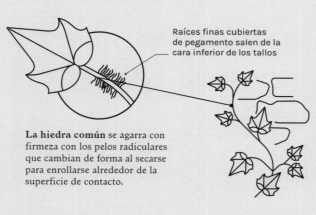

Raíces finas cubiertas de pegamento salen de la cara inferior de los tallos

La hiedra común se agarra con firmeza con los pelos radiculares que cambian de forma al secarse para enrollarse alrededor de la superficie de contacto.

MÉTODOS PARA TREPAR
Las plantas de jardín usan distintas estrategias para aferrarse a soportes y ascender hacia arriba. La forma de hacerlo determina el tipo de soporte que necesitan (ver pp. 130-131).

 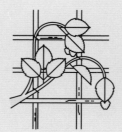 

ADHERIRSE
HIEDRA COMÚN (*Hedera helix*)
HORTENSIA TREPADORA (*Hydrangea anomala*)
TROMPETA TREPADORA (*Campsis radicans*)

USAR ZARCILLOS
GUISANTE DE OLOR (*Lathyrus*)
PASIONARIA (*Passiflora*)
VID (*Vitis*)

EXPANDIRSE
ROSAS TREPADORAS Y RAMPANTES (*Rosa*)
ZARZAMORA (*Rubus*)

ENROSCARSE
JUDÍA TREPADORA (*Phaseolus*)
JAZMÍN (*Jasminum*)
LÚPULO (*Humulus*)
DON DIEGO DE DÍA (*Ipomoea*)

En el caso de la hiedra, también lucen unos ganchos microscópicos en la punta de los pelos radiculares y producen una sustancia pegajosa que se solidifica, lo que permite que esta tenaz trepadora permanezca sujeta incluso después de muerta.

Otras plantas que suelen considerarse trepadoras, como las rosas, en realidad no lo son. Lo que hacen es expandir sus largos tallos arqueados para crecer sobre y a través de otras plantas. Estas supuestas trepadoras, que se conocen como plantas escandentes, se aferran firmemente con sus pinchos y ascienden rápidamente a alturas de vértigo por las ramas de árboles y arbustos.

ENROSCADO

LOS TALLOS SE ENROSCAN EXPANDIENDO Y CONTRAYENDO LAS CÉLULAS DE SUS DISTINTAS CARAS AL CRECER

Eje del movimiento

Extremo por el que crece

Células alargadas en el exterior

Células cortas en el interior

HACIA ARRIBA

LAS FLORES AVANZAN HACIA LA CÁLIDA LUZ DEL SOL, DONDE SERÁN VISTAS Y VISITADAS POR POLINIZADORES

La madreselva (*Lonicera*) es una vigorosa trepadora que se enrosca firmemente alrededor de los tallos leñosos de los arbustos y los árboles en busca de luz.

¿QUÉ PLANTAS NECESITAN SOPORTE?

Aunque algunas plantas pueden escalar por las superficies mejor que un geco, un número sorprendente de ellas agradece que les echen una mano para mantenerse erguidas. Si sabes qué plantas debes sujetar y cuándo, las ayudarás a desarrollarse.

Las plantas perennes y anuales de tallo blando con flores altas y espectaculares, incluidos los girasoles y las dalias, pueden necesitar un soporte para no vencerse con el viento intenso o los chaparrones estivales, sobre todo si han estado bajo techo y sus tallos no han sido endurecidos al exponerlos al aire libre (ver pp. 86-87). Puedes sujetar los tallos a una estaca o una caña vertical, clavada firmemente en el suelo.

MANTENER LAS PERENNES ERGUIDAS

Otras perennes herbáceas con flores grandes, como las peonías con su doble flor, se vencen cuando están mojadas. Su tallo se dobla o se parte, así que es mejor usar una estaca o una estructura como soporte. En primavera, refuerza las perennes herbáceas altas, como la espuela de caballero, con una rejilla horizontal con patas de alambre fuertes, para que sus tallos crezcan bien. La estructura quedará oculta entre el follaje y

CLAVE

▬ Punto de flexión

más alto –	**ALTURA**	– más bajo
más esbelto –	**TRONCO**	– más robusto
sobre la estaca –	**TRONCO MÁS GRUESO**	– por la base
más estrecho –	**ANILLOS ANUALES**	– más ancho
poco desarrolladas –	**RAÍCES**	– fuertes y extendidas

CON ESTACAS

Un árbol tiene más riesgo de partirse o caer cuando se retiran las estacas. Colócalas solo si está expuesto.

No ates todos los árboles jóvenes

Suele recomendarse erróneamente atar todos los árboles jóvenes mientras se asientan. Eso puede impedir que su tronco se fortalezca y puede dificultar la formación de unas raíces robustas que anclen bien el árbol.

SIN ESTACAS

Un árbol sin estacas es más bajo y robusto, con el tronco ancho por la base para resistir el embate del viento.

Selección de soportes

Para encontrar el soporte adecuado para cada planta, ten en cuenta sus hábitos de crecimiento y su ubicación. Coloca la estructura en su sitio antes de plantar la planta o de que empiece el crecimiento primaveral.

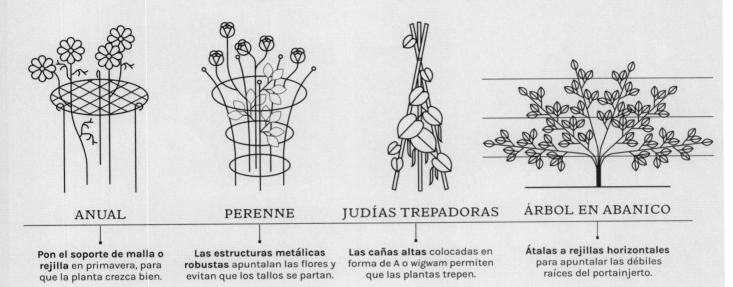

ANUAL

Pon el soporte de malla o rejilla en primavera, para que la planta crezca bien.

PERENNE

Las estructuras metálicas robustas apuntalan las flores y evitan que los tallos se partan.

JUDÍAS TREPADORAS

Las cañas altas colocadas en forma de A o *wigwam* permiten que las plantas trepen.

ÁRBOL EN ABANICO

Átalas a rejillas horizontales para apuntalar las débiles raíces del portainjerto.

mantendrá la planta erguida cuando sople el viento. Las perennes que forman agrupaciones de tallos, como el sedum y el aster, pueden apuntalarse por los bordes con una estructura, para que los tallos no se venzan.

AYUDA A LAS TREPADORAS

En el caso de las trepadoras, el soporte dependerá de la forma en que trepe la planta (ver pp. 128-129). Las que enroscan los tallos principales alrededor de soportes, como las madreselvas y las alubias pintas, necesitan cañas altas o alambres verticales. Las plantas con zarcillos, como la vid y las arvejillas, se agarran a mallas, celosías finas o palos con ramitas, como hacen las clemátides con sus peciolos. Un rosal trepador puede guiarse con celosías o rejillas horizontales atando los tallos jóvenes. Asimismo, todas treparán fácilmente por otras plantas. Las trepadoras que se agarran solas, como la hiedra y el *Campsis*, se aferran a la superficie de una pared, una valla o un tronco.

SOPORTES PARA TUS PLANTAS

Muchas hortalizas tienen problemas sin un soporte, especialmente si tienen una cosecha abundante. Las variedades actuales han sido preparadas para dar grandes cantidades de frutos de gran tamaño, lo que hace que las plantas se venzan con el peso. Las tomateras y las plantas de pepinos altas necesitan estacas, cañas robustas o alambres para sostenerse. En el caso de los melones, a veces hay que afianzar los frutos con una malla, por fuerte que sea la planta.

Los frutales destinados a parcelas pequeñas o a tener forma de cordón, abanico o espaldera, son injertados en portainjertos enanos o semienanos (ver pp. 90-91) para limitar su crecimiento. Estos injertos forman pequeños sistemas radiculares que no pueden anclar el árbol por sí solos, así que sus troncos deben permanecer siempre sujetos a estacas o hay que colocarlos al lado de una estructura para poder guiar las ramas hacia soportes de alambre.

FLORES
Y FRUTOS

¿CÓMO SE REPRODUCE UNA PLANTA?

Todos los seres vivos se reproducen. En los animales, el macho y la hembra unen el esperma y los óvulos y sus crías son una mezcla de su ADN. Las plantas se rigen por reglas menos rígidas y tienen una vida sexual más interesante de lo que imaginas.

La mayoría de las plantas son hermafroditas y tienen órganos reproductores masculinos y femeninos. Suelen tener también varios grupos de órganos sexuales en sus numerosas flores. Generalmente cada flor contiene órganos masculinos y femeninos (flores bisexuales o perfectas), pero algunas plantas, como el acebo (*Ilex*) y el *Ginkgo biloba*, solo tienen flores masculinas o femeninas (flores unisexuales o imperfectas), así que necesitan encontrar una pareja del sexo opuesto para producir semillas fértiles.

Los animales guardan el esperma y los óvulos dentro de su cuerpo, pero a las plantas les gusta exhibirse. Los granos de polen, que contienen las células sexuales masculinas, están en unas almohadillas de vivos colores (anteras) sobre unos delgados tallos (filamentos). Los óvulos de la planta están en la base del pilar central femenino (carpelo).

PROCESO DE POLINIZACIÓN

La planta no puede moverse, así que el polen tiene que dejarse llevar por el viento con la esperanza de acabar en la parte pegajosa de un carpelo femenino (polinización por viento) o aferrarse a un animal polinizador. Las hierbas y algunos árboles optan por el método de la polinización por viento. Otras plantas, no obstante, han desarrollado flores de vivos colores repletas de dulce néctar para atraer a insectos, aves e incluso mamíferos, con la esperanza de que su polen sea transportado por un animal que, sin saberlo, lo llevará hasta flores cercanas. Este intercambio de polen entre plantas se llama polinización cruzada y combina el ADN de los progenitores, produciendo semillas que son una mezcla genética de ambas.

Cuando el polen y el óvulo se han fusionado (ver diagrama de abajo), el trabajo de la flor ya ha terminado, así que sus pétalos se marchitan y se caen. La cabezuela fecundada, mientras, cuida de los embriones y suele hincharse formando un fruto protector y absorbiendo nutrientes y azúcar de la planta. Si no estás interesado ni en los frutos ni en las semillas de tus plantas, piensa que cortándolos evitarás su desarrollo, con lo que se ahorrará energía y obligarás a la planta a que produzca flores nuevas (ver p. 148).

De flor a semilla

Las plantas invierten mucha energía en lograr que las flores sean polinizados con éxito y produzcan semillas viables. Esta secuencia muestra los pasos básicos del proceso de reproducción de las plantas.

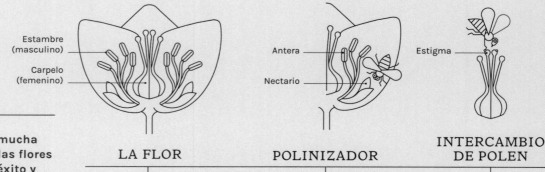

Estambre (masculino)

Carpelo (femenino)

Antera

Nectario

Estigma

LA FLOR

La flor atrae a los insectos polinizadores con sus colores, su perfume y la promesa del néctar rico en energía.

POLINIZADOR

Una abeja se ve obligada a pasar por las anteras para llegar a los nectarios y su cuerpo acaba cubierto de polen.

INTERCAMBIO DE POLEN

La abeja lleva el polen hasta la siguiente flor, donde va a parar al pegajoso estigma.

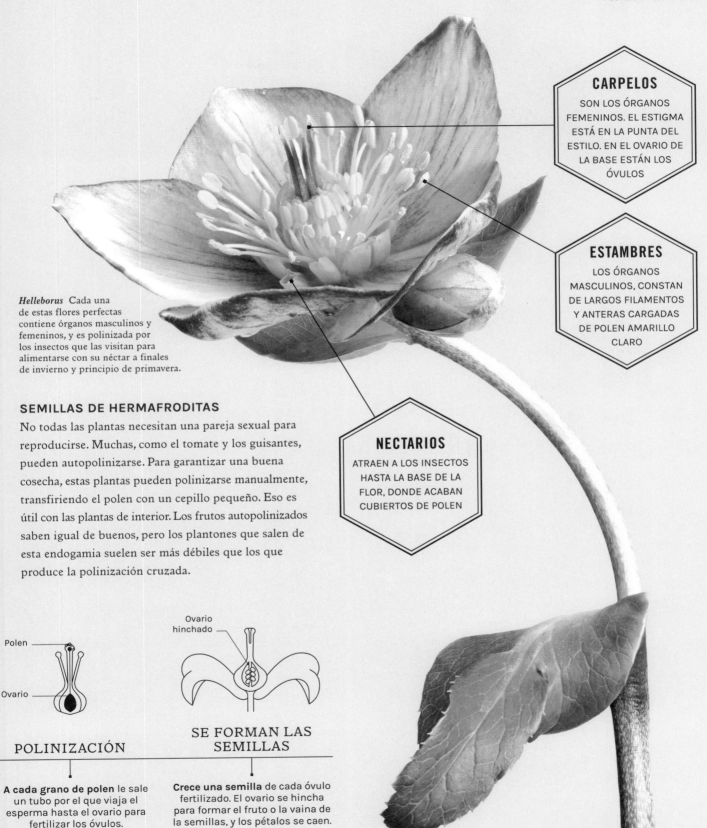

CARPELOS

SON LOS ÓRGANOS FEMENINOS. EL ESTIGMA ESTÁ EN LA PUNTA DEL ESTILO. EN EL OVARIO DE LA BASE ESTÁN LOS ÓVULOS

ESTAMBRES

LOS ÓRGANOS MASCULINOS, CONSTAN DE LARGOS FILAMENTOS Y ANTERAS CARGADAS DE POLEN AMARILLO CLARO

NECTARIOS

ATRAEN A LOS INSECTOS HASTA LA BASE DE LA FLOR, DONDE ACABAN CUBIERTOS DE POLEN

Helleborus Cada una de estas flores perfectas contiene órganos masculinos y femeninos, y es polinizada por los insectos que las visitan para alimentarse con su néctar a finales de invierno y principio de primavera.

SEMILLAS DE HERMAFRODITAS

No todas las plantas necesitan una pareja sexual para reproducirse. Muchas, como el tomate y los guisantes, pueden autopolinizarse. Para garantizar una buena cosecha, estas plantas pueden polinizarse manualmente, transfiriendo el polen con un cepillo pequeño. Eso es útil con las plantas de interior. Los frutos autopolinizados saben igual de buenos, pero los plantones que salen de esta endogamia suelen ser más débiles que los que produce la polinización cruzada.

Polen

Ovario

Ovario hinchado

POLINIZACIÓN

SE FORMAN LAS SEMILLAS

A cada grano de polen le sale un tubo por el que viaja el esperma hasta el ovario para fertilizar los óvulos.

Crece una semilla de cada óvulo fertilizado. El ovario se hincha para formar el fruto o la vaina de la semillas, y los pétalos se caen.

LAS PLANTAS
¿CÓMO SE REPRODUCEN SIN SEMILLAS?

Los científicos necesitaron muchas décadas de estudio para conseguir clonar un animal, la oveja Dolly, una réplica genética de su madre y el resultado de una reproducción asistida. Pero en el caso de las plantas es algo bastante corriente.

Las plantas usan las semillas y las esporas para dispersar sus vástagos, pero se trata de una estrategia arriesgada. Muchas plantas son capaces de hacer copias exactas de sí mismas, una especie de garantía en caso de que alguien se coma sus semillas o de que no encuentren un terreno fértil. Por ejemplo, cuando a un sauce se le rompe una rama y esta cae al río, puede flotar aguas abajo y echar raíces lejos, convirtiéndose en un árbol totalmente nuevo. Es lo que se conoce como propagación vegetativa. Los jardineros pueden aprovechar el poder regenerativo de las plantas para obtener muchos ejemplares a partir de una sola de ellas.

MERISTEMO VITAL

Todas las criaturas vivas mayores que una bacteria, tú incluido, han surgido a partir de una célula, la unidad viva más pequeña. Esta primera célula se multiplica un sinfín de veces para producir las distintas partes del cuerpo. La célula original que genera un organismo entero se llama «célula madre», ya que es la madre de todas las demás. A los humanos adultos les quedan muy pocas células madre en el cuerpo, de ahí que no podamos, por ejemplo, regenerar nuestras extremidades. Las plantas, en cambio, disponen de muchas células madre por todo el cuerpo, agrupadas en tejidos

> ## CLON GENÉTICO
> UN PLANTÓN DE FRESA A PARTIR DE ESTOLÓN TIENE GENES IDÉNTICOS A LOS DE LA PLANTA MADRE

meristemáticos. Si se dan las condiciones adecuadas, las células meristemáticas se transformarán en raíces o brotes, e incluso formarán plantas totalmente nuevas.

PROPAGACIÓN VEGETATIVA

Muchas plantas pueden reproducirse asexualmente como el sauce. Esta capacidad se aprovecha en varios métodos de propagación de las plantas, sobre todo a través de los esquejes. Si cortamos un tallo, hoja o yema y lo plantamos en la tierra húmeda, empezará a segregar una hormona vegetal (la auxina) por la punta en crecimiento (ver p. 167) para que el meristemo más cercano al suelo genere las raíces. Luego comenzará el proceso para el resto del tallo, para acabar produciendo una planta entera (ver pp. 184-185).

Algunas plantas, como las fresas y las cintas, producen unos tallos especialmente largos y lisos, llamados estolones (o corredores), que echan raíces y forman una nueva planta en cuanto tocan el suelo. Con plantas como estas, el jardinero puede hacer que brote un nuevo ejemplar colocando el estolón en el suelo y fijándolo a él. Incluso podemos engañar a las plantas sin estolones para que den vástagos usando

Las fresas rastreras son estolones con vástagos (o plantones) que nacen horizontales en su base. En cuanto tocan el suelo, producen raíces y pueden sobrevivir sin la planta madre.

una técnica de propagación conocida como estratificación (ver p. 186).

Los bulbos y las raíces tuberculosas (ver pp. 96-97) se clonan a sí mismos, ya que crecen echando minibulbos y raíces tuberculosas por los lados, que pueden partirse y replantarse (ver p. 187). Los tubérculos y los rizomas también se extienden agrandando su órgano de almacenamiento subterráneo y produciendo brotes nuevos (llamados ojos). Las plantas que forman macizos también crecen hacia fuera, haciendo copias de cada tallo (ver pp. 182-183).

LOS MERISTEMOS

de la planta son pequeños grupos de células madre ubicados en la punta de brotes y raíces que se dividen rápidamente. También los hay alrededor de los tallos, en la capa verde debajo de la corteza y en las uniones entre hojas y tallos (nudos). La división ilimitada de dichas células permite que la planta crezca, cicatrice y se reproduzca a lo largo de toda su vida.

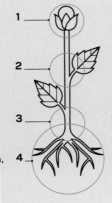

1.
MERISTEMO APICAL DEL BROTE

Extiende el brote principal alargando tallos y ramas.

2.
MERISTEMO INTERCALAR

Permite el crecimiento de brotes o raíces en la unión entre el tallo y la hoja.

3.
MERISTEMO LATERAL

Aumenta el perímetro del tallo y son la fuente para que crezca la raíz en los esquejes.

4.
MERISTEMO APICAL DE LA RAÍZ

Permite que las raíces crezcan por la punta y se extiendan por el suelo.

¿POR QUÉ HAY FLORES DE DISTINTOS COLORES?

Las flores, tanto el girasol con su amarillo intenso, como los iris azules
con sus reflejos dorados o los lirios de agua con su blanco impoluto,
buscan atraer la atención y se comunican a través del color.

Tiempo atrás, las flores eran pálidas y sin apenas color, pero a lo largo de miles de años fueron desarrollando pigmentos para embellecerse y atraer a polinizadores –abejas, avispas, aves y murciélagos– para reproducirse de forma más eficaz en entornos cada vez más poblados. Las flores fueron perfeccionando sus tonalidades para atraer a polinizadores concretos: amarillos y morados para las abejas, rosas para las mariposas, rojos y naranjas para las aves, amarillos para las avispas y las moscas, y blancos y amarillos claros para insectos con poca visión, como las moscas y los escarabajos.

PISTAS DE ATERRIZAJE

Las abejas ven el morado, el violeta y la luz ultravioleta, que nosotros no vemos. Como la mayoría de los insectos, no ven demasiado bien ni el amarillo ni el rojo. Escondidos entre las flores amarillas favoritas de las abejas, como la margarita de ojos negros (*Rudbeckia*), el diente de león (*Taraxacum officinale*) y el girasol (*Helianthus*), hay motivos ultravioletas, que nosotros no vemos y que sirven de diana para conducirlos hasta el preciado polen. Unos bultos muy pequeños en la superficie de los pétalos forman dibujos que reflejan o absorben los rayos ultravioletas. Son una señal para las abejas y otros polinizadores, como las mariposas.

MENSAJE CAMBIANTE

Muchas plantas incluso son capaces de comunicarse con los polinizadores en tiempo real a través de los cambios de coloración de sus flores. La cuiscualis (*Combretum indicum*), por ejemplo, abre sus pétalos blancos por la tarde, ofreciendo una diana fácil a las polillas nocturnas; pero por la mañana adopta un tono rosado y rojizo para atraer a las mariposas diurnas y las abejas. Las flores amarillas del arbusto conocido como lantana (*Lantana camara*) adoptan un tono más oscuro una vez polinizadas, lo que avisa a los insectos que deben pasar de largo y alimentarse de las flores más pálidas, que están sin fertilizar. Los lupinos azules y plateados usan sus pétalos como un semáforo: los pétalos superiores cambian del blanco al magenta tras la polinización, para evitar visitas innecesarias.

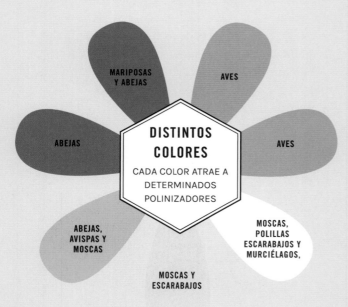

DISTINTOS COLORES

CADA COLOR ATRAE A DETERMINADOS POLINIZADORES

MARIPOSAS Y ABEJAS

AVES

ABEJAS

AVES

ABEJAS, AVISPAS Y MOSCAS

MOSCAS, POLILLAS ESCARABAJOS Y MURCIÉLAGOS,

MOSCAS Y ESCARABAJOS

Paleta de colores Las aves y los insectos diurnos se sienten atraídos por los colores vivos. El blanco y el amarillo destacan en la oscuridad y atraen a visitantes nocturnos y a los que tienen problemas de visión.

OJO HUMANO

LOS PÉTALOS NOS
PARECEN DE ESE COLOR
PORQUE NO PODEMOS
DETECTAR LA LUZ
ULTRAVIOLETA
(UV)

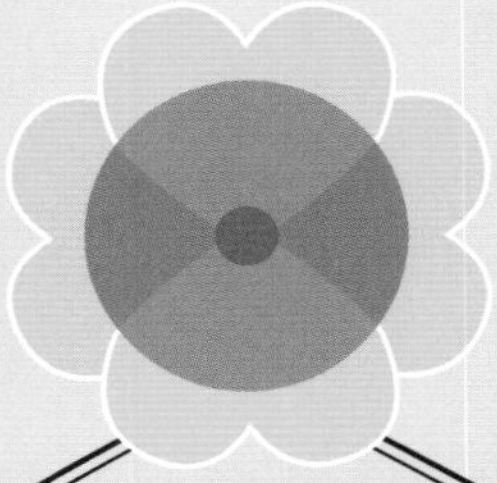

OJO DE ABEJA

LOS MOTIVOS QUE SE
FORMAN DONDE SE
ABSORBE O REFLEJA LA
LUZ UV DIRIGEN A LOS
INSECTOS A LA FUENTE
DE NÉCTAR

DIANAS MÁS CLARAS

Las flores grandes y pálidas son ideales para
los escarabajos, los murciélagos o las polillas.
A las polillas nocturnas les encantan las
flores de colores claros, más visibles por
la noche y que desprenden una fuerte
fragancia, como la madreselva
(*Lonicera*). Los escarabajos tienen
mala visión, son torpes volando y
necesitan una pista de aterrizaje
robusta y bien visible. Así que las flores
grandes y pálidas, como las magnolias y los
nenúfares (*Nymphaea*), les son muy tentadoras.

La onagra, al atardecer,
no es amarilla para las abejas
y las polillas. Lo que ven es que
sus pétalos claros se oscurecen en
el centro de la flor, señalando el
camino hacia los nectarios, más allá
de los estambres cargados de polen.

¿QUÉ PLANTAS SON MEJORES PARA LOS POLINIZADORES?

Un tercio de las especies de insectos están en peligro de extinción por la pérdida de hábitats, el cambio climático, la contaminación, los pesticidas, las enfermedades y las especies invasoras. Pero si cultivas las flores adecuadas, ayudarás a salvarlos.

En más del 80 por ciento de las plantas con flores, la polinización, es decir, el traslado del polen de la planta hasta los órganos reproductores femeninos de la flor, la llevan a cabo los polinizadores (ver pp. 134-135). Suelen ser pequeños insectos voladores, como abejas, moscas, avispas, escarabajos, polillas y mariposas. Los principales son las abejas, que polinizan una mayor variedad de plantas que el resto. No se trata de un acto desinteresado, ya que los polinizadores son recompensados por sus servicios con alimento. O toman gotas de dulce néctar producido por los diminutos nectarios o ingieren polen rico en proteínas o lo recogen y se lo llevan a sus crías.

INDIVIDUAL
LAS FLORES SIMPLES, COMO UNA ROSA, SON RICAS EN POLEN Y NÉCTAR, A LOS QUE LOS INSECTOS TIENEN FÁCIL ACCESO

DOBLE
LOS PÉTALOS ADICIONALES DIFICULTAN EL ACCESO AL POLEN Y A LOS NECTARIOS, Y SUELEN MUTAR A PARTIR DE ESTAMBRES LLENOS DE POLEN

Flores dobles Los nectarios y las partes de la flor que producen polen pueden transformarse en pétalos adicionales. Los cultivadores pueden hacer que produzcan formas dobles, pero es mejor evitarlas y maximizar así el alimento para los polinizadores.

La forma de las flores

Todas las flores ricas en néctar y polen son valiosas para los insectos, pero las cabezuelas son muy codiciadas porque ofrecen más alimento en cada visita que una flor individual.

Antera (contiene polen)

Estigma y estilo (femeninos)

Ovarios (contienen óvulos)

Pétalos separados

Nectarios

Una flor individual (*Helleborus*) dispone de muchos estambres y nectarios, pero los insectos deben volar entre las flores más a menudo.

Pétalos fusionados

Estigma y estilo (femeninos)

Ovario

Estigma y estilo (femeninos)

Antera (con polen)

Pétalos fusionados

Nectario

Ovario

Una cabezuela (girasol), también llamada cabeza compuesta, contiene cientos de flores liguladas y en disco, cada una de las cuales suministra alimento a los insectos.

FLOR LIGULADA

FLOR DE DISCO

LA CANTIDAD DE FLORES IMPORTA

Cuando se trata de satisfacer el estómago de los polinizadores, no todas las flores sirven por igual. Generalmente, el número de flores es más importante que su tamaño. Las plantas con muchas flores pequeñas ofrecen a los visitantes una gran cantidad de néctar y polen, y suelen alimentar a una mayor cantidad de polinizadores. Entre estas hay muchas anuales, bienales y perennes herbáceas, pero los árboles, los arbustos y las trepadoras con flores, así como las plantadas en setos, son también fuentes importantes de néctar y polen en los jardines.

Muchas de las consideradas malas hierbas (ver pp. 46-47) son una buena fuente de alimento para los polinizadores. Es el caso del diente de león (*Taraxacum officinale*), el cardo cundidor (*Cirsium arvense*), la borraja (*Borago officinalis*) y el aciano negro (*Centaurea nigra*), que es invasivo en Norteamérica.

Algunas flores, como la equinácea naranja (*Rudbeckia fulgida*), son en realidad cabezuelas compuestas que ofrecen cientos de flores por el mismo precio (ver arriba). Estas cabezuelas repletas de néctar y polen son muy valoradas por los polinizadores, ya que les permite comer de forma muy eficaz y les ahorra la necesidad de pasearse entre las flores. Esta clase de plantas pertenecen a la misma familia que el girasol (asteráceas), que incluye las flores tipo margaritas y cardos. En realidad, cada pétalo es una flor femenina de un solo pétalo (flor ligulada) y cada bultito del centro es una flor sin pétalos (flor de disco) cargada de polen y néctar, de fácil acceso para los insectos con lenguas cortas. Las flores largas y tubulares, como la dedalera (*Digitalis*) y las campanillas, son una fuente importante de alimento para los insectos con lenguas largas, como el abejorro de jardín (*Bombus hortorum*).

¿CÓMO LOGRO QUE LAS PLANTAS DE INTERIOR FLOREZCAN?

Las plantas invierten mucha energía en sus flores y solo florecen si sus sensores biológicos les aseguran que las condiciones son las idóneas. Para que una planta de interior muestre todo su colorido, debes satisfacer todas sus necesidades.

Para florecer, la planta debe estar sana. Las plantas de interior dependen de ti para obtener todo lo que necesitan, así que debes darles la luz, la temperatura y la humedad adecuadas, apartarlas de las corrientes de aire (ver pp. 100-101 y 120-121), y mantenerlas hidratadas pero sin exceso de agua (ver pp. 112-115). También debes abonarlas periódicamente durante la temporada de crecimiento y trasplantarlas si la maceta les queda pequeña (ver pp. 110-111). Quita las flores marchitas (ver pp. 148-149) para que no malgasten energía y nutrientes produciendo semillas.

CAPACIDAD DE FLORACIÓN

Los helechos no florecen, y plantas como la *Aspidistra elatior* (orejas de burro), no suelen experimentar las condiciones tropicales que necesitan para florecer en casa. Otras plantas de interior, como la *Dracaena* (lengua de suegra) y muchas cactáceas, solo florecen cuando están maduras. Los niveles inicialmente altos de una molécula del envejecimiento (microRNA156) disminuyen con cada estación que pasa y por debajo de un nivel crítico la planta no florece.

DÍA Y NOCHE

Como la mayoría de los seres vivos, las plantas tienen un reloj circadiano (reloj biológico del organismo) que capta la salida y la puesta del sol mediante los sensores de luz moleculares (fotorreceptores) de sus hojas. Captan las estaciones calculando las horas de oscuridad, gracias a un cronómetro molecular que se activa cada vez que se pone el sol. Eso les permite activar la floración solo cuando las posibilidades de polinización son más elevadas.

Las plantas de días cortos, como el cactus de Navidad (*Schlumbergera*), solo florecen en otoño e invierno, cuando hay al menos 13 horas de oscuridad. Las plantas de días largos, como la prímula del Cabo (*Streptocarpus*), florecen exclusivamente los días más largos, cuando hay menos de 10 horas de oscuridad (ver izquierda). Otras plantas, como la *Impatiens*, son de días neutros, así que pueden florecer entre primavera y otoño si las condiciones son favorables.

CALOR Y RIEGO

La temperatura también influye en la floración. Muchas plantas tropicales solo florecen cuando hace calor. Los limoneros y las gardenias, en cambio, necesitan noches frías a 13 °C (55 °F) para desarrollar las yemas florales. Otras plantas, como muchas

La duración del día influye en la floración Algunas plantas de interior solo florecen cuando los sensores de luz de sus hojas contabilizan las horas de oscuridad que se corresponden con la época de floración.

CLAVE
- Florecen las plantas de días cortos
- Florecen las plantas de días largos
- Meses (hemisferio norte / *hemisferio sur*)

cactáceas y suculentas, necesitan un período invernal de inactividad, sin crecimiento, antes de florecer.

Las orquídeas, como la *Phalaenopsis* (orquídea mariposa), tienen una gran capacidad de floración y lucen sus flores durante 6-12 meses al año. Pero si no se riegan bien puede que no florezcan. En la naturaleza, las raíces de la orquídea se enroscan alrededor de la corteza de los árboles y están recubiertas por una sustancia esponjosa (velamen), que absorbe la humedad del aire, además de agua y nutrientes del árbol. Estas condiciones pueden ser difíciles de imitar. Es más fácil que florezcan si se riegan con moderación. Espera a que las raíces estén secas y sumérgelas entonces en agua durante 10-15 minutos, para simular un chaparrón tropical. Necesitan mucha luz para florecer, lo que puede conseguirse moviendo la planta a un lugar un poco más fresco (mínimo 18 °C/68 °F). No es necesario usar un abono para orquídeas de los que se denominan acelerador de floración. De hecho, los estudios demuestran que puede llegar a ser contraproducente.

FLORES
LAS FLORES LLAMATIVAS SE ABREN CUANDO LOS POLINIZADORES ESTÁN ACTIVOS EN SU HÁBITAT

BROTES
MANTENLA FRESCA Y SECA EN INVIERNO Y LE SALDRÁN BROTES CUANDO SUBA LA TEMPERATURA Y LA VUELVAS A REGAR

El cactus corona (*Rebutia*) permanece compacto y produce unas flores espectaculares en primavera y en verano.

¿DEBO CULTIVAR FLORES PARA CORTAR?

Las flores nos permiten expresar lo inexpresable. Pero a pesar de todo su poder evocador, las flores cortadas producidas comercialmente conllevan un gran coste medioambiental, lo que puede ser un gran incentivo para cultivarlas tú mismo.

———————

La producción de flores durante todo el año ha creado una industria que contamina y agota los recursos. Se utilizan enormes cantidades de agua, fertilizantes y pesticidas para lograr flores perfectas. Además, con la energía que se necesita para calentar los invernaderos podrían abastecerse varias ciudades pequeñas. Las flores ocupan tierra fértil que podría usarse para cultivar alimentos. Y para que lleguen a nosotros, recorren muchos kilómetros en camiones refrigerados.

VENTAJAS DE CULTIVARLAS EN CASA

Si cultivas flores para cortar podrás disfrutar de ellas mientras ayudas a disminuir la contaminación que causa importarlas. Las flores de muchas plantas de jardín son aptas para cortarse y con un poco de planificación podrás cultivar flores durante varios meses en un espacio pequeño.

FLORES QUE PUEDEN CORTARSE

La mayoría de las flores anuales son fáciles y rápidas de cultivar a partir de semillas. Las anuales que se cortan-y-vuelven-a-salir, como el *Cosmos*, la *Zinnia* y la caléndula (*Tagetes*), si se cortan reaccionan produciendo más flores. Las flores con un solo tallo, como el girasol (*Helianthus*) y la *Celosia*, producen un destello floral, así que es mejor cultivarlas cada dos semanas en primavera para cortarlas luego en verano. Las perennes requieren más espacio para crecer, pero proporcionan flores y follaje año tras año. Los arbustos leñosos, incluidas las hortensias y las rosas, producen follaje y flores en cantidad. Las perennes de tallo blando (herbáceas) producen flores todas las estaciones del año: *Helleborus* o rosas de invierno en invierno, preciosas peonías en verano y estrelladas (*Aster*/*Symphyotrichum*) en otoño.

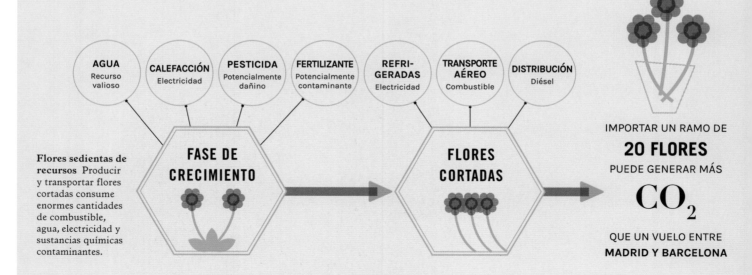

AGUA
Recurso valioso

CALEFACCIÓN
Electricidad

PESTICIDA
Potencialmente dañino

FERTILIZANTE
Potencialmente contaminante

REFRI-GERADAS
Electricidad

TRANSPORTE AÉREO
Combustible

DISTRIBUCIÓN
Diésel

Flores sedientas de recursos Producir y transportar flores cortadas consume enormes cantidades de combustible, agua, electricidad y sustancias químicas contaminantes.

FASE DE CRECIMIENTO

FLORES CORTADAS

IMPORTAR UN RAMO DE
20 FLORES
PUEDE GENERAR MÁS
CO_2
QUE UN VUELO ENTRE
MADRID Y BARCELONA

¿CÓMO PROLONGO LA VIDA DE LAS FLORES CORTADAS?

Al cortar el tallo de una flor le quitas el soporte vital que le proporciona la planta, pero con algunos cuidados previos (acondicionamiento), las flores cortadas pueden aguantar varias semanas.

Las flores, si no tienen un flujo continuo de savia, se marchitan rápidamente y entran en la senescencia (muerte programada), que una vez empieza no puede detenerse. Debes poner las flores cortadas en agua inmediatamente para retrasar la senescencia. Desde el instante en que se corta, el tallo empieza a absorber aire en lugar de agua. Y el agua que hay en el tallo se evapora a través de las hojas y las flores, en un proceso de transpiración (ver p. 22). Si se forma una burbuja de aire (émbolo) en el tallo, esta bloquea el paso de cualquier otro líquido hacia arriba, condenando a la flor a una corta existencia.

RETRASAR LA CAÍDA DE LOS PÉTALOS

Para evitarlo, recorta un poco todos los tallos (hasta 5 cm/2 in), antes de meterlos en agua. Los procesos biológicos se ralentizan a baja temperatura, así que ponlas lejos de los radiadores y de la luz del sol. Protegerlas de las infecciones también puede alargarles la vida. Limpia los jarrones a fondo y quita todas las hojas y espinas que queden sumergidas, ya que tienen bacterias y otros microbios que se multiplican en el agua. El abono para flores cortadas contiene una gota de lejía u otro desinfectante, para mantener a raya las infecciones de bacterias.

Los estudios demuestran que una mezcla hecha con 20 g (¾ oz) de azúcar y un litro de agua (1¾ pintas) es un buen sustituto de la savia para la mayor parte de las flores. La savia es ácida por naturaleza, así que añade un poco de ácido cítrico (0,5 g en un litro).

SAVIA

LAS FLORES DURAN MÁS SI SE AÑADEN AL JARRÓN SUSTANCIAS PARECIDAS A LA SAVIA DE LA PLANTA

EN ÁNGULO

CORTA LOS TALLOS EN UN ÁNGULO DE 45º PARA QUE HAYA UNA MAYOR SUPERFICIE DE CORTE Y ABSORBAN MEJOR EL AGUA

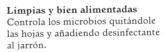

Limpias y bien alimentadas
Controla los microbios quitándole las hojas y añadiendo desinfectante al jarrón.

¿QUÉ ES EL ESPIGADO Y CÓMO SE EVITA?

El fin último de una planta es reproducirse, pero esto puede disminuir la cosecha de algunas hortalizas si la floración es demasiado temprana (lo que se llama espigado). Saber por qué se produce el espigado te ayudará a evitar que estropee tus cultivos.

FLORACIÓN
APARTA LOS AZÚCARES Y LOS NUTRIENTES DE LAS HOJAS, QUE SE VUELVEN PEQUEÑAS Y AMARGAS

La espinaca se espiga rápidamente cuando los días se alargan a finales de primavera, lo que pone fin a la cosecha de hojas.

Cuando llega el momento, la planta dedica toda su energía y sus recursos a producir órganos sexuales (flores), luego frutos y finalmente semillas. Pero en el caso de muchas hortalizas lo que nos interesa son las hojas y las raíces, y, cuando las plantas se espigan o dan semillas, dedican su energía a las yemas florales, a menudo dejando las partes comestibles duras e insípidas. Esto puede ocurrir de forma repentina y a veces antes de que las plantas hayan producido una buena cosecha, lo que supone una amarga decepción.

MADUREZ Y DURACIÓN DEL DÍA

Existen dos detonantes básicos para la floración de las hortalizas. El primero es alcanzar el tamaño mínimo necesario para satisfacer las demandas de la floración y la fructificación, lo que se conoce como madurez para florecer. El segundo es la duración de la noche, que permite a las plantas percibir el cambio de estaciones con los receptores de luz de sus hojas (ver pp. 142-143). Muchas hortalizas anuales de crecimiento rápido, como el rábano, las espinacas y la rúcula, están maduras para florecer en pocas semanas y lo hacen a finales de primavera y principios de verano, cuando los días se alargan. Eso hace que estas plantas de día largo sean muy propensas al espigado a finales de primavera. Los horticultores experimentados saben que deben sembrarlas nada más empezar la primavera, para tener una cosecha antes de que florezcan, y luego de nuevo a finales de verano, cuando los días se acortan, ya que crecerán sin espigarse. Las plantas de día corto florecen en otoño e invierno, cuando la cantidad de luz disminuye, pero son pocas las hortalizas de esta categoría.

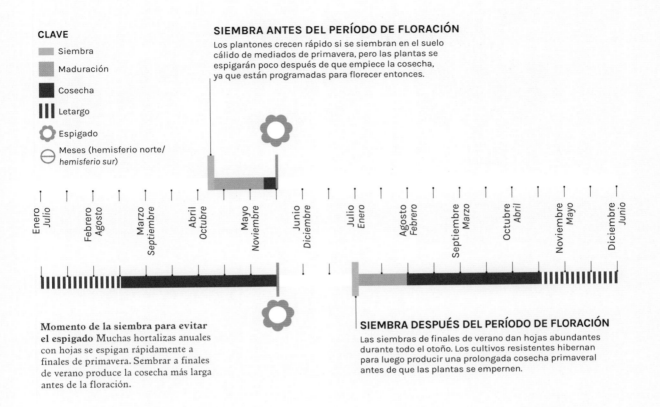

Siembra

Maduración

Cosecha

Letargo

Espigado

Meses (hemisferio norte/ hemisferio sur)

SIEMBRA ANTES DEL PERÍODO DE FLORACIÓN
Los plantones crecen rápido si se siembran en el suelo cálido de mediados de primavera, pero las plantas se espigarán poco después de que empiece la cosecha, ya que están programadas para florecer entonces.

Enero / Julio

Febrero / Agosto

Marzo / Septiembre

Abril / Octubre

Mayo / Noviembre

Junio / Diciembre

Julio / Enero

Agosto / Febrero

Septiembre / Marzo

Octubre / Abril

Noviembre / Mayo

Diciembre / Junio

Momento de la siembra para evitar el espigado Muchas hortalizas anuales con hojas se espigan rápidamente a finales de primavera. Sembrar a finales de verano produce la cosecha más larga antes de la floración.

SIEMBRA DESPUÉS DEL PERÍODO DE FLORACIÓN
Las siembras de finales de verano dan hojas abundantes durante todo el otoño. Los cultivos resistentes hibernan para luego producir una prolongada cosecha primaveral antes de que las plantas se empernen.

NO ESTRESES LAS PLANTAS

Las plantas han aprendido que, ante la perspectiva de la muerte, florecer y producir semillas con mucha rapidez es la mejor forma de asegurarse de que sus genes perduren. Así pues, unas condiciones de crecimiento estresantes, como las temperaturas extremas o la falta de agua y alimento, activan el espigado. Pon mantillo alrededor de las plantas para retener la humedad del suelo, dales abundantes nutrientes y trata de aislar las raíces frente a los cambios de temperatura. Riégalas periódicamente si el clima es seco y caluroso para evitar que se deshidraten. Evita los fertilizantes formulados para potenciar la floración, que son ricos en fósforo o potasio (abonos para rosas o tomates) y pueden avanzar el espigado.

COSECHA EN EL MOMENTO CORRECTO

Las hortalizas bienales acumulan reservas en su primera temporada de crecimiento para florecer durante la primavera de la segunda y luego se mueren. Son bienales la chirivía, las zanahorias, los puerros y el kale, y solo florecen tras experimentar el frío del invierno, un proceso llamado vernalización, y a veces solo después de que los días empiecen a alargarse en primavera. Es un proceso complejo, parecido a cuando las plantas despiertan del letargo invernal (ver p. 99). No siembres semillas al aire libre demasiado pronto en primavera ni expongas los plantones al frío, pues podrían espigarse el primer año. Estas hortalizas llenan sus hojas comestibles de azúcares y almidones para florecer en primavera, pero suelen recolectarse mucho antes de que esto suceda.

Las señales químicas
detienen la formación
de yemas florales

Los capullos laterales
son estimulados,
para que crezcan
y florezcan

Rosas

UNA FLOR

GRUPO DE FLORES

NUEVAS FLORES

La poda de limpieza estimula la producción de nuevas flores.

Cortar las flores mantiene las plantas pulcras, pero las señales químicas de las otras flores hacen que los capullos inferiores no crezcan.

Cortar el tallo de una flor por encima de la hoja más cercana, una vez que la flor se ha marchitado, borra estas señales químicas.

Las yemas que están por debajo del corte pueden formar nuevos brotes con nuevas flores.

¿QUITO LAS FLORES MARCHITAS?

Todos los veranos, jardineros equipados con tijeras de poda vigilan los parterres en busca de flores marchitas que cortar (lo que se conoce como poda de limpieza). La poda de limpieza puede prolongar la floración.

La principal razón de la poda de limpieza es que las plantas den más flores. El objetivo de una planta es producir semillas, así que cortar las flores marchitas antes de que las semillas se desarrollen elimina la carga de crear una nueva vida. Así, la planta puede dedicar parte de sus recursos a una nueva floración. Esto funciona con muchas plantas anuales que florecen en verano, y con algunas perennes y arbustos. Las dalias, por ejemplo, florecen desde finales de verano hasta las primeras heladas si se les cortan las flores marchitas con regularidad.

PODA DE LIMPIEZA

Las plantas evitan producir demasiadas flores mandando señales químicas para inhibir que se formen otras (ver p. 149). Cuando se pierde una flor, esta llamada se silencia, lo que permite desarrollar un nuevo capullo para reemplazarla.

Corta la flor cuando el color empiece a apagarse, señal de que se ha producido la polinización y se están formando las semillas. Corta por debajo de la flor, justo sobre el primer grupo de hojas o el tallo de la siguiente flor, dejando un muñón corto y limpio, menos propenso a marchitarse o infectarse. En el caso de plantas bajas con docenas de florecillas, es más fácil cortarlas con tijeras.

Otra razón para cortar las flores marchitas es impedir que crezcan de plantones no deseados. En el caso de plantas prolíficas como la *Buddleja davidii*, es apropiado hacer la poda de limpieza para evitar que las semillas se dispersen. Algunas cabezuelas de semillas son apreciadas en el jardín de invierno y como alimento para la fauna, incluidas las de hierbas ornamentales y el escaramujo. No cortes las flores marchitas de estas plantas, para que las cabezuelas y los frutos puedan desarrollarse.

PROLONGA LAS PERENNES
Retira las flores marchitas para que las semillas dejen de formarse y se produzca una nueva floración.

¿POR QUÉ MI ÁRBOL DA FRUTOS SOLO CADA DOS AÑOS?

Los árboles frutales a menudo se quedan atrapados en un ciclo conocido como contrañada, por el que generan muchos frutos un año y muy pocos al siguiente. Esto se conoce como comportamiento bienal y puede equilibrarse con un poco de cariño y dedicación.

Estas fluctuaciones las causa una potente hormona de la planta llamada giberelina, que las flores y las semillas en desarrollo liberan en la savia de la planta. La función protectora de la giberelina consiste básicamente en evitar que al año siguiente se formen demasiadas flores y frutos.

Si un árbol da pocas flores un año, debido a la sequía, a las heladas primaverales o a una poda insuficiente, habrá menos frutos y flores que produzcan giberelina. Los brotes que normalmente se mantendrían bajo control pueden transformarse libremente en yemas florales para la siguiente primavera. Cuando esta profusión de flores es polinizada, se forman una gran cantidad de frutos.

Entonces los altos niveles de giberelina de sus semillas limitan las flores de la siguiente temporada y así se repite una vez más el ciclo de alternancia.

CONTROLA TUS CULTIVOS

Reduce los altibajos mejorando las condiciones de crecimiento de tu árbol. Abónalo anualmente con compost, riégalo bien cuando el clima sea seco y no dejes ninguna planta a menos de 1 m (3 ft) del tronco. Probablemente la mejor forma de controlar el comportamiento bienal consista en cortar la mitad de los botones florales a principios de primavera el año de buena cosecha, lo que debería disminuir la giberelina e igualar las cosechas.

La giberelina es una señal química liberada por las flores y los frutos que limita la cantidad de flores de la primavera siguiente.

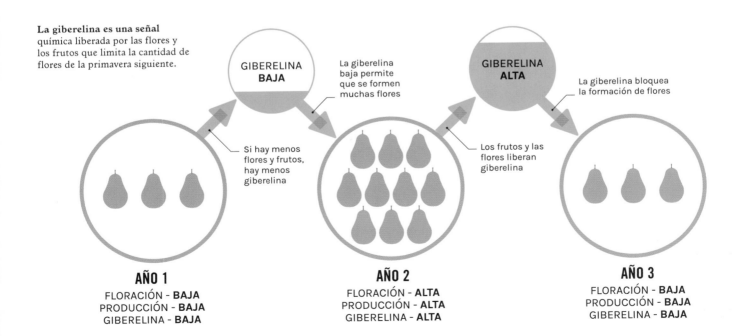

GIBERELINA **BAJA**

La giberelina baja permite que se formen muchas flores

Si hay menos flores y frutos, hay menos giberelina

GIBERELINA **ALTA**

La giberelina bloquea la formación de flores

Los frutos y las flores liberan giberelina

AÑO 1
FLORACIÓN - **BAJA**
PRODUCCIÓN - **BAJA**
GIBERELINA - **BAJA**

AÑO 2
FLORACIÓN - **ALTA**
PRODUCCIÓN - **ALTA**
GIBERELINA - **ALTA**

AÑO 3
FLORACIÓN - **BAJA**
PRODUCCIÓN - **BAJA**
GIBERELINA - **BAJA**

RENACER Y RENOVARSE

LA PLANTA ¿ESTÁ MUERTA O SOLO DUERME?

En invierno, muchas plantas leñosas (árboles, arbustos y algunas trepadoras) y las de tallo blando (perennes herbáceas) entran en una especie de hibernación. A principios de primavera, es difícil saber si sigue habiendo vida en ellas.

En los animales, la hibernación es una de las mejores formas de sobrevivir al invierno. Muchas plantas pasan un período parecido de letargo, en el que se desprenden de las hojas y viven de las reservas de la época de abundancia. Las plantas que pierden las hojas se llaman caducifolias. No se sabe con certeza por qué algunas plantas pasaron de sustituir las hojas durante el año (como las perennes) a desprenderse de ellas de golpe, pero es una estrategia eficaz.

Las plantas caducifolias almacenan reservas de alimento en algún lugar seguro a partir del verano. Las herbáceas sacrifican todas las hojas y tallos que están sobre el nivel del suelo, almacenan todo lo que pueden en sus raíces y tallos subterráneos, y confían en su capacidad para regenerarse a partir de los brotes ocultos en su base cuando llegue la primavera. Las plantas leñosas acumulan energía en su tronco y tallos, y en sus raíces, y rebrotan en primavera a

BROTES
LAS HERBÁCEAS CRECEN TODOS LOS AÑOS DE BROTES QUE SE FORMAN A NIVEL DEL SUELO, EN LA CORONA DE LA PLANTA

Helecho Las nuevas frondas quedan ocultas, bajo las hojas viejas, hasta que el clima cálido estimula su crecimiento.

Ciclo anual de inactividad y crecimiento

Los procesos internos de la planta controlan el crecimiento
de los nuevos brotes primaverales y las yemas no cobran
vida hasta pasar una serie de controles específicos.

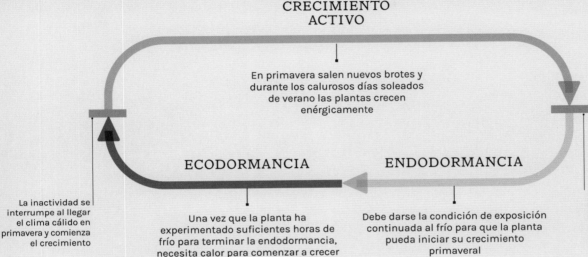

CRECIMIENTO
ACTIVO

En primavera salen nuevos brotes y
durante los calurosos días soleados
de verano las plantas crecen
enérgicamente

ECODORMANCIA   ENDODORMANCIA

La inactividad se
interrumpe al llegar
el clima cálido en
primavera y comienza
el crecimiento

Una vez que la planta ha
experimentado suficientes horas de
frío para terminar la endodormancia,
necesita calor para comenzar a crecer

Debe darse la condición de exposición
continuada al frío para que la planta
pueda iniciar su crecimiento
primaveral

Los días más cortos
y las temperaturas
más bajas activan
la inactividad
durante el otoño

partir de las yemas que cubren su armazón leñoso.
Que una planta sobreviva o no al invierno depende
de su tolerancia al frío (ver pp. 80-81), de su salud,
y del rigor y la duración del invierno.

SIGNOS DE NUEVO CRECIMIENTO

Es fácil saber si un árbol, un arbusto o una trepadora
leñosa están vivos. Busca yemas sanas en los tallos.
O retira un poco de corteza y si ves algo verde, es que
la planta está viva. Puede que mueran algunos tallos
pero que el grueso de la planta siga sana. A finales de
invierno muchas herbáceas no son más que algunos
tallos marrones y hojas descoloridas, pero a principios
de primavera, a nivel del suelo, debería haber brotes.

Si todo lo que queda de una planta sobre el nivel
del suelo parece muerto y quieres saber si revivirá en
primavera, cava un poco alrededor de las raíces. Si
encuentras raíces firmes y flexibles, es que están
vivas y activas. Si las raíces están marrones, húmedas
y blandas es que están muertas y podridas. Si aun así
tienes dudas, ¡espera a ver si crece!

ACTIVA EL CRECIMIENTO PRIMAVERAL

Las plantas caducifolias suelen sentir la necesidad de
desconectarse y permanecer inactivas hasta que haya
pasado el invierno. Además, han desarrollado formas
ingeniosas de distinguir un otoño frío del invierno
propiamente dicho. Cuando la planta inicia su
letargo invernal, se ve invadida por proteínas
inhibidoras del crecimiento, que actúan como una
especie de freno de mano químico (endodormancia).

Las bajas temperaturas, entre 0-7 °C (32-45 °F),
provocan la pérdida gradual de estas proteínas,
aflojando poco a poco el freno químico. Pero si se
produce un episodio de calor repentino, la planta
recibe una nueva dosis de proteínas inhibidoras
del crecimiento. Cuando se superan un número
determinado de horas de frío continuas (500-1500
o más), la planta sale de la endodormancia, pero es
refrenada entonces por un control de seguridad
conocido como ecodormancia, que no permite que
las yemas empiecen a crecer hasta que haya subido
la temperatura de manera suficiente.

¿POR QUÉ EN OTOÑO LAS HOJAS CAMBIAN DE COLOR Y CAEN?

El colorido otoñal que precede a la caída de las hojas de las caducifolias (ver p. 152) no es azaroso, sino una estrategia de supervivencia que se ha ido perfeccionando durante miles de años para conservar los recursos y superar los duros meses de invierno.

Los amarillos dorados, los naranjas cálidos y los rojos intensos que anuncian el otoño han estado ahí todo el verano: un calidoscopio de colores oculto bajo un manto verde. Los pigmentos de la clorofila de las hojas (ver pp. 70-71) se descomponen y se sustituyen continuamente en primavera y verano, pero a medida que la luz disminuye y los días se vuelven más fríos, los árboles y los arbustos caducifolios dejan de producirlos, y se preparan para desprenderse de las hojas y estar inactivos en invierno (ver pp. 152-153). Pero antes de desprenderse de sus paneles solares, las plantas intentan acumular todo lo que pueden. Absorben nutrientes primarios, es decir fósforo y nitrógeno (ver pp. 122-123), y restos de clorofila, y descomponen el almidón de las hojas convirtiéndolos en azúcares. Y luego lo guardan todo en su tronco y sus raíces (ver pp. 152-153).

LO QUE HAY DEBAJO

Otros pigmentos foliares secundarios también echan una mano en la producción de alimento. A medida que las hojas pierden el verde, los naranjas oscuros y los amarillos limón de los seis pigmentos carotenoides quedan al descubierto. Entonces algunas plantas adoptan una coloración escarlata y morada, como el arce azucarero (*Acer saccharum*) y el cornejo florido (*Cornus florida*).

Los científicos no tienen clara la razón por la que algunas plantas bombean estas sustancias químicas protectoras, llamadas antocianinas (que significa «flor azul») hacia las hojas en este momento: parece que estos pigmentos ahuyentan a los insectos depredadores que buscan algún tentempié otoñal y pueden servir de protector solar ante el envejecimiento de las hojas. Los colores otoñales más impresionantes aparecen tras las noches frías, que aceleran la destrucción de la clorofila, y los días secos y soleados, que ralentizan la fuga final de azúcar de las hojas, acelerando la producción de antocianinas e intensificando su tonalidad rojiza.

Las plantas que tienen las hojas rojas o púrpuras todo el año tienen abundantes pigmentos antocianos que ocultan la clorofila y se vuelven rojos en otoño, cuando los pigmentos verdes se descomponen. Las hojas que se limitan a ponerse marrones no disponen de este colorido subyacente y muestran el color de su estructura impregnada de taninos.

DESECADOS Y DESCARTADOS

Los cambios químicos que se producen dentro de la hoja en otoño hacen que se forme una banda de células en la base del pedúnculo. Dicha banda, que se conoce como zona de escisión, va apretando poco a poco la base del pedúnculo dejando una marca. A causa de la presión, la hoja gira y cae, acabando en el suelo. Parece que el desprendimiento de las hojas empezó en los climas templados, porque es más seguro deshacerse de las hojas grandes en invierno, cuando el viento o la nieve pueden dañarlas o arrancarlas, sobre todo porque cuando los días son cortos tampoco producen mucho alimento. Al deshacerse de las hojas también evitan que el agua se pierda por sus poros mediante la transpiración (ver p. 22).

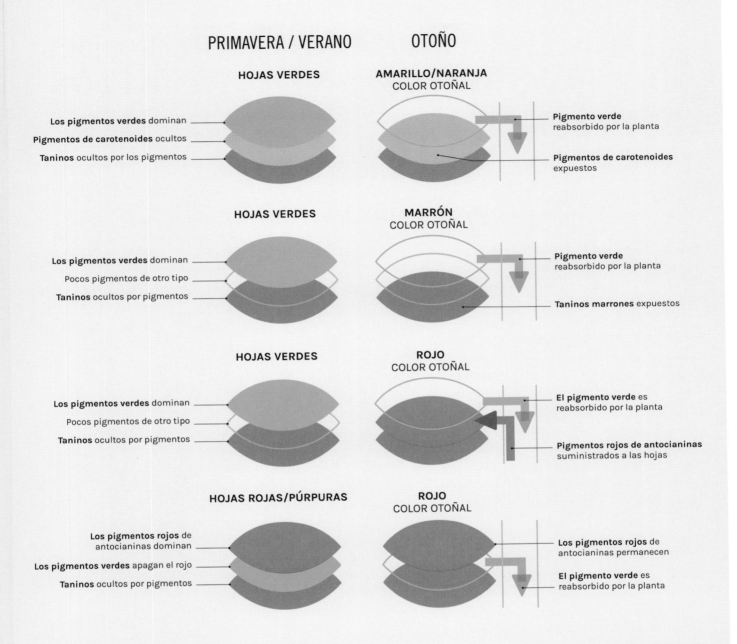

PRIMAVERA / VERANO

HOJAS VERDES

Los pigmentos verdes dominan
Pigmentos de carotenoides ocultos
Taninos ocultos por los pigmentos

HOJAS VERDES

Los pigmentos verdes dominan
Pocos pigmentos de otro tipo
Taninos ocultos por pigmentos

HOJAS VERDES

Los pigmentos verdes dominan
Pocos pigmentos de otro tipo
Taninos ocultos por pigmentos

HOJAS ROJAS/PÚRPURAS

Los pigmentos rojos de antocianinas dominan
Los pigmentos verdes apagan el rojo
Taninos ocultos por pigmentos

OTOÑO

AMARILLO/NARANJA
COLOR OTOÑAL

Pigmento verde reabsorbido por la planta
Pigmentos de carotenoides expuestos

MARRÓN
COLOR OTOÑAL

Pigmento verde reabsorbido por la planta
Taninos marrones expuestos

ROJO
COLOR OTOÑAL

El pigmento verde es reabsorbido por la planta
Pigmentos rojos de antocianinas suministrados a las hojas

ROJO
COLOR OTOÑAL

Los pigmentos rojos de antocianinas permanecen
El pigmento verde es reabsorbido por la planta

Cambios de color de las hojas otoñales (izquierda) La transformación que experimentan las hojas cuando bajan las temperaturas y los días se acortan viene dictada por los pigmentos que están presentes cuando las plantas reabsorben su clorofila verde.

Calendario heredado

LAS CADUCIFOLIAS, PROGRAMADAS PARA LA INACTIVIDAD INVERNAL.
Las plantas aprenden las pautas estacionales de su región y las transmiten a sus vástagos a través de mensajes químicos impresos en el ADN de sus plantones (un proceso llamado epigenética). Si las semillas de un árbol son cultivadas a muchos kilómetros de su progenitor, el plantón perderá las hojas según lo que dure el día en el lugar donde está su progenitor.

¿DEBO ATAR LAS HOJAS DE LAS PLANTAS BULBOSAS MARCHITAS?

Los bulbos que florecen en primavera son un rayo de esperanza tras el crudo invierno, pero las flores van acompañadas del marchitamiento de las hojas. Eso puede molestar a quienes prefieren la pulcritud, pero no podemos obligar a la naturaleza a ser pulcra.

Existe la vieja costumbre de atar o trenzar el follaje marchito de los bulbos con hojas más grandes, como los narcisos. Algunos jardineros incluso les cortan las hojas antes de que se marchiten. Pero mutilar las hojas de esta forma limita la capacidad de la planta para reabastecer el bulbo tras el esfuerzo de la floración.

DEJA QUE LAS HOJAS HAGAN SU TRABAJO

Mientras son verdes, las hojas están muy ocupadas con la fotosíntesis (ver pp. 70-71) y enviando el azúcar obtenido con este proceso al bulbo, para que lo guarde a buen recaudo. En el bulbo los azúcares se unen químicamente formando almidón y se agrupan en gránulos, que pueden almacenarse, listos para volver a transformarse en azúcares cuando sea necesario. Cuantos más gránulos haya en cada célula dentro del bulbo, más intenso será el crecimiento la primavera siguiente.

Al atar las hojas, se reduce la superficie expuesta a la luz del sol y por tanto su capacidad de fabricar azúcar. Cortar las hojas antes de que hayan acabado su función alimenticia es todavía peor. Si permites que las hojas mueran de forma natural o las dejas al menos durante seis semanas tras la floración, los bulbos seguirán floreciendo durante muchos años. Asimismo, al bulbo le llegarán más azúcares si se cortan las flores marchitas antes de que se formen las semillas (ver pp. 148-149).

Si quieres disimular las hojas marchitas, planta los bulbos entre otras plantas, como las perennes herbáceas, que producirán abundantes hojas nuevas mientras las del bulbo realizan sus últimos esfuerzos de la temporada.

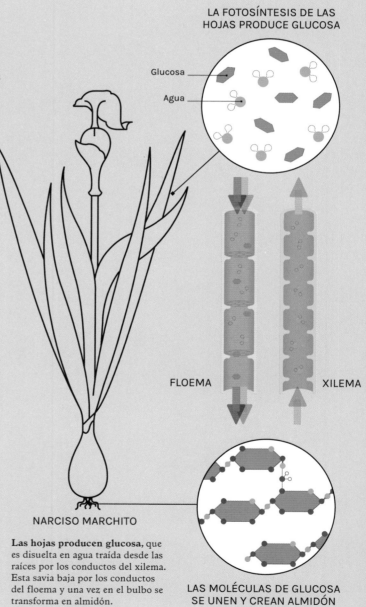

LA FOTOSÍNTESIS DE LAS HOJAS PRODUCE GLUCOSA

Glucosa

Agua

FLOEMA

XILEMA

NARCISO MARCHITO

Las hojas producen glucosa, que es disuelta en agua traída desde las raíces por los conductos del xilema. Esta savia baja por los conductos del floema y una vez en el bulbo se transforma en almidón.

LAS MOLÉCULAS DE GLUCOSA SE UNEN Y CREAN ALMIDÓN

¿DEBO EXTRAER Y GUARDAR LOS BULBOS TRAS LA FLORACIÓN?

Muchas plantas tienen órganos de almacenamiento subterráneos (ver pp. 96-97) para sobrevivir en condiciones extremas. Entonces ¿por qué algunos jardineros arrancan los bulbos tras la floración y los guardan en una bolsa de papel o una caja de cartón?

Los bulbos recién comprados se han cultivado en condiciones óptimas. Puedes dejarlos para que florezcan al año siguiente, pero si no están preparados para el clima de tu jardín, es mejor extraerlos.

PROTEGER LOS BULBOS TIERNOS

Las dalias, por ejemplo, han evolucionado en zonas montañosas de México y, junto con otras plantas tiernas (ver pp. 80-81) con órganos subterráneos de almacenamiento, como los *Gladiolus* y los *Canna*, no están equipadas para los húmedos inviernos bajo cero. Ante el riesgo de daño por heladas y por podredumbre gris (una infección fúngica), puede ser más seguro extraer las plantas en otoño. Una vez limpios y secos los bulbos, guárdalos en un lugar

fresco todo el invierno. También puedes poner un mantillo grueso, que protegerá a las plantas inactivas de las heladas (ver pp. 160-161).

SIMULA UN VERANO ABRASADOR

Los tulipanes resisten bien el frío, pero son originarios de Asia central, donde el verano es caluroso y seco. Si el verano es lluvioso y fresco, los bulbos no recibirán las señales de humedad y temperatura adecuadas para estar inactivos y pueden pudrirse o dar pocas flores el año siguiente. Así, pueden extraerse cuando sus hojas hayan muerto y sus bulbos estén llenos de almidón (ver página opuesta), y guardarse en una malla o bolsa de papel en un lugar seco, a 18-20 °C (64-68 °F) para replantarlos en otoño.

El bulbo no recibe señales para estar inactivo

Bulbo propenso a pudrirse en condiciones húmedas y gélidas

FRESCO Y LLUVIOSO

EXTRAER

FRÍO CON FUERTES HELADAS

TULIPÁN

VERANO

DEJAR

INVIERNO

BULBOS TIERNOS

DALIA
CAÑA DE LAS INDIAS
GLADIOLOS
BEGOÑAS TUBEROSAS
JACINTO DE SUDÁFRICA

Dejar o extraer
Ten en cuenta el clima y el tipo de suelo. El suelo pesado puede ser húmedo y frío, y eso puede hacer que los bulbos se pudran.

CALUROSO Y SECO

SUAVE CON HELADAS LEVES

MANTILLO
PROTECTOR

¿CÓMO CUIDO DEL JARDÍN EN INVIERNO?

En invierno el jardín puede parecer un erial. Las hojas caídas se vuelven viscosas con la lluvia, los árboles y arbustos son estructuras esqueléticas y las flores son sustituidas por frágiles cabezas de semillas. Pero sigue habiendo vida de la que debes cuidar.

Al disminuir la luz y las temperaturas, los procesos vitales se ralentizan. El crecimiento de las raíces se aletarga, la fotosíntesis (ver pp. 70-71) se frena y, cuando el suelo se enfría por debajo de 10 °C (50 °F), las bulliciosas bacterias de la cadena alimentaria del suelo (ver pp. 44-45) se quedan paralizadas.

SIEMBRA, PLANTA Y PODA

Aunque apenas crece nada, pueden plantarse las semillas y los bulbos que necesitan frío invernal (ver pp. 76-77 y 99). Los arbustos y árboles caducifolios es mejor plantarlos a finales de otoño o en invierno, para que las raíces tengan tiempo de asentarse. Así

cuando llegue la primavera los pelos radiculares (ver pp. 104-105) estarán listos para absorber nutrientes y agua. La inactividad invernal (ver pp. 152-153) es el momento ideal para podar muchas plantas leñosas (ver pp. 168-169). En los días más oscuros del año (ver pp. 160-161) puedes proteger las plantas que resisten peor el frío (ver pp. 80-81) poniendo una capa gruesa de compost alrededor de su base en otoño.

NO TENGAS PRISA EN ARREGLAR Y CORTAR

Muchas páginas web y libros de jardinería aseguran que el invierno es el momento ideal para arreglar el caos creado por el material vegetal muerto y para

Jardín invernal A inicios de invierno es un buen momento para plantar y poner mantillo. Olvídate de poner orden hasta la primavera.

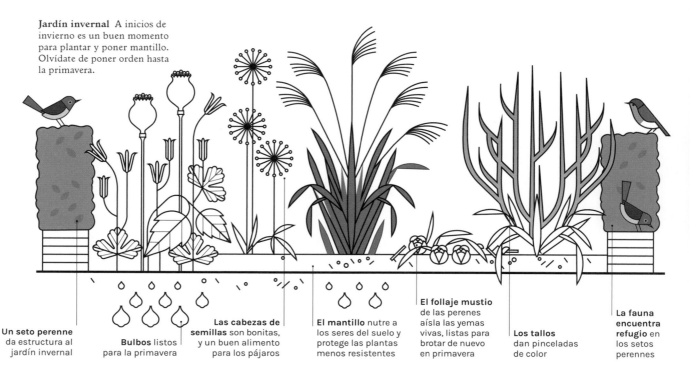

Un seto perenne da estructura al jardín invernal

Bulbos listos para la primavera

Las cabezas de semillas son bonitas, y un buen alimento para los pájaros

El mantillo nutre a los seres del suelo y protege las plantas menos resistentes

El follaje mustio de las perenes aísla las yemas vivas, listas para brotar de nuevo en primavera

Los tallos dan pinceladas de color

La fauna encuentra refugio en los setos perennes

remover las zonas de terreno desnudo a fin de airear el suelo. Hoy sabemos que esto no es adecuado, pues, aunque puede hacer que te sientas bien, no es bueno para el suelo y las plantas ni para la fauna.

Tradicionalmente, se aprovecha el invierno para recortar las partes marchitas de las perennes herbáceas, como la *Crocosmia*, la *Rudbeckia* y la *Nepeta* (menta gatuna), justo por encima de la base inactiva para que la parcela esté pulcra y a veces para evitar que las semillas caigan y germinen. Pero al hacerlo, se eliminan las cabezuelas y las cabezas de semillas que aportan estructura e interés durante los meses más sombríos, y se arrebata a aves e insectos su hábitat y su suministro de alimento. Así pues, es mucho mejor dejar esta tarea para la primavera. Además, los tallos y el follaje de la temporada anterior protegen las yemas y raíces de las plantas menos resistentes, como las campanitas, que mueren si se recortan demasiado pronto, y cubren y protegen el suelo de la erosión y el deterioro durante el duro invierno.

Las hojas caídas deben considerarse parte del ciclo de la vida. Si se dejan en el suelo o en la base de los setos, a medida que se descomponen reaprovisionan el suelo de nutrientes y repostan su red alimentaria. Debes retirar con el rastrillo las hojas del césped y las plantas para evitar que sofoquen el crecimiento. Puedes añadirlas a la pila de compost o ponerlas en otro montón para hacer mantillo de hojas (ver pp. 190-191).

NUTRE EL SUELO

Remover la tierra en invierno es un buen ejercicio físico, pero con cada palada cortas fibras fúngicas que nutren las plantas y destrozas los túneles diminutos hechos por los gusanos que permiten el paso del agua y el aire. Además, dejas al descubierto bacterias que consumen carbono, haciendo que empiecen a digerir la materia orgánica del suelo y a liberar bocanadas de dióxido de carbono. Quizá pienses que estás añadiendo aire al suelo (aireándolo), pero en realidad estás destruyendo su estructura y eliminando sus nutrientes. Es mucho mejor aplicar una capa de mantillo en otoño y dejar que los organismos del suelo hagan el trabajo duro (ver pp. 42-43).

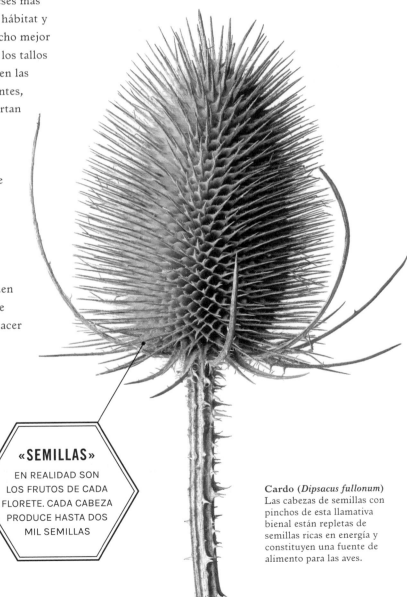

«SEMILLAS»
EN REALIDAD SON LOS FRUTOS DE CADA FLORETE. CADA CABEZA PRODUCE HASTA DOS MIL SEMILLAS

Cardo (*Dipsacus fullonum*)
Las cabezas de semillas con pinchos de esta llamativa bienal están repletas de semillas ricas en energía y constituyen una fuente de alimento para las aves.

¿CÓMO PUEDO PROTEGER LAS PLANTAS DE LAS TEMPERATURAS GÉLIDAS?

Imagina que estás fuera, el invierno se acerca y tienes los pies anclados al suelo. Así están las plantas en las regiones templadas, donde una pequeña protección adicional puede hacer que ese calvario anual sea menos dañino y más fácil de soportar.

Las plantas que no están adaptadas a tu clima (ver pp. 80-81) pueden morir en invierno si se plantan en el lugar equivocado sin protección. Planta solo las más resistentes en zonas bajas, que acumulan el aire más denso y frío. Pon las menos resistentes en zonas soleadas orientadas al sur, para que tengan mejores opciones de sobrevivir al invierno (ver pp. 36-37).

COBERTOR CALIENTE

Las telas cubresuelos pueden ayudar a proteger las plantas del frío. De hecho son uno de los métodos más usados para combatir las temperaturas bajo cero. Son útiles a principios de primavera, para proteger brotes y plantones recién plantados. A diferencia de los animales de sangre caliente, las plantas casi no generan calor, así que las telas cubresuelos solo mantienen el calor del sol. Por la noche, el calor almacenado se irradia hacia el cielo, lo que puede provocar heladas (ver pp. 118-119). Pero la tela retiene parte del calor y mantiene las plantas que tiene debajo calientes durante más tiempo.

Las telas ligeras y permeables, como la tela agrícola, suelen ser la mejor opción si quieres dejar la tela fija, pues dejan pasar la luz, la lluvia y el aire, mantienen las plantas sanas y no las aplastan al mojarse. Si usas una tela que no deja pasar la luz, como un plástico opaco, tienes que retirarla durante el día; además, deberás mantenerla a cierta distancia de las plantas con algún tipo de estructura para evitar que el peso las dañe. También puedes poner una capa aislante de paja seca alrededor de las plantas tiernas, como los bananos o los helechos arbóreos, sujeta con una tela

Cobertores para cultivos y suelo
Protege los plantones de las heladas primaverales con un cubrecultivos de tela, plástico o cristal. El mantillo aísla las plantas asentadas.

CLAVE

Calor del suelo
Luz
La luz penetra
Agua
El agua penetra

VELLÓN
Las plantas salen adelante bajo esta cobertura ligera y permeable cuando el frío aprieta. Es fácil de colocar si hay previsiones de heladas.

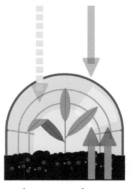

TÚNEL DE PLÁSTICO
El plástico transparente retiene el calor del suelo y de la luz del sol, pero hay que regar las plantas y ventilar bien para que estén sanas.

MARCO FRÍO
Una cubierta de plástico o de cristal mantiene las plantas aisladas y permite que entre la luz, pero hay que abrirla para ventilar durante el día.

metálica, y mantenerla seca todo el invierno con una cubierta exterior de láminas de polietileno. Quítala cuando suban las temperaturas a finales de primavera.

ESTRUCTURAS SÓLIDAS

Las campanas de plástico transparente, los túneles de polietileno, los marcos fríos bajos y los invernaderos también atrapan los rayos de sol durante el día elevando las temperaturas diurnas, pero como no están aislados, no hacen mucho más que las telas cobertoras para prevenir las bajas temperaturas nocturnas. Evitan la lluvia, lo que puede ser una ventaja en el caso de plantas inactivas que necesiten inviernos secos, pero tendrás que regar las plantas en crecimiento. También es básico que estén bien ventiladas durante el día con cubiertas que se abren, puertas o respiraderos, para que la temperatura no suba demasiado los días soleados y evitar el exceso de humedad, que aumenta el riesgo de infecciones fúngicas y podredumbre.

Los vientos invernales pueden dañar las plantas expuestas, ya que eliminan la humedad y secan las hojas hasta marchitarlas (ver pp. 118-119). Las telas cobertoras protegen del viento, aunque también pueden salir volando, mientras que los invernaderos y los marcos fríos son una protección formidable cuando las plantas no pueden ponerse bajo techo. Otra alternativa útil para las parcelas expuestas consiste en proteger las plantas menos resistentes, o incluso la parcela entera, con un cinturón protector de arbustos o árboles resistentes por el lado de los vientos dominantes (ver pp. 36-37).

MANTILLO SÍ O SÍ

Los húmedos suelos arcillosos retienen el calor diurno mejor que los suelos arenosos. Pero con independencia del tipo de suelo, poner una capa aislante de compost, astillas de madera o paja alrededor de las plantas a finales de otoño hace que el suelo retenga mejor el calor y evita que las raíces se congelen. Eso puede marcar la diferencia entre el éxito y el fracaso con las plantas que tienen una resistencia media, como las dalias o el *Agapanthus*. Además, estos mantillos orgánicos resultan muy beneficiosos para la salud del suelo (ver pp. 42-43).

MANTILLO
Una capa gruesa de compost o virutas de corteza conserva el calor residual del suelo, y protege las raíces y las yemas inactivas.

Proteger las plantas más grandes
Las plantas adultas que no pueden ponerse bajo techo pueden protegerse del frío *in situ*. Hay que colocar las protecciones antes de la primera helada y retirarlas antes de que empiece el crecimiento primaveral.

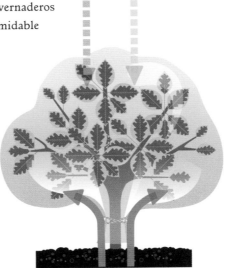

CUBIERTA DE VELLÓN
Si cubres con vellón las plantas de resistencia media les darás una protección útil frente a los gélidos vientos. La luz puede penetrar igualmente, lo que es esencial para las perennes.

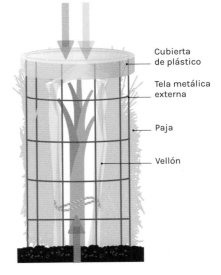

Cubierta de plástico

Tela metálica externa

Paja

Vellón

PAJA SECA
Hace falta un aislamiento grueso y seco para proteger las plantas tiernas. Coloca una capa de paja alrededor de la planta, sujétala con una malla y mantenla seca con una cubierta de plástico.

¿POR QUÉ LAS HORTALIZAS SABEN MEJOR TRAS UNA HELADA?

Algunas hortalizas de invierno no solo están preparadas para sobrevivir al frío en perfecto estado, sino que además saben mejor cuando la temperatura cae. Las coles de Bruselas son más dulces si las guardas para Navidad.

Las coles de Bruselas, el kale, las chirivías y otras hortalizas resistentes al frío tienen un sistema de defensa que se activa cuando la temperatura cae por debajo de 4 °C (39 °F). Anticipándose a las heladas, sus sensores detectan el descenso de las temperaturas y empiezan a transformar el almidón almacenado en azúcares. Luego estos azúcares actúan como un anticongelante natural en las células acuosas de la planta, evitando que los cristales de hielo las desgarren (ver p. 118-119).

ENDULZAMIENTO INDUCIDO POR FRÍO

El agua azucarada se congela a una temperatura inferior que el agua pura, lo que evita que se formen cristales de hielo en el interior de la planta, igual que la sal que se echa en la carretera impide que se forme el hielo. (El azúcar conseguiría el mismo efecto, pero los animales se pondrían en peligro si lamieran el asfalto.)

Estas hortalizas están buenas si se recolectan en otoño, pero si esperas a cosecharlas una vez pasadas las heladas sabrán mucho más dulces. Aquellas que contienen mucho almidón, como la chirivía, el colinabo y el nabo, están especialmente deliciosas gracias al efecto del endulzamiento inducido por el frío. Las hortalizas con menos almidón, como el puerro, las coles de Bruselas, el kale y las espinacas, también se vuelven más dulces. Incluso el boniato se vuelve más dulce después de una helada, siempre que haya terminado de crecer y esté bien protegido bajo el suelo.

Las patatas son la excepción que confirma la regla y deben extraerse antes de que haya riesgo de heladas. El azúcar adicional consecuencia de la exposición al frío hará que se pongan marrones mucho más rápido al freírlas o asarlas, así que parecerán quemadas.

Núcleo

Vacuola

Azúcares

Cloroplasto

Protección dulce
Cuando hace frío, las plantas resistentes producen gran cantidad de azúcar a partir del almidón almacenado. Los niveles pueden multiplicarse por diez en pocas horas. Eso evita que se formen cristales de hielo, que pueden perforar las células.

¿POR QUÉ MIS PLANTAS DE INTERIOR MUEREN EN INVIERNO?

Las plantas de interior están protegidas del clima, pero el cambio de estaciones les afecta también. La falta de luz, las corrientes de aire, la calefacción y los cuidados incorrectos pueden causarles problemas en un período en el que apenas crecen.

RIEGO

Los días cortos hay menos energía solar para la fotosíntesis y al disminuir la fabricación de alimento, los poros respiratorios (estomas) del envés de las hojas pasan más tiempo cerrados, lo que reduce la pérdida de agua a través de la transpiración (ver p. 22). Esto hace que las raíces necesiten absorber menos agua y que el suelo permanezca mojado más tiempo, así que limita el riego de forma proporcional. Recuerda que quizá tengas que aumentar la humedad alrededor de las hojas por la sequedad del aire consecuencia de la calefacción (ver pp. 120-121). El exceso de riego favorece la podredumbre, pero si riegas ocasionalmente con agua templada recrearás el entorno natural de la planta y ayudarás a mantener las raíces sanas.

LUZ Y CALOR

Aunque muchas plantas evolucionaron en una zona sombreada, puede costarles tener suficiente luz solar en invierno. Es mejor un lugar luminoso pero sin sol directo, que podría dañar sus delicadas hojas. Gíralas con frecuencia, pues los tallos sombreados pueden ponerse marrones o volverse largos pero sin hojas, al inclinarse y extenderse en busca del sol (ver p. 12).

El alféizar de una ventana no es aconsejable en invierno: si es soleado puede ser un foco de problemas. El sol intenso y las corrientes de aire frío deshidratan y dañan las hojas, al igual que lo hace el aire caliente y seco en el caso de que haya un radiador debajo. Y por la noche las temperaturas caen en picado entre las cortinas y la ventana.

CLAVE

➤ Aire seco
➤ Sol intenso
➤ Corriente de aire frío

La mayoría de las plantas de interior proceden de los trópicos y pueden sufrir daños por frío a menos de 10-15 °C (50-59 °F). Cuando las plantas están demasiado frías, a las raíces les cuesta absorber los nutrientes y los procesos vitales se detienen, ya que la barrera protectora que rodea las células de la planta se vuelve quebradiza y permeable, y el líquido del interior, denso y viscoso. Como consecuencia, las hojas pierden su coloración y se marchitan. Evítalo colocando las plantas en una estancia cálida, lejos de las corrientes de aire frío y nunca sobre un radiador. Tampoco las pongas detrás de las cortinas, ya que allí puede hacer frío por la noche.

¿PARA QUÉ SIRVE PODAR?

Cortarle las ramas a una planta puede parecer una mutilación cruel. Al fin y al cabo, ninguna planta necesita nuestra intervención para crecer, florecer o dar frutos. Pero una buena poda es esencial para mantener las plantas sanas, determinar su tamaño y su forma, y estimular una floración abundante.

ELIMINA SIEMPRE

LO MUERTO
BUSCA LAS RAMAS SECAS Y MARRONES CON LA CORTEZA MARCHITA Y SIN YEMAS SANAS.

LO ENFERMO
LOS SÍNTOMAS SON: BULTOS DUROS EN LAS RAMAS, CORTEZA QUE SUPURA O EXUDA, Y CRECIMIENTO DE HONGOS.

LO DAÑADO
CUALQUIER HERIDA EN LA CORTEZA POR ROCE ENTRE RAMAS, ROTURAS POR VIENTO O LO COMIDO POR ANIMALES.

La principal prioridad al podar es prevenir y eliminar enfermedades. Como en las personas, la piel externa de las plantas es su primera línea defensiva frente a las infecciones. Las ramas secas y muertas, o que tienen la corteza dañada, son una puerta de entrada para los posibles invasores, así que deben eliminarse o podarse de inmediato justo por encima de un brote sano. Las ramas que se cruzan se rozan entre sí y dañan la corteza, así que también hay que quitarlas. Las zonas densamente pobladas (congestionadas) de ramas y hojas en el centro de un arbusto o árbol impiden que el aire circule libremente y hacen que se acumule la humedad, creando el ambiente ideal para la proliferación de hongos causantes de enfermedades. Podar para entresacar las ramas congestionadas (ver pp. 170-171) mejora la circulación del aire y permite que la luz llegue al centro de la planta, lo que hace que a los hongos dañinos les cueste más introducirse.

DAR FORMA Y GUIAR
En el caso de los árboles, los arbustos y las trepadoras leñosas, es más fácil para ti (y menos traumático para la planta) dar a las ramas la forma deseada cuando la planta es joven, antes de que estas se desarrollen y aumenten de grosor (poda de formación). También debes atar las ramas a soportes para guiar su crecimiento mientras sea joven y flexible. La poda permite controlar la forma, el tamaño y la estructura de la planta. Muchos árboles son más fuertes con un único tronco (llamado eje central). Si el principal ápice de crecimiento se daña o si dos

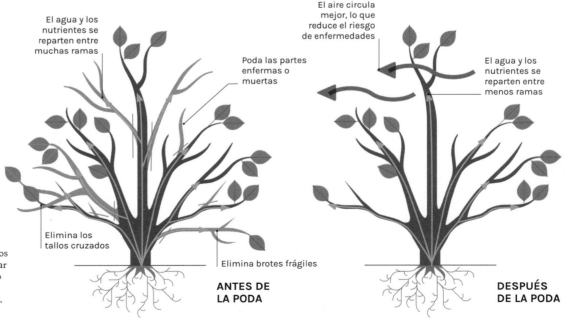

La poda básica mantiene las plantas fuertes y sanas. El entresacado elimina la congestión, de manera que los recursos del sistema radicular se reparten entre un número más reducido de ramas y el crecimiento es más vigoroso.

El agua y los nutrientes se reparten entre muchas ramas

Poda las partes enfermas o muertas

Elimina los tallos cruzados

Elimina brotes frágiles

ANTES DE LA PODA

El aire circula mejor, lo que reduce el riesgo de enfermedades

El agua y los nutrientes se reparten entre menos ramas

DESPUÉS DE LA PODA

Creación de un frutal en forma de vaso

Comprar un frutal adulto que ya ha sido podado para darle la forma deseada sale caro. Prueba a comprar un ejemplar joven y haz la poda de formación tú mismo. La opción de vaso abierto es popular y muy interesante para los árboles de jardín.

La mejor circulación del aire que ofrece la forma de vaso ayuda a prevenir la formación de mohos, bacterias y hongos causantes de enfermedades

| AÑO 1 | AÑO 2 | AÑO 3 | AÑO 4 |

Planta un árbol de dos años entre finales de otoño y principios de primavera. Corta el tallo principal justo por encima de una yema o rama, dejando la altura deseada de tronco.

Selecciona tres ramas que crezcan formando un ángulo amplio con el tronco y córtalas más o menos por la mitad a la altura de brotes que miren hacia fuera (ver p. 171). Elimina las ramas no deseadas.

Poda los brotes principales de cada rama. Corta como la mitad de lo que crecieron el año anterior para favorecer las ramificaciones. Elimina los brotes frágiles

La estructura de las ramas está formada, pero puedes continuar guiándola. Corta los brotes frágiles o los que crezcan por la parte central del árbol.

ramas compiten por el primer puesto, los árboles pueden producir un doble eje. Estos se irán separando por el peso creciente de las ramas laterales y a la larga pueden dividir el árbol en dos mitades. Evítalo podando cualquier rama secundaria que amenace con superar o competir con el tallo principal.

Algunos frutales se podan de manera que sus ramas formen un vaso con un espacio central abierto, con tres o más ramas principales que crecen uniformemente a partir de un tronco central. Esta estructura permite que el aire y la luz entren en el dosel para que crezca de forma saludable, ayuda a madurar los frutos y facilita su recolección. Se consigue eliminando el eje central del árbol joven para favorecer la formación de ramas laterales (ver arriba).

FOMENTA LOS BROTES NUEVOS

A veces las ramas viejas e improductivas impiden que la planta prospere, agotando sus valiosos recursos. Si están peladas o no florecen, es mejor cortarlas de raíz. Así la planta podrá usar la energía para que crezcan nuevos brotes y evitarás que las ramas se enreden y se congestionen. Una vez asentados, a los tres o cuatro años, los arbustos que forman agrupaciones de tallos erguidos, como la rosa japonesa (*Kerria japonica*), la celinda (*Philadelphus*) y el grosellero negro (*Ribes nigrum*), se benefician de un entresacado anual de una cuarta parte de las ramas. Muchos arbustos viejos y desmedidos pueden disfrutar de una segunda oportunidad si se podan hasta cerca de la base.

Los arbustos y trepadoras vigorosos por naturaleza que florecen en verano, como los rosales arbustivos y las rosas híbridas de té, el arbusto de las mariposas (*Buddleja davidii*) y la *Clematis*, que florece a finales de verano, son tan enérgicos que podarlos tempranamente todos los años dándoles una forma redondeada hace que crezcan más compactos y que produzcan flores más grandes y espectaculares. Otros arbustos pueden podarse a conciencia a principios de año, no para potenciar la floración sino para que conserven su aspecto joven y hermoso. Entre ellos están el cornejo (*Cornus sanguinea*), que tiene los tallos jóvenes cubiertos de una preciosa corteza naranja, y también el saúco (*Sambucus*) y el árbol de las pelucas (*Cotinus coggygria*), que producen nuevas hojas más grandes y exuberantes.

¿QUÉ OCURRE CUANDO HAGO UN CORTE DE PODA?

Para un animal perder una extremidad puede representar la muerte, pero en un vegetal, perder una rama no es grave. Las plantas cicatrizan bien, pueden rejuvenecerse con la poda (ver pp. 164-165) y se regeneran de forma predecible, lo que te permite decidir cuál es el mejor sitio para cortar.

Tras hacer un corte de poda, las yemas laterales que hay más abajo empiezan a crecer. Las plantas solo pueden regenerarse a través de las yemas, en las que las células embrionarias del meristemo que se dividen para producir nuevos brotes están perfectamente agrupadas (ver pp. 136-137). El crecimiento de la planta suele encauzarse hacia la punta, o ápice, de los brotes que apuntan hacia arriba. Eso ayuda a aumentar la producción de alimento, ya que permite que los tallos se extiendan hacia la luz del sol y recojan más energía vital en las hojas.

DOMINANCIA APICAL

Para que las ramas laterales no desvíen los recursos de este crecimiento ascendente, el ápice del brote mitiga su desarrollo químicamente liberando una hormona llamada auxina, que desciende por el tallo eliminando cualquier yema lateral que encuentre a su paso, lo que causa un efecto de dominancia apical. Esta determina la forma de las plantas tanto en su crecimiento natural como tras la poda. Si cortas el ápice de crecimiento, el flujo de auxina cesa al instante, permitiendo que los azúcares reservados para el crecimiento apical lleguen a las yemas laterales. Las yemas más cercanas a la punta amputada eran las más afectadas por la auxina y por tanto responderán creciendo de forma más vigorosa. Aparecerán más ramas y la planta se volverá más tupida. Así se puede

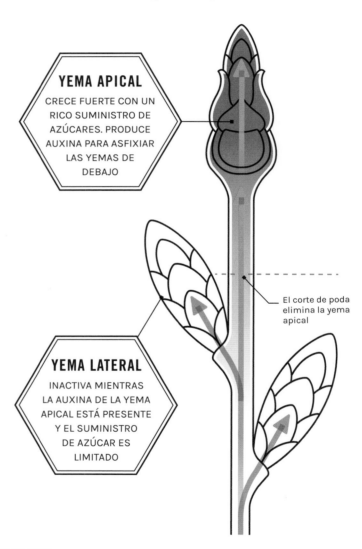

YEMA APICAL
CRECE FUERTE CON UN RICO SUMINISTRO DE AZÚCARES. PRODUCE AUXINA PARA ASFIXIAR LAS YEMAS DE DEBAJO

El corte de poda elimina la yema apical

YEMA LATERAL
INACTIVA MIENTRAS LA AUXINA DE LA YEMA APICAL ESTÁ PRESENTE Y EL SUMINISTRO DE AZÚCAR ES LIMITADO

YEMA APICAL

Las ramas se extienden hacia las yemas apicales de la punta y su dominancia las estimula a crecer hacia la luz.

Dominancia apical

En las plantas leñosas, el crecimiento se concentra en la punta, o ápice, de la rama, hasta el punto de que las yemas laterales que hay más abajo no crecen debido al flujo de la hormona auxina, en un proceso llamado dominancia apical. La poda altera esta dominancia.

mejorar el aspecto y la floración potencial de muchas plantas de jardín. En un árbol, una de las ramas nuevas puede crecer hacia arriba y convertirse en la yema apical dominante o brote principal. Los brotes que crecen tras la poda están sobrealimentados gracias al suministro creciente de agua y nutrientes.

CURACIÓN

Cuando se le hace un corte, la planta puede sufrir los mismos problemas que nosotros: hemorragias e infecciones. Como las plantas no tienen un corazón, la pérdida de savia rara vez es letal. Las infecciones, en cambio, sí son peligrosas. Nosotros tenemos células inmunitarias en la sangre que reparan la herida. Pero en el caso de las plantas no es así. A los pocos minutos de que se produzca el corte, la superficie cortada

produce una sustancia que hace un sellado físico. La lignina, dura como la madera, endurece la superficie, mientras que una sustancia cerosa llamada suberina forma una costra impermeable (callo). Pero estas heridas no se curan como las nuestras. Las partes dañadas de la planta no pueden arreglarse y por tanto son puestas en cuarentena. Se forma una barrera protectora interna en un proceso de compartimentación.

Cualquier resto de tejido que quede por encima de una yema sana en crecimiento será compartimentado rápidamente y poco a poco, al cortarse el suministro de agua y nutrientes, morirá. Cuanto más grande el resto, mayor el riesgo de que se infecte por hongos o bacterias. Así pues, los cortes de poda (ver pp. 170-171) deben hacerse siempre lo más cerca posible de una yema sana.

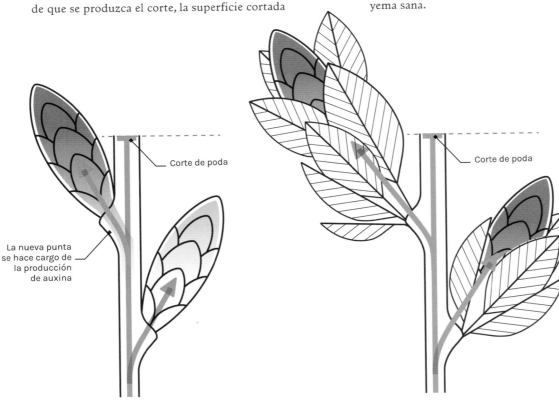

Corte de poda

La nueva punta se hace cargo de la producción de auxina

Corte de poda

PODA DE LAS PUNTAS

Cortar la yema apical activa las yemas laterales debido al cambio de hormonas y a la disponibilidad repentina de azúcares.

CRECIMIENTO LATERAL

Las yemas de la punta del nuevo brote empiezan a crecer, haciendo que la planta sea más tupida tras la poda. La yema bajo el corte asume la dominancia apical.

Clave

■ Auxina

➤ Azúcares

¿HAY UNA ÉPOCA DEL AÑO ADECUADA PARA PODAR?

Todas las plantas tienen una época idónea para la poda, que es importante para mejorar la floración y la producción de frutos, y para prevenir los daños por heladas. Pero lo cierto es que la mayoría se recuperan si se podan por error en un momento incorrecto del año.

No hay una sola pauta para podar todas las plantas. Ayuda recordar que las plantas suelen descansar en invierno y llevan a cabo la mayor parte del crecimiento en primavera y verano. Pero lo que determina cuál es el mejor momento para podar son los hábitos de crecimiento y floración de cada especie.

PODA A FONDO CUANDO ESTÁN INACTIVAS

En general, el invierno es buen momento para una poda a fondo de los arbustos y árboles caducifolios, porque luego disponen de toda una temporada para recuperarse y rebrotar. En el invierno, estas plantas están inactivas: solo mantienen las funciones vitales más esenciales y todos los azúcares y los nutrientes de sus hojas están almacenados en las raíces y el tronco. En este estado sin hojas y sin crecimiento, la estructura de las ramas y las yemas es claramente visible, lo que ayuda a hacer cortes limpios y correctos. Una planta inactiva dispone de mucha energía para producir nuevos brotes en primavera. Por eso se dice que podar en invierno estimula el crecimiento, mientras que podar en verano para eliminar las ramas frondosas reduce los recursos energéticos de la planta y limita el crecimiento (ver pp. 172-173).

Cuando está inactiva, no obstante, la planta no puede hacer mucho para curarse, así que es mejor podar durante la segunda mitad del invierno, cuando no quede mucho para la primavera. Las heridas abiertas son especialmente vulnerables a las heladas durante los 10 días siguientes a la poda, así que si se anuncia una ola de frío guarda las tijeras de podar hasta que el tiempo mejore. No podes las perennes hasta bien entrada la primavera, cuando el riesgo de heladas haya pasado por completo, porque sus nuevos brotes son tiernos y se dañan fácilmente.

Hay algunas plantas caducifolias para las que la poda invernal puede ser perjudicial. Así, por ejemplo, los árboles que producen frutos con hueso (*Prunus*)

CLAVE

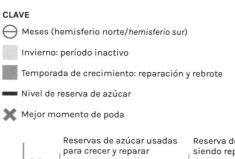

- Meses (hemisferio norte/*hemisferio sur*)
- Invierno: período inactivo
- Temporada de crecimiento: reparación y rebrote
- Nivel de reserva de azúcar
- ✕ Mejor momento de poda

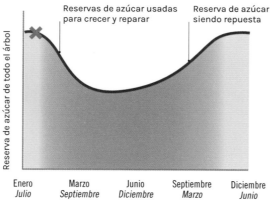

Reservas de azúcar usadas para crecer y reparar

Reserva de azúcar siendo repuesta

Reserva de azúcar de todo el árbol

| Enero *Julio* | Marzo *Septiembre* | Junio *Diciembre* | Septiembre *Marzo* | Diciembre *Junio* |

Cuándo podar durante el período de inactividad
A finales de invierno es el mejor momento para podar la mayor parte de las plantas leñosas caducifolias, cuando disponen de muchas reservas de azúcar para producir nuevos brotes y pueden curar rápidamente los cortes.

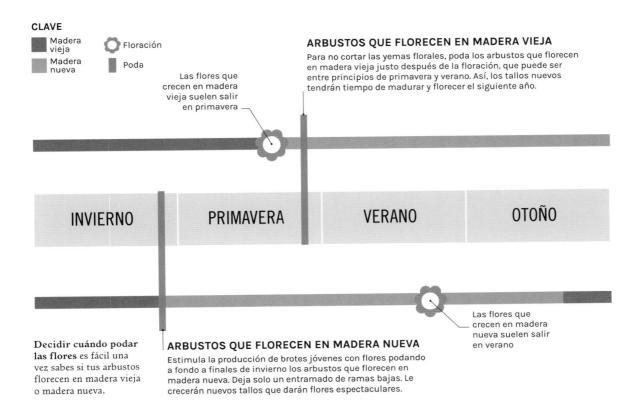

CLAVE

■ Madera vieja
■ Madera nueva

○ Floración
▮ Poda

ARBUSTOS QUE FLORECEN EN MADERA VIEJA
Para no cortar las yemas florales, poda los arbustos que florecen en madera vieja justo después de la floración, que puede ser entre principios de primavera y verano. Así, los tallos nuevos tendrán tiempo de madurar y florecer el siguiente año.

Las flores que crecen en madera vieja suelen salir en primavera

INVIERNO **PRIMAVERA** **VERANO** **OTOÑO**

Las flores que crecen en madera nueva suelen salir en verano

Decidir cuándo podar las flores es fácil una vez sabes si tus arbustos florecen en madera vieja o madera nueva.

ARBUSTOS QUE FLORECEN EN MADERA NUEVA
Estimula la producción de brotes jóvenes con flores podando a fondo a finales de invierno los arbustos que florecen en madera nueva. Deja solo un entramado de ramas bajas. Le crecerán nuevos tallos que darán flores espectaculares.

en invierno son vulnerables a infecciones específicas (cancro bacteriano y la enfermedad de la hoja plateada), por lo que es mejor podarlos en verano. Algunas plantas leñosas, como los nogales (*Juglans*), los abedules (*Betula*), los arces (*Acer*) y las higueras (*Ficus*), empiezan a canalizar la savia desde las raíces hacia arriba muy pronto y «sangrarán» profusamente si se podan demasiado tarde en invierno.

PODAR PARA ESTIMULAR LA FLORACIÓN

Cuando se podan arbustos y trepadoras plantadas por sus flores, es útil saber si estas crecen en madera «nueva» o «vieja». Algunos arbustos, como la *Buddleja davidii*, la resistente *Fuchsia*, el *Hibiscus*, la *Hydrangea paniculata* y la *Spiraea japonica*, florecen desde

mediados de verano en tallos nuevos que han crecido esa primavera (madera nueva). Es mejor podarlos a fondo a finales de invierno, para que los brotes nuevos dispongan de tiempo para crecer, madurar y florecer. Otros (*Chaenomeles*, *Forsythia*, *Syringa*/lilac, *Weigela*) producen flores en tallos del año anterior (madera vieja). Estos arbustos suelen florecer antes y es mejor podarlos después de que las flores se hayan marchitado, para que los nuevos brotes tengan tiempo de madurar y puedan producir flores el siguiente año. Así eliminas además el riesgo de podar la madera vieja que debe florecer y, sin querer, destruir las flores de ese año. En caso de duda, no podes ningún arbusto que florezca antes de junio ni en invierno ni antes de florecer.

¿IMPORTA DÓNDE HAGO EL CORTE DE PODA?

Es importante saber dónde y cómo cortar al podar. Parece complicado, pero básicamente hay dos opciones: cortar del todo la rama o el tallo por la base o eliminar una parte de la rama o del tallo cortando por un punto concreto a lo largo de su longitud.

Antes de empezar, recuerda que la planta necesita mucha energía para recuperarse de una herida. Muchas plantas leñosas soportan una poda a fondo, pero en caso de duda no elimines más de una quinta parte de las ramas de golpe. Empieza con un objetivo claro y cada poco da un paso atrás para hacerte una idea general de tu progreso. Es preferible empezar cortando poco; siempre estás a tiempo de podar más si es necesario.

Los cortes de poda son una puerta abierta para las infecciones, así que es importante usar herramientas afiladas para hacer cortes limpios que cicatricen rápido. Es aconsejable limpiar y esterilizar las cuchillas, aunque no hay pruebas de que las enfermedades se transmitan a través de las herramientas. Las pinturas cicatrizantes u otros tratamientos de superficie no deben aplicarse nunca sobre los cortes, puesto que dificultan su curación y no previenen las infecciones.

CORTA POR ENCIMA DE UNA YEMA SANA

Acortar la longitud de un tallo o una rama con lo que se conoce como un «corte de cabeza» consiste en cortar la punta en crecimiento. Así eliminas la dominancia apical (ver pp. 166-167) que ejercía y desvías los nutrientes hacia las yemas laterales que están por debajo del corte, favoreciendo un crecimiento más tupido. Tras la poda, la planta solo puede rebrotar a través de las yemas, así que los cortes deben hacerse justo por encima de una yema sana y lo más cerca posible de ella, porque todo el tejido que quede sobre esta será compartimentado, como parte de la reacción de la planta frente a la herida, y

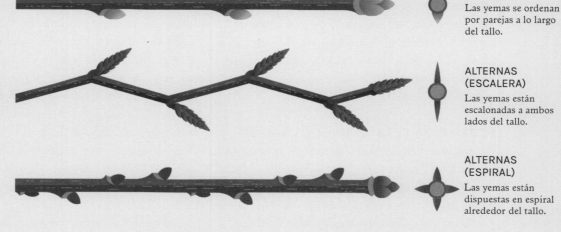

LA DISPOSICIÓN
de las yemas varía entre especies e influye en el crecimiento tras la poda. Corta por encima de una yema alterna para activar el crecimiento en la dirección deseada. Las dos yemas opuestas crecen por igual después de la poda.

OPUESTAS
Las yemas se ordenan por parejas a lo largo del tallo.

ALTERNAS (ESCALERA)
Las yemas están escalonadas a ambos lados del tallo.

ALTERNAS (ESPIRAL)
Las yemas están dispuestas en espiral alrededor del tallo.

morirá (ver pp. 166-167). Esa madera muerta es un terreno fértil para las infecciones, así que los muñones sobre la yema deben ser tan cortos como sea posible. Para dirigir el nuevo brote tras la poda, corta justo sobre la yema en la dirección deseada. Los jardineros suelen podar por una yema que «mire hacia fuera», en dirección contraria al centro de la planta, para evitar que las ramas se abarroten y congestionen (ver pp. 164-165). Eso es fácil cuando las yemas están escalonadas a lo largo de ambos lados del tallo, de forma alterna. Pero algunas plantas, como la *Clematis*, tienen las yemas dispuestas por parejas, una justo enfrente de la otra; en ese caso solo hay dos opciones: o cortar sobre la pareja para que salgan dos brotes nuevos o cortar en diagonal para eliminar una de las yemas y dirigir el nuevo brote.

En muchos sitios recomiendan hacer el corte con un ángulo aproximado de 45° con respecto a las yemas alternas, para que el agua se escurra y el muñón sobre la yema sea corto, lo que supuestamente ayuda a prevenir las infecciones fúngicas. Eso es una leyenda urbana, porque una herida inclinada es más grande que una perpendicular, por lo que es más difícil de reparar. Los estudios demuestran que un corte limpio y plano justo por encima de la yema se cura con mayor rapidez y es la mejor garantía contra las infecciones.

CUIDA DEL CUELLO DE LA RAMA

Los cortes de reducción se hacen para rebajar el número total de ramas: se eliminan las muertas o dañadas, disminuyendo la congestión y permitiendo que el aire y la luz del sol lleguen al centro de la planta (ver pp. 164-165). También proporcionan a los árboles y los arbustos una estructura más definida y pulcra.

Durante mucho tiempo se pensó que cortar una rama hasta el tronco favorecía la curación. Hoy sabemos que el leve abultamiento de la base de la rama (el cuello), está lleno de células especializadas en combatir heridas, que producen sustancias químicas antifúngicas y que se extienden poco a poco para cubrir y proteger la herida. Serrar una rama por el tronco no solo deja un gran corte, sino que además destruye el cuello, saboteando su capacidad de sanación. Corta verticalmente justo por la parte exterior del cuello o, si no es visible, poda dejando un muñón corto.

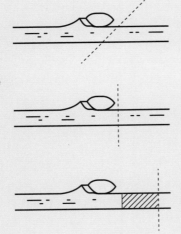

LOS CORTES
de poda deben hacerse con cuidado porque su ubicación e inclinación influyen en la capacidad de la planta para sanar e impedir las infecciones.

CORTE EN ÁNGULO
Un corte con un ángulo de 45° con respecto a la yema produce una herida más grande.

CORTE RECTO
Un corte perpendicular al tallo, justo encima de la yema, produce una herida pequeña que se cura más deprisa.

MUÑÓN LARGO
Un corte muy por encima de la yema deja una sección innecesaria de tallo que acabará muriendo.

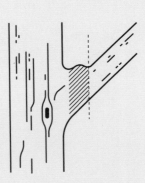

CUELLO DE LA RAMA
Un corte vertical en la parte externa del cuello de la rama produce una herida pequeña y facilita la curación.

¿DEBO GUIAR LOS FRUTALES ATÁNDOLOS A UN MURO O VALLA?

A muchos jardineros les gustaría tener un frutal, pero les preocupa no tener espacio suficiente. La solución está en guiar los frutales atándolos a muros, vallas u otras estructuras verticales, donde quedarán bonitos y serán productivos.

El crecimiento de los árboles jóvenes puede guiarse inclinando y fijando los brotes tiernos en la posición deseada antes de que se endurezcan. Guiar un árbol por una superficie plana o a lo largo de alambres y controlar su crecimiento con la poda tiene ventajas: ocupa poco espacio; las ramas son fáciles de alcanzar para podar y para recoger los frutos; las flores y los frutos pueden protegerse de las heladas y los pájaros; y su forma puede ser más decorativa. Al abrigo de una estructura orientada al sur, los frutos se desarrollan y maduran más rápido, ya que el muro refleja el calor y acelera las reacciones químicas de la maduración.

POR QUÉ SON MÁS PRODUCTIVOS

Un frutal produce dos tipos de yemas: las destinadas a ser brotes nuevos y hojas, y las que darán flores. Las yemas de las ramas que apuntan hacia arriba se llenan de auxina, que reprime el crecimiento. Esta fluye desde la yema apical de la punta en crecimiento (ver pp. 164-167) y forma yemas finas que solo dan hojas y solo brotan si la punta de crecimiento se daña o se pierde. Las yemas de las ramas que se guían hacia los lados tienen muy poca auxina, o nada, así que dan más brotes capaces de desarrollar yemas florales. Esto, junto a otras sustancias que activan la floración, hace más productivas las ramas que se guían alejándolas de la posición vertical. Por eso, los frutales que se guían atándolos a muros y vallas suelen ser más productivos.

PODAR Y GUIAR

Con un poco de paciencia, puedes guiar y dar forma al frutal joven tú mismo. O bien comprar uno que ya ha sido guiado total o parcialmente. La mayoría de los que se plantan para ser guiados se han injertado en un portainjerto enano o semienano (ver pp. 90-91) para mantener bajo control su crecimiento, que es vigoroso por naturaleza, y hacer que dé frutos abundantes. En cuanto el árbol adquiere su forma final (ver derecha) debe podarse con cuidado para controlar su crecimiento y su floración. Un frutal no guiado suele podarse en invierno, cuando su reserva de almidón es alta, para estimular el crecimiento (ver pp. 168-169), pero si lo has fijado a un muro o valla es mejor en verano, con su reserva de azúcar baja, para reducir la producción de nuevos brotes.

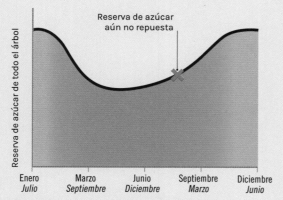

Cuándo podar para limitar el crecimiento La poda estival mantiene los árboles compactos, porque el tiempo disponible para echar brotes nuevos antes del otoño es limitado y las reservas de azúcar para estimular el crecimiento son bajas.

CLAVE

⊖ Meses (hemisferio norte/hemisferio sur)

▨ Invierno: período inactivo

▨ Temporada de crecimiento: reparación y rebrote

▬ Nivel de la reserva de azúcar

✖ Mejor momento de poda para limitar el crecimiento

Guía de frutales

Los frutales pueden guiarse de varias formas. Selecciona la que mejor se adapte a tu espacio y variedad. Las ramas en un ángulo de 45-60° con la vertical dan brotes uniformes y son más fáciles de mantener.

FORMAS DE LOS FRUTALES

Al guiarlos se altera el flujo de auxina, que asfixia las yemas laterales desde las principales puntas de crecimiento. Colocar las ramas en ángulo con la vertical reduce el flujo de auxina y el crecimiento de brotes, lo que, combinado con otros factores, permite que se formen más yemas florales y que la producción de frutos sea más abundante.

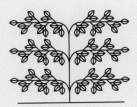

Cordón vertical
Ideal cuando se dispone de poco espacio
Adecuado para: manzanos, perales, ciruelos

Abanico
Para cualquier espacio
Adecuado para: manzanos, perales, higueras, ciruelos, melocotoneros, cerezos

Espaldera
Preferible en caso de vallas o muros altos
Adecuado para: manzanos, perales

FLUJO DE AUXINA PROCEDENTE DE LA PUNTA DE LA RAMA

ALTO cerca de la punta en crecimiento
BAJO más abajo en el tronco

MÁS UNIFORME en toda su longitud y por los lados

BAJO a lo largo de la rama (pero la auxina de los brotes verticales se acumula en la base)

EFECTO EN EL CRECIMIENTO DE LOS BROTES Y LA FORMACIÓN DE YEMAS FLORALES

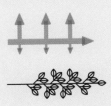

Brotes laterales superiores: vigor **BAJO**
Brotes laterales inferiores: vigor **ALTO**
Formación de yemas florales: **BAJA**

Brotes laterales: vigor **MEDIO**
Formación de yemas florales: **MEDIA**

Brotes laterales superiores: vigor **ALTO**
Brotes laterales inferiores: vigor **BAJO**
Formación de yemas florales: **ALTA**

174

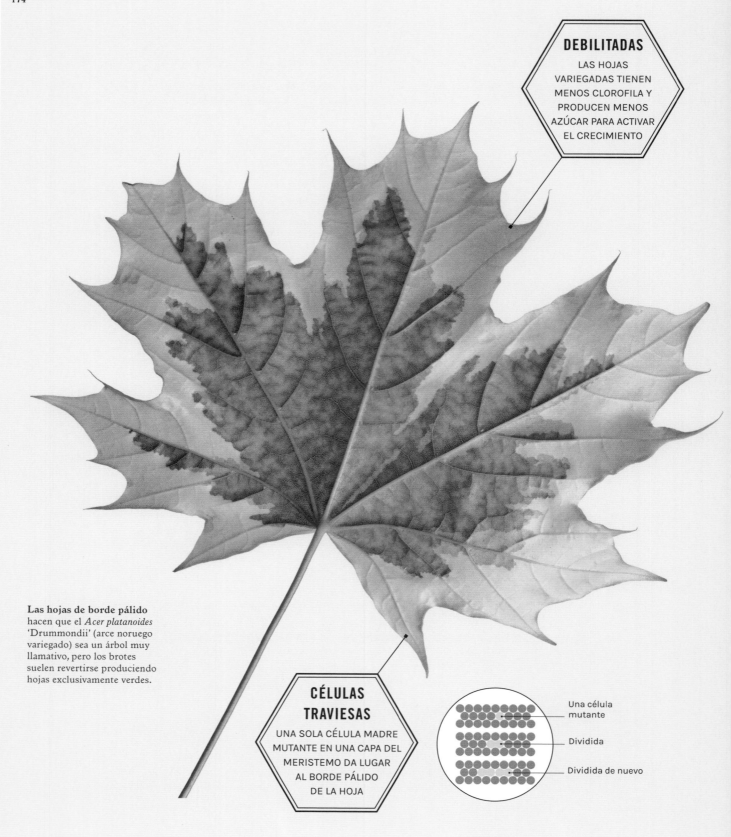

DEBILITADAS

LAS HOJAS
VARIEGADAS TIENEN
MENOS CLOROFILA Y
PRODUCEN MENOS
AZÚCAR PARA ACTIVAR
EL CRECIMIENTO

Las hojas de borde pálido
hacen que el *Acer platanoides*
'Drummondii' (arce noruego
variegado) sea un árbol muy
llamativo, pero los brotes
suelen revertirse produciendo
hojas exclusivamente verdes.

**CÉLULAS
TRAVIESAS**

UNA SOLA CÉLULA MADRE
MUTANTE EN UNA CAPA DEL
MERISTEMO DA LUGAR
AL BORDE PÁLIDO
DE LA HOJA

Una célula
mutante

Dividida

Dividida de nuevo

¿POR QUÉ SE ESTÁ VOLVIENDO VERDE MI PLANTA BICOLOR?

Las hojas de dos colores (variegadas) ofrecen un atractivo contraste en medio de tanta planta verde. A veces, estas apreciadas plantas echan un brote que solo tiene hojas verdes. Esto se conoce como reversión y es una curiosidad genética.

Las variedades de plantas variegadas se suelen originar a partir de un tallo con unas curiosas hojas bicolores que aparece en una planta que normalmente tiene las hojas verdes. Algún cultivador con buen ojo debió de descubrirlo, cortó uno de estos tallos y lo cultivó como injerto (ver pp. 90-91) o esqueje (ver pp. 184-185), y con el tiempo lo comercializó como una nueva variedad.

UNA MUTACIÓN ATRACTIVA

Pero por lo que a las plantas se refiere, las hojas variegadas son defectuosas. Las causa un error genético parcial en una de las células madre que se dividen rápidamente dentro de la punta en crecimiento (meristemo) (ver pp. 136-137). Esta célula anómala es de color pálido, ya que es incapaz de producir clorofila y, dado que mientras crece sigue dividiéndose, produce una capa entera de células con ese mismo error en la hoja.

Estas mutaciones a veces son inestables, es decir, que pueden corregirse durante el crecimiento, haciendo que aparezcan hojas verdes en las plantas variegadas. Eso se llama reversión. Dado que estas hojas verdes genéticamente superiores tienen una dotación completa de clorofila, fabrican más azúcar que sus vecinas bicolores y crecerán más vigorosamente, llegando con el tiempo a dominar y haciendo que la planta vuelva a ser solo verde. Así pues, si se produce una reversión es mejor podarla cuanto antes. A veces, sobre todo en los acebos variegados, aparece un brote con hojas blancas o amarillentas. Estas hojas, que no tienen nada de clorofila, son incluso más frágiles que las variegadas y deben arrancarse.

CHUPONES DE RÁPIDO CRECIMIENTO

Los brotes de hojas verdes también pueden aparecer en las plantas injertadas (ver pp. 90-91). Estos chupones proceden del portainjerto y salen o bien debajo del suelo o cerca del nivel del suelo. Los chupones son la parte del portainjerto que intenta reafirmarse y suelen ser fáciles de reconocer porque tienen las hojas ligeramente distintas, y a veces flores y frutos diferentes a los de la variedad seleccionada por ti. Como en el caso de la reversión, los chupones crecen más rápido que el resto de la planta y, si no se hace nada, acaban imponiéndose.

Debes eliminar cualquier brote que salga de debajo del injerto. Pódalo cerca del tronco. Si ha salido de debajo del suelo, es mejor arrancarlo, ya que de este modo eliminarás cualquier yema que haya podido quedar oculta en la base que pudiera rebrotar. Si es demasiado duro, cava y córtalo.

Hojas variegadas

REVERTIDO
LA VARIEGACIÓN SE PIERDE CUANDO LA INESTABLE MUTACIÓN QUE LA CAUSA SE CORRIGE EN EL CRECIMIENTO

Rama con hojas revertidas

¿PUEDO RECOLECTAR SEMILLAS PARA OBTENER PLANTAS NUEVAS?

El objetivo de una planta es reproducirse y la mayoría de las plantas de jardín producen semillas si se deja que la naturaleza siga su curso. Es sencillo recolectar las semillas, pero lo que salga de ellas puede no ser exactamente lo que tú esperabas.

Las semillas de las plantas que se autopolinizan (ver p. 88), como las tomateras y las capuchinas, son las más fáciles de guardar, porque solo necesitan una planta para reproducirse. Pero muchas plantas de jardín no tienen esta capacidad de autofecundación para sobrevivir. Algunas evitan la autopolinización gracias a un control genético innato que solo acepta el polen de la misma especie con un ADN distinto. Otras estructuran sus flores para impedir la autopolinización o tienen partes masculinas y femeninas que maduran en diferentes momentos (ver abajo), lo que implica que necesariamente debe haber otra planta de la misma especie cerca para producir semillas.

SEMILLAS QUE NO DEBEN GUARDARSE

Por regla general no vale la pena recolectar semillas de las plantas híbridas F1 (ver pp. 88-89). No nos darán el resultado esperado, ya que sus vástagos (la generación F2) no tendrán la misma pureza genética que sus progenitores y mostrarán una serie de características distintas, que pueden hacer que no sean buenas plantas de jardín. La polinización a través del viento o los insectos (polinización abierta) es una lotería. Por eso las variedades con nombre (cultivares) de perennes, árboles y arbustos suelen cultivarse a partir de esquejes e injertos (ver p. 90 y pp. 184-185), para que sean genéticamente idénticas a la planta original.

CLAVE

 Plantas

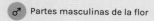 Partes femeninas de la flor

Partes masculinas de la flor

Formas de polinización

Una planta puede dar semillas ella sola si es capaz de autopolinizarse, pero muchas necesitan al menos dos plantas de la misma especie para reproducirse.

PLANTAS HERMAFRODITAS

Una sola planta da las semillas
Las flores tienen partes femeninas y masculinas, y se autopolinizan. Común entre las plantas de jardín.

TOMATERA (*Solanum lycopersicum*)

COLOMBINA (*Aquilegia*)

PLANTAS MONOICAS

Una sola planta da las semillas
En la misma planta se forman flores de distintos sexos. Estas pueden polinizarse entre sí.

CALABAZAS (*Cucurbita*)

MAÍZ (*Zea mays*)

PLANTAS DIOICAS

Se necesitan varias plantas
Cada planta produce flores de un solo sexo. La polinización cruzada es esencial. Solo las plantas femeninas producen semillas.

ACEBO (*Ilex aquifolium*)

ESPARRAGUERA (*Asparagus officinalis*)

RECOLECTAR PARA TRIUNFAR

Ahora bien, las semillas obtenidas por polinización abierta pueden producir plantas de jardín excelentes. Dejar que las plantas se reproduzcan a su aire y recolectar después sus semillas te permitirá obtener muchas plantas, y además cabe la posibilidad de que te salga algún plantón con un aspecto o unas capacidades increíbles. Propágalo a través de esquejes y podrás crear un nuevo cultivar (ver pp. 180-181).

En general vale la pena guardar las semillas de muchas plantas leñosas, anuales y bienales, y también las de perennes de tallo blando (herbáceas) que son difíciles de cultivar a partir de esquejes o no son fáciles de dividir (ver pp. 182-183). También puedes guardar las semillas de variedades de hortalizas que se fecundan por polinización abierta, entre ellas las variedades vestigiales o reliquia, así llamadas porque su semilla se ha guardado como mínimo durante 50 años. Aísla las variedades hortícolas capaces de fecundarse por polinización cruzada, como la remolacha y las habas, no poniéndolas cerca de otros cultivos emparentados, para preservar sus características únicas.

FORMAS DE GUARDARLAS

Recolecta las semillas en cuanto estén maduras. Las cabezas de semillas, que incluyen cápsulas, vainas y frutos, por regla general empiezan siendo verdes y están maduras cuando están marrones y secas, o cuando el fruto o la baya ha adquirido color.

Corta la cabeza entera y déjala madurar y secar del todo en una bolsa de papel. Luego extrae las semillas de las cápsulas y guárdalas en un lugar fresco y seco (ver p. 178). Saca las semillas de los frutos maduros, retira los restos de pulpa y déjalas secar. Luego guárdalas.

MADURA Y LISTA
ESPERA A QUE LAS CABEZAS ESTÉN SECAS Y MARRONES PARA QUE LAS SEMILLAS ESTÉN BIEN MADURAS

Cada cabeza de amapola real (*Papaver somniferum*) produce cientos de semillas diminutas que pueden sembrarse.

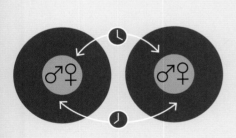

PLANTAS DICÓTOMAS

Se necesitan varias plantas
Las partes masculinas y femeninas de la planta maduran en distintos momentos, así que solo es posible la polinización cruzada.

ARO (*Arum maculatum*)

SALVIA ORNAMENTAL (*Salvia*)

¿CUÁL ES LA MEJOR FORMA DE ALMACENAR LAS SEMILLAS?

Las semillas contienen una carga viva de la que puede salir una nueva vida meses o años después de caer al suelo. La mayoría son fáciles de conservar para sembrarlas en años venideros, pero algunas requieren cuidados especiales.

Una semilla viva contiene el embrión diminuto de una planta que respira oxígeno y poco a poco va consumiendo sus reservas de grasa. La mayoría de las semillas contienen suficiente alimento para durar entre dos y cinco años, pero debe mantenerse seca y a temperatura fresca constante. La baja humedad previene el moho (infección fúngica), y el frescor ralentiza la descomposición de las reservas de grasa (ver p. 74). Antes de almacenar las semillas, asegúrate de que están completamente secas y maduras (en vez de blandas y verdes). Déjalas secar a cubierto.

GUÁRDALAS EN UN LUGAR FRESCO Y SECO

Pon las semillas limpias y secas en sobres de papel etiquetados y almacénalos en una jarra de cristal o una caja de plástico con cierre hermético. Pon un sobre de gel de sílice, pues esta sustancia higroscópica absorberá cualquier resto de humedad. La leche en polvo o el arroz secado al horno también sirven para eso: pon en el recipiente un trozo de papel de cocina, espolvoréalo con 2-3 cucharadas colmadas y coloca encima otro trozo de papel de cocina. Las semillas pueden guardarse en la nevera a 3-5 °C (37-41 °F) para almacenarlas durante mucho tiempo, pero también son viables a temperatura ambiente si las siembras el año siguiente. Los bancos de semillas las congelan, pero no es aconsejable hacerlo en casa.

Hay semillas que no se conservan bien. Es mejor sembrarlas en cuanto caen de la planta, por ejemplo los eléboros. Las magnolias, los robles y muchas plantas tropicales producen semillas recalcitrantes, que si se secan ya no germinan. Son viables durante unos tres meses si se conservan en arena húmeda dentro de una bolsa de polietileno sellada.

CLAVE

- Mejor almacenamiento a largo plazo
- Almacenamiento de semillas a corto plazo
- Posible formación de hongos
- Probable formación de hongos
- Formación rápida de hongos y muerte de las semillas

Un lugar fresco y seco
Las semillas bien secas pueden almacenarse hasta a 21 °C (70 °F). Con más temperatura y humedad, no permanecerán sanas tanto tiempo.

¿CUÁNTO TIEMPO SON VIABLES LAS SEMILLAS?

La diminuta planta viva que hay dentro de la semilla puede sobrevivir durante meses o incluso milenios. El tiempo dependerá de la especie y de cómo se recolecte y se almacene la semilla.

Algunas plantas evolucionaron para producir semillas que soportan sequías prolongadas y desastres naturales. Y aunque las semillas de la mayoría de las plantas de jardín no son viables durante tanto tiempo, las hay que pueden durar varios años.

FACTORES QUE INFLUYEN EN LA VIABILIDAD

La resistencia de una semilla depende de la genética de la planta, las condiciones del año en que se formó, su grado de humedad y la temperatura a que se almacena. Una temperatura y humedad elevadas son una sentencia de muerte para la mayoría de las semillas; es mejor guardarlas en un lugar fresco y seco (izquierda). Bien almacenadas, la mayoría permanecen viables unos 2-5 años. Las mejor equipadas para durar disponen de un revestimiento protector con sustancias químicas defensivas, y de mecanismos moleculares eficaces para reparar los daños que con el tiempo acumula el ADN. Las pequeñas semillas de las plantas anuales suelen ser longevas. La amapola común (*Papaver rhoeas*), por ejemplo, puede sobrevivir al menos 8 años en el suelo.

REVÍSALAS ANTES DE SEMBRAR

Para saber si un lote de semillas sigue siendo viable, revisa una pequeña muestra. Cuéntalas y colócalas en un trozo de papel de cocina húmedo y dentro de una bolsa de polietileno. Déjala en un lugar cálido y luminoso, y asegúrate de que el papel permanece húmedo. Si más de la mitad germinan durante las dos semanas siguientes, entonces puedes sembrarlas.

Revestimiento
Forma una barrera resistente frente al agua, microbios, hongos y rayos UV

Antioxidantes
Los flavonoides y la vitamina E previenen los daños de moléculas inestables formadas a partir del oxígeno

Reparación del ADN
Las proteínas de reparación restauran el ADN dañado cuando la semilla absorbe agua

Autopreservación Las semillas inactivas ralentizan los procesos vitales y conservan la energía, pero aun así son capaces de prevenir e incluso de reparar los daños para garantizar una buena germinación.

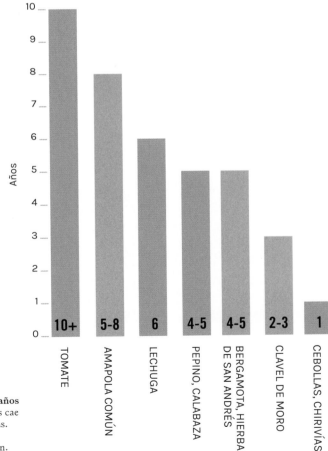

CLAVE

■ Hortalizas

■ Flores

Longevidad de las semillas en años
La viabilidad de algunas semillas cae mucho más rápido que la de otras. No guardes ni compres muchas semillas que no se conservan bien.

Especie	Años
TOMATE	10+
AMAPOLA COMÚN	5-8
LECHUGA	6
PEPINO, CALABAZA	4-5
BERGAMOTA, HIERBA DE SAN ANDRÉS	4-5
CLAVEL DE MORO	2-3
CEBOLLAS, CHIRIVÍAS	1

¿PUEDO PRODUCIR MI PROPIA VARIEDAD DE UNA PLANTA?

Los cultivadores de plantas están siempre ofreciendo nuevas variedades. Con algunos conocimientos, mucha paciencia y un poco de ojo para los detalles, cualquiera puede producir una variedad nueva.

Si una planta es polinizada por otra, cada vástago puede convertirse potencialmente en una variedad nueva. Los vástagos nacidos de polinización cruzada son una mezcla genéticamente única. En general no se diferencian demasiado de sus progenitores, pero cualquiera que destaque, quizá con flores de otro color, frutos más dulces o una mayor resistencia a alguna enfermedad, es un posible candidato a convertirse en una variedad nueva. Cuando un cultivador encuentra o crea una planta con una característica singular, empieza a reproducirla propagándola (ver pp. 136-137 y pp. 176-177) y le da un nombre (ver pp. 64-65), convirtiéndola en un cultivar («variedad cultivada»).

¿CÓMO SE CREA UN CULTIVAR NUEVO?

Algunos cultivares nuevos aparecen por mutaciones de plantas previas (ver pp. 174-175), pero la mayoría son el resultado de una reproducción sexual por polinización cruzada (ver p. 88). Los cultivadores realizan polinización cruzada deliberada (hibridación) y usan grandes invernaderos o campos para cultivar plantones. Tú puedes hacerlo a menor escala. De hecho, muchos cultivares los han creado aficionados. Hay dos formas básicas de hacerlo, que pueden combinarse.

MÉTODO DE SELECCIÓN

Permite que muchas plantas crezcan y se reproduzcan, y hay la posibilidad de que encuentres un cultivar nuevo entre sus plantones. Si encuentras una perenne singular, puedes dividirla o tomar esquejes y obtener muchos clones idénticos (ver pp. 182-185). Pero para recolectar las semillas y seguir desarrollando tu cultivar, debes identificar el espécimen y mantenerlo aislado (ver derecha), para que no haya polinización cruzada con sus vecinas normales. Luego las flores deben ser autopolinizadas o, en plantas que no lo permiten, como muchas margaritas (asteráceas), dejar que se produzca la polinización cruzada con una planta muy parecida (ver p. 176).

Si cultivas los plantones, eliminas los que no tengan la característica deseada y haces que los que la tienen se sometan a la polinización cruzada entre sí, puedes crear plantas que produzcan las mismas características generación tras generación.

POLINIZACIÓN CRUZADA DELIBERADA

Un método más preciso es la polinización cruzada deliberada (hibridación) entre dos plantas con las cualidades que deseas, como flores rojas y tamaño pequeño. Para hacerlo, primero corta los estambres masculinos cubiertos de polen de una planta con flores rojas (para evitar la autopolinización) y luego roza sus estigmas femeninos con el polen de una planta pequeña. Hazlo después a la inversa, usando distintas flores de las mismas plantas, para que puedas recolectar semillas de todas.

Las semillas producirán la primera generación (F1) (ver p. 89) de tu hibridación. Los plantones podrían ser todos parecidos porque el código genético de un progenitor a veces domina sobre el del otro, pero si haces que estas plantas F1 se polinicen de forma cruzada, los rasgos de los genes suprimidos (recesivos) deberían reaparecer en la siguiente generación (F2). A veces polinizar de forma cruzada las plantas F1 con los progenitores originales (retrocruzamiento) también sirve para conseguir el rasgo deseado.

Mutación

Los brotes con características insólitas, como hojas variegadas, pueden aparecer de manera espontánea. La propagación vegetativa (ver pp. 136-137) producirá más plantas con este nuevo rasgo.

MUTACIÓN VARIEGADA
EN UNA PLANTA VERDE

LA PROPAGACIÓN DA
PLANTAS VARIEGADAS

Selección

Si cultivas muchas plantas, la reproducción sexual puede dar por casualidad un ejemplar especial. Aísla dicha planta, recolecta sus semillas autopolinizadas (ver p. 88) y cultiva los plantones, que deberían tener esa característica.

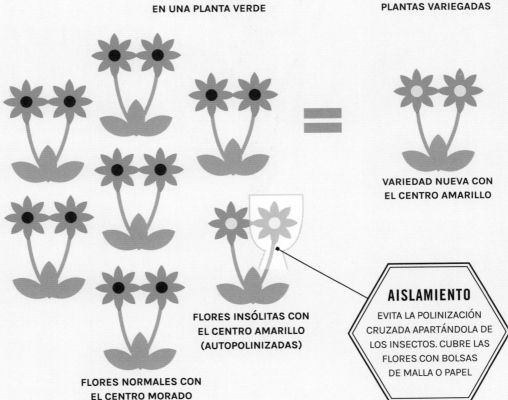

VARIEDAD NUEVA CON
EL CENTRO AMARILLO

FLORES INSÓLITAS CON
EL CENTRO AMARILLO
(AUTOPOLINIZADAS)

FLORES NORMALES CON
EL CENTRO MORADO

AISLAMIENTO

EVITA LA POLINIZACIÓN CRUZADA APARTÁNDOLA DE LOS INSECTOS. CUBRE LAS FLORES CON BOLSAS DE MALLA O PAPEL

Polinización cruzada

Selecciona dos plantas con rasgos que quieras combinar y poliniza de forma cruzada sus flores. En este caso se cruzan tomates con distinto color y forma para crear un cultivar nuevo.

TOMATE PERA
ROJO

TOMATE
ESTÁNDAR
AMARILLO

TOMATE PERA
AMARILLO

BROTES

LOS TALLOS Y HOJAS
NUEVOS SALEN DE LAS
YEMAS DE LA CORONA
DE LA PLANTA, A NIVEL
DEL SUELO O JUSTO
POR ENCIMA.

Los brotes salen
de las células
embrionarias de
los meristemos
auxiliares y apicales

Las hojas
en desarrollo
protegen el
brote

Las heucheras son más bonitas
cuando son jóvenes. Si el ejemplar
está asentado, pueden cortarse partes
con brotes y raíces fuertes para crear
una generación nueva.

SI DIVIDO
UNA PLANTA,
¿SE MORIRÁ?

Imagina: querías arrancar una mala hierba pero
acabas por cortar tu perenne favorita, que estaba
echando brotes nuevos. ¡No te desesperes! Más bien
sorpréndete con el poder regenerador de las plantas.

Para muchas plantas, que las corten por la mitad no es una
sentencia de muerte. Nada más lejos de la realidad: gracias a su
capacidad para clonarse (ver pp. 136-137), las plantas herbáceas
(no leñosas) que crecen en macizos pueden extraerse y dividirse
en partes, que seguirán creciendo como plantas independientes.

DE UNA, MUCHAS

Plantas como la *Rudbeckia* (rubequia) se reproducen hacia los
lados, cada tallo un clon del siguiente, con una bola de tejido
embrionario (meristemo) en la base (ver pp. 136-137) y la raíz
debajo. Cada unidad tallo-raíz puede separarse y plantarse como
una planta independiente. Al dividir una planta no solo obtendrás
más plantas gratis, sino que además darás a cada una de ellas un
nuevo aliento de vida, ya que obtendrán un nuevo suministro de
agua, luz y nutrientes sin competencia. No te preocupes por las
heridas de la planta: justo después de cortarlas, la mayoría envían
señales de laceración química y producen sustancias defensivas,
como los antibióticos, para evitar infecciones. Como en el caso de
la poda, si el corte es limpio se acelera la formación de un callo
sobre la superficie lacerada (ver pp. 166-167).

EXTRÁELAS CON CUIDADO

Todas las plantas perennes que forman macizos, como las hostas (*Hosta*), las primaveras (*Primula*), el aster (*Aster*) y las calas (*Zantedeshcia*), pueden dividirse tirando suavemente de ellas, o en jerga jardinera extraerse, con un rastrillo para minimizar la alteración del suelo y tratar de dañar las raíces lo menos posible. Si las raíces están sanas, la división también lo será. Son los pelos radiculares microscópicos (ver pp. 104-105) los que son vitales para la supervivencia de la planta cuando es replantada. Y cuanto más se altere el suelo alrededor de las raíces, más serán los pelos radiculares diminutos y delicados que morirán. Las plantas con muchas raíces fibrosas y filamentosas, como las primaveras, pueden o bien dividirse a mano en macizos más pequeños o, si son grandes y voluminosas, como ocurre con las hostas, cortarse en dos o más partes, cada una con al menos un tallo o un brote completo.

Las plantas más viejas pueden tener partes muertas en el centro o tallos que se están muriendo al verse privados de nutrientes y agua a causa de los tallos exteriores, más jóvenes y vigorosos. Al extraer la planta, las partes enfermas o moribundas pueden cortarse y añadirse a la pila de compost para reciclar sus nutrientes (ver pp. 190-191).

Las partes de la planta pueden replantarse en el mismo agujero, aunque es posible que tengas que añadir algo de compost, y también pueden plantarse en otro sitio. Comprueba que los agujeros son suficientemente grandes y profundos para que las raíces puedan extenderse con comodidad. Si las raíces tienen que apretujarse en un espacio reducido, la planta tendrá que dedicar energía a producir más raíces que puedan llegar a la tierra fresca. Coloca de nuevo la tierra alrededor de las raíces, presiónala suavemente a los lados de la planta y riégala generosamente de modo que no queden huecos grandes llenos de aire alrededor de las raíces, para garantizar que los pelos radiculares rebroten.

RAÍCES

ES VITAL QUE CADA DIVISIÓN DISPONGA DE ALGUNAS RAÍCES BIEN DESARROLLADAS QUE DEN NUTRIENTES Y AGUA A LAS HOJAS

Momento de dividir

PARA MANTENER LAS PLANTAS VIGOROSAS, SUELE RECOMENDARSE EXTRAER Y DIVIDIR LAS PERENNES HERBÁCEAS CADA TRES-CINCO AÑOS, cuando empiezan a estar abarrotadas o antes si hay una zona pelada en el centro. Pueden dividirse en cualquier momento, aunque suele ser mejor hacerlo fuera de la época de mayor crecimiento, para que sus partes subterráneas estén llenas de reservas, pero poco antes de que a las plantas les salgan brotes nuevos. En la mayoría de los casos, esto será en primavera, cuando el suelo empieza a calentarse. Sin embargo, algunas prefieren ser divididas en otoño.

¿PUEDO CULTIVAR CUALQUIER COSA A PARTIR DE UN ESQUEJE?

Las plantas tienen una capacidad extraordinaria para producir raíces y regenerarse a partir de casi cualquier parte. Los jardineros usan esquejes para hacer copias idénticas de sus plantas preferidas. Pero no todas pueden propagarse así.

La mayoría de los esquejes se obtienen cortando un tallo de la planta. Eso hace que el jasmonato, una hormona vegetal, active una respuesta cicatrizante, preparando la zona para la formación de raíces. Mientras la auxina, otra potente hormona, viaja hasta la herida desde la punta del brote, las células madre (ver p. 137) de la zona del corte se multiplican para formar raíces adventicias (ver p. 105). Si se mantienen húmedas, las raíces crecerán y ayudarán a formar una nueva planta. Pero no todas las plantas pueden obtenerse a partir de esquejes. Los helechos, las hierbas, las orquídeas y otras monocotiledóneas carecen de la estructura venosa interna rodeada de células madre necesaria para echar nuevas raíces.

QUÉ PROPAGAR Y CUÁNDO

Las células madre de los tallos blandos y jóvenes forman raíces adventicias más fácilmente. Y los esquejes de algunas plantas de tallo blando, como el *Pelargonium*, pueden incluso echar raíces en un vaso de agua. Muchas otras plantas crecen a partir de un esqueje plantado directamente en la tierra o el compost para macetas (ver p. 193). Con los arbustos perennes y caducifolios, los esquejes de madera blanda de tallos jóvenes de principios a mediados de verano suelen funcionar mejor. Las trepadoras y las perennes arraigan mejor a partir de esquejes semimaduros, con la punta blanda y una base más leñosa, cogidos entre finales de verano y principios de otoño. Los esquejes de madera dura se sacan de los tallos leñosos de arbustos caducifolios entre mediados de otoño y principios de invierno. Tardan mucho más en arraigar, pero mientras están sin hojas e inactivos pierden muy poca agua. Algunas plantas incluso pueden formar plantas a partir de esquejes de hojas o de pequeñas secciones de raíz.

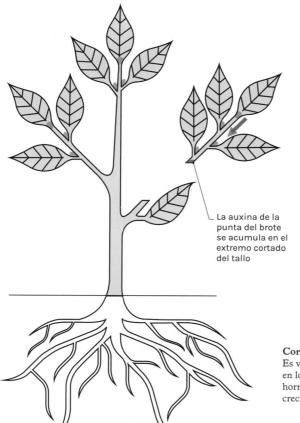

La auxina de la punta del brote se acumula en el extremo cortado del tallo

Corta bajo la punta del brote o yema
Es vital incluir estos puntos vegetativos en los esquejes, porque proporcionan la hormona vegetal auxina, que estimula el crecimiento de las raíces.

CLAVE

Flujo de auxina

La auxina se acumula

Yemas

¿HAY TRUCOS PARA CULTIVAR A PARTIR DE ESQUEJES?

Como sabe cualquiera que lo haya intentado, cultivar plantas a partir de esquejes es una lotería. Pero con una preparación adecuada, mucha higiene y un poquito de ciencia aumentarás las probabilidades de éxito.

Comprueba que la planta de la que lo sacas está bien alimentada e hidratada, y que no tiene enfermedades.

EMPIEZA CON BUEN PIE

La humedad es esencial, pues los tallos cortados se secan muy rápido. Pon los esquejes en una bolsa de polietileno y plántalos de inmediato. Los esquejes deben medir 10-15 cm (4-6 in): si son más largos se deshidratarán, si son más cortos no tendrán recursos suficientes para formar las raíces. Los productos con hormonas de enraizamiento contienen auxina sintética, que acelera la formación de raíces si se aplica en la superficie cortada y aumenta las probabilidades de éxito en caso de esquejes a los que les cuesta arraigar.

BUEN ENTORNO PARA ARRAIGAR

Usa un compost que drene bien o prepáralo tú mismo añadiendo un 50 por ciento de perlita o vermiculita. Hunde los esquejes en el compost, riégalos bien y cubre la maceta con una bolsa de plástico transparente sujeta con palos, para evitar que la condensación toque las hojas. Los propagadores de esquejes dan humedad y calor elevados en la base, lo que favorece el arraigo. Deja los esquejes de plantas peludas o con hojas plateadas sin cubrir, ya que de lo contrario podrían pudrirse. Colócalos en un lugar luminoso, donde no les dé el sol directo, para que no se sobrecalienten. Sabrás que se han formado las raíces cuando aparezcan las primeras hojas.

Cuídalo en todo momento

Mantén húmedos los esquejes de madera blanda cogiéndolos por la mañana o cuando haga frío y metiéndolos en una bolsa de polietileno. Prepáralos y plántalos lo antes posible.

CLAVE

▶ Flujo de auxina

■ La auxina se acumula

▷ Agua

● Yemas

El agua que se evapora por las hojas y el compost queda atrapada

CORTA

Con un cuchillo afilado corta por debajo del limbo de la hoja, donde la auxina se acumula, para que arraigue mejor.

PREPARA

Retira algunas hojas para evitar perder agua, pero deja suficientes que den azúcar para el crecimiento.

PLANTA

Métalo en el compost, riégalo y cúbrelo con una bolsa para aumentar la humedad y evitar que se seque.

¿QUÉ ES EL ACODO?

Los tallos suelen formar raíces si se doblan hacia abajo y se mantienen en contacto con el suelo. El acodo es un método sencillo para propagar las plantas que aprovecha esa capacidad, creando nuevas plantas que se pueden separar y replantar.

El acodo funciona con muchas plantas leñosas, como el avellano (*Corylus avellana*), la *Wisteria* y algunas *Magnolia*. Es mejor hacerlo en primavera o en otoño, cuando el suelo está caliente y húmedo.

PRUEBA EL ACODO SIMPLE

Toma un tallo joven y ponlo en contacto con el suelo. Entierra un tramo corto con la punta de la hoja hacia arriba y fíjalo con un trozo de alambre. La tierra húmeda activará el tejido del meristemo de la cara inferior del tallo (ver pp. 136-137) para producir raíces. Si haces un corte oblicuo a la mitad del tallo, en el punto donde está enterrado, el crecimiento de las raíces se acelerará. Cuando las raíces estén asentadas, la conexión con la planta progenitora puede cortarse y la nueva planta replantarse.

MÉTODOS ALTERNATIVOS

Algunas plantas, como la zarzamora, llevan a cabo este proceso de forma natural. Cuando la punta de alguno de sus tallos arqueados toca el suelo, arraiga. Este tipo de acodo permite generar plantas de un modo sencillo, pero ocurre de forma tan fácil que hay que atar los tallos a soportes para controlar su propagación. Otras, como la búgula (*Ajuga reptans*) y las fresas (*Fragaria*), producen unos tallos especiales horizontales llamados corredores o estolones (ver pp. 182-183) con plantones en toda su longitud que arraigan rápidamente en el suelo.

El acodo aéreo es un método más complejo en el que se hace un corte al tallo que luego se cubre con musgo o compost húmedo y se envuelve con plástico, hasta que aparecen las raíces.

Dos técnicas de acodo
El acodo en suelo y el simple son formas sencillas de producir plantas nuevas a partir de las ya asentadas en tu parcela.

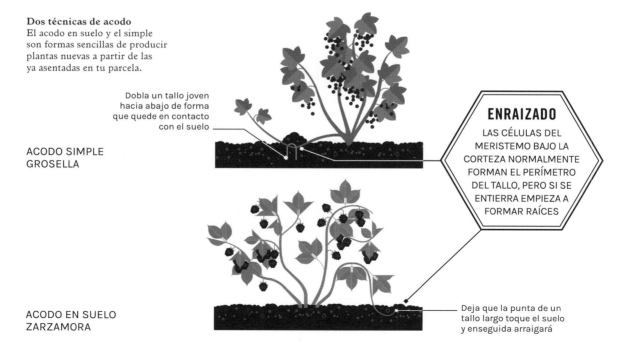

Dobla un tallo joven hacia abajo de forma que quede en contacto con el suelo

ACODO SIMPLE
GROSELLA

ENRAIZADO

LAS CÉLULAS DEL MERISTEMO BAJO LA CORTEZA NORMALMENTE FORMAN EL PERÍMETRO DEL TALLO, PERO SI SE ENTIERRA EMPIEZA A FORMAR RAÍCES

ACODO EN SUELO
ZARZAMORA

Deja que la punta de un tallo largo toque el suelo y enseguida arraigará

¿CÓMO LOGRAR PLANTAS NUEVAS A PARTIR DE BULBOS, CORMOS, RIZOMAS Y TUBÉRCULOS?

La mayoría de las plantas se reproducen floreciendo y desprendiéndose de las semillas, pero algunas multiplican sus bulbos, cormos, rizomas o tubérculos subterráneos (ver pp. 96-97) para clonarse a sí mismas.

Los bulbos y los cormos se reproducen generando copias idénticas (*offsets*), a veces llamadas bulbillos y cormolillos, que salen de la base del bulbo madre. Estas copias se transforman en plantas nuevas y forman un macizo allí donde originalmente se había plantado un único bulbo.

MULTIPLICACIÓN POR DIVISIÓN

Si desentierras la parte subterránea de la planta, podrás separar fácilmente los bulbitos del bulbo madre más grande y replantarlos. Es preferible hacerlo cuando las hojas estén amarillentas y marchitas, lo que indica que los nutrientes y azúcares han sido llevados hacia los órganos de almacenamiento subterráneos en preparación para la inactividad (ver pp. 152-153). La mayoría de los bulbos es mejor extraerlos y dividirlos cada tres-cinco años, cuando el bulbo madre no florece tan vigorosamente.

TÉCNICAS MÁS COMPLEJAS

Sorprendentemente, algunos órganos de almacenamiento pueden cortarse o romperse en pedazos y rebrotar como plantas distintas. Los rizomas y los tubérculos pueden cortarse en partes que contengan como mínimo una yema y luego replantarse. Los bulbos escamosos con escamas carnosas, como los lirios (*Lilium*), pueden partirse y guardarse en una bolsa sellada con compost húmedo a 20 °C (68 °F) hasta que los bulbillos broten por la base, momento en el que pueden ser plantados. Algunos bulbos, como las campanillas de invierno (*Galanthus*), pueden propagarse cortándolos verticalmente como gajos de una naranja (desprendimiento) y luego tratándolos del mismo modo que las escamas.

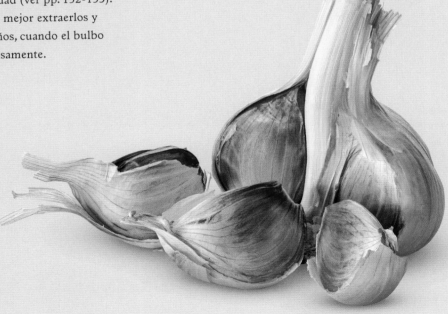

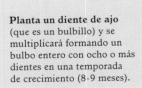

Planta un diente de ajo (que es un bulbillo) y se multiplicará formando un bulbo entero con ocho o más dientes en una temporada de crecimiento (8-9 meses).

¿QUÉ ES EL COMPOST Y CÓMO SE FORMA?

El compost es un material marrón y grumoso, con olor a tierra, que se crea al descomponerse la materia orgánica. Para el suelo es un alimento milagroso que potencia mucho el crecimiento de las plantas. Y lo mejor es que es fácil de hacer con los desechos habituales del jardín y la cocina.

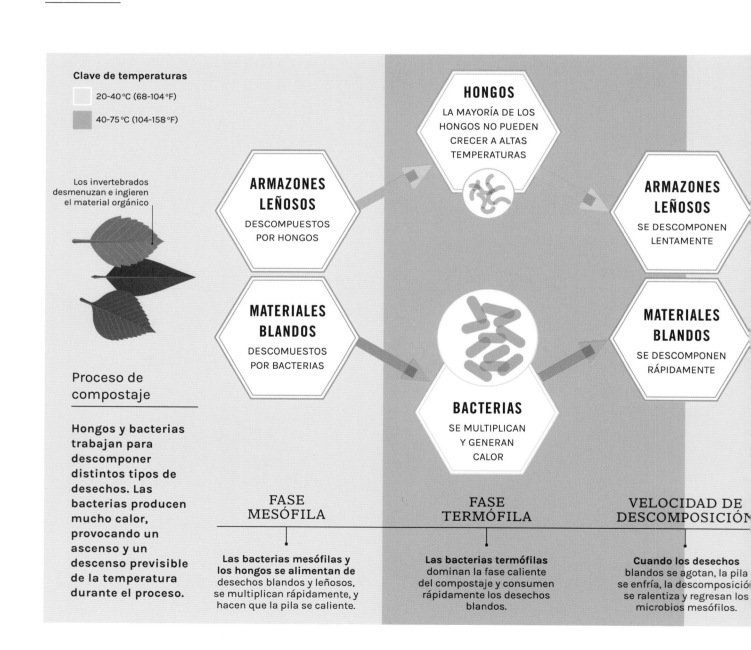

Clave de temperaturas

☐ 20-40°C (68-104°F)

▨ 40-75°C (104-158°F)

Los invertebrados desmenuzan e ingieren el material orgánico

Proceso de compostaje

Hongos y bacterias trabajan para descomponer distintos tipos de desechos. Las bacterias producen mucho calor, provocando un ascenso y un descenso previsible de la temperatura durante el proceso.

HONGOS

LA MAYORÍA DE LOS HONGOS NO PUEDEN CRECER A ALTAS TEMPERATURAS

ARMAZONES LEÑOSOS

DESCOMPUESTOS POR HONGOS

ARMAZONES LEÑOSOS

SE DESCOMPONEN LENTAMENTE

MATERIALES BLANDOS

DESCOMUESTOS POR BACTERIAS

MATERIALES BLANDOS

SE DESCOMPONEN RÁPIDAMENTE

BACTERIAS

SE MULTIPLICAN Y GENERAN CALOR

FASE MESÓFILA

FASE TERMÓFILA

VELOCIDAD DE DESCOMPOSICIÓN

Las bacterias mesófilas y los hongos se alimentan de desechos blandos y leñosos, se multiplican rápidamente, y hacen que la pila se caliente.

Las bacterias termófilas dominan la fase caliente del compostaje y consumen rápidamente los desechos blandos.

Cuando los desechos blandos se agotan, la pila se enfría, la descomposició se ralentiza y regresan los microbios mesófilos.

Antes de ponerte a fabricar compost (ver pp. 190-191), debes comprender la función de los hongos y las bacterias, y cómo cambian en el compostaje. Así podrás nutrir y controlar tu pila para producir compost lo más rápido posible. Y sabrás cuándo está listo para extenderlo por tu parcela.

ALIADOS DEL COMPOSTAJE

Una vez que insectos, gusanos, babosas, caracoles, escarabajos, y otros invertebrados varios han desmenuzado e ingerido grandes trozos de material orgánico, las bacterias y los hongos se ponen a trabajar digiriendo lo que queda (descomposición). Los hongos crecen como largos filamentos y segregan sustancias químicas que pueden descomponer los materiales leñosos; las bacterias son organismos unicelulares mucho más pequeños y se alimentan de materia blanda. Ambos se alimentan de hidratos de carbono, azúcares y componentes fibrosos de las plantas. Ambos necesitan nitrógeno para fabricar proteínas y ADN, y reproducirse.

Solo los hongos pueden ingerir el duro armazón de carbono de las plantas. Pueden tardar más de dos años en descomponer del todo la dura lignina que da a la madera su fortaleza.

Las bacterias, en cambio, se alimentan de materiales blandos y jugosos, como restos de hierba o de alimentos. Proliferan a un ritmo asombroso: duplican su número cada 30 minutos mientras digieren hidratos de carbono simples y azúcares y obtienen nitrógeno de las proteínas, la clorofila y otros pigmentos vegetales. Las bacterias generan calor, lo que acelera aún más su crecimiento y el proceso de descomposición.

LA DESCOMPOSICIÓN GENERA CALOR

Si disponen de abundante comida y aire, la actividad de estas bacterias mesófilas hace que la temperatura de la pila de compost suba a más de 40 °C (104 °F) en 24-72 horas, momento en el que otras bacterias que adoran el calor (termófilas) y unos hongos resistentes al calor se ponen a trabajar con las proteínas más resistentes, los hidratos de carbono estructurales y las grasas. Cuando estos combustibles se agotan, la pila se encoge, el crecimiento bacteriano se ralentiza y la materia orgánica se enfría. Es importante remover la pila para que el aire llegue a las bacterias y para que el material no descompuesto de los extremos vaya a parar al centro para ser descompuesto. Luego las bacterias mesófilas toman el relevo de nuevo para terminar la maduración, junto a invertebrados, hongos y unas bacterias raras parecidas a hongos, los actinomicetos, que emiten el olor a tierra que indica que el trabajo se ha realizado correctamente. Deja el tiempo necesario para que esta última fase se complete.

El compost nutre el suelo y sustenta los organismos de la red alimentaria del suelo (ver pp. 44-45), que potencia el crecimiento de las plantas y hace que una gran variedad de nutrientes, como los que hay en los fertilizantes, permanezcan en el suelo. También hace que tenga más bacterias y hongos que los suelos sanos. Si lo extiendes como un mantillo, aumenta la cantidad de organismos del suelo, mejora la estructura de este (ver pp. 42-43) y evita el crecimiento de malas hierbas (ver pp. 46-47).

HONGOS
SE MULTIPLICAN AL BAJAR LA TEMPERATURA Y CON LA DESCOMPOSICIÓN

BACTERIAS
QUE SOBREVIVEN A TEMPERATURAS MÁS BAJAS TOMAN EL RELEVO

ENFRIAMIENTO Y MADURACIÓN

Los hongos se multiplican mientras descomponen los desechos leñosos que quedan en la pila ya fría.

COMPOST FORMADO

El compost grumoso está bien descompuesto, y los ingredientes ya no son reconocibles.

¿CUÁL ES LA MEJOR RECETA PARA EL COMPOST CASERO?

Hay tantas formas de fabricar compost como maneras de cocinar un huevo.
Y como ocurre con cualquier receta de cocina, conocer bien los ingredientes
y las proporciones es la clave del éxito.

Si haces una simple pila de desechos de jardín, será digerida por un sinfín de criaturas que fabricarán un rico compost. Un método más controlado es añadir poco a poco material orgánico a contenedores abiertos (ver derecha) o recipientes con tapa. Las pilas más grandes generan más calor (ver pp. 188-189) y se descomponen más rápido. La tapa o cubierta evita el exceso de agua y mantiene a raya las plagas. Pon la pila en el suelo, o añade unas paladas de tierra al material orgánico inicial, para darle una buena dosis de bacterias y hongos que haga iniciar el proceso.

ALIMENTO PARA MICROBIOS

La velocidad a la que se produce el compost depende del equilibrio entre el alimento de las bacterias, más rápidas, y de los hongos, más lentos. Las hojas de otoño contienen mucho carbono para los hongos, pero por sí mismas pueden tardar dos o tres años en descomponerse del todo y formar mantillo de hoja. Acelera el proceso añadiendo alimentos ricos en nitrógeno para las bacterias, como restos de hierba, hojas frescas y malas hierbas. Pero cuidado, porque el exceso de residuos ricos en nitrógeno puede causar un crecimiento descontrolado de bacterias y el aumento de la temperatura de la pila a más de 80 °C (176 °F), lo que aniquilaría a microbios beneficiosos e incluso podría causar un incendio. Es clave lograr un equilibrio entre carbono y nitrógeno. Te ayudará clasificar los residuos ricos en nitrógeno como verdes y los ricos en carbono como marrones.

El equilibrio ideal lo da una mezcla de residuos con 30 veces más carbono que nitrógeno (proporción de 30:1). El material vegetal se desarrolla alrededor de un armazón de carbono (ver pp. 188-189), así que esta proporción puede calcularse con el volumen de residuos verdes y marrones. Esta regla solo funciona con los residuos de jardín. Otros materiales no encajan igual en las categorías por colores. El papel y el cartón son «marrones». Los restos de comida, los posos de café y el estiércol animal, sin embargo, son ricos en nitrógeno, ideales para las bacterias pese a no ser verdes. Piensa en los residuos compostables como comida para hongos (a menudo seca e inerte) o para bacterias (fresca y húmeda).

AIREACIÓN
EL AIRE ES VITAL PARA UN BUEN COMPOST, PUES LOS DESCOMPONEDORES QUE FABRICAN EL COMPOST NECESITAN RESPIRAR

MOVIMIENTO Y HUMEDAD

Si mezclas muchos residuos marrones, secos y voluminosos, con residuos verdes, densos y húmedos, circulará el aire y los microbios podrán respirar. Mezclar o remover la pila de compost con una horca o un compostador giratorio aporta aire para activar y acelerar la descomposición. Hazlo al menos una vez, después de que la pila se haya calentado. Cuanto más se remueve la pila (incluso una vez a la semana), antes está listo el compost.

La humedad también es vital para los microbios y suele ser abundante cuando el 50 por ciento de la pila son residuos verdes, pero si el clima es seco a veces hay que aumentarla. Una pila húmeda sin aire es ideal para las bacterias anaerobias (pueden vivir sin oxígeno), que descomponen los residuos muy despacio y segregan ácidos, alcoholes, metano y gas.

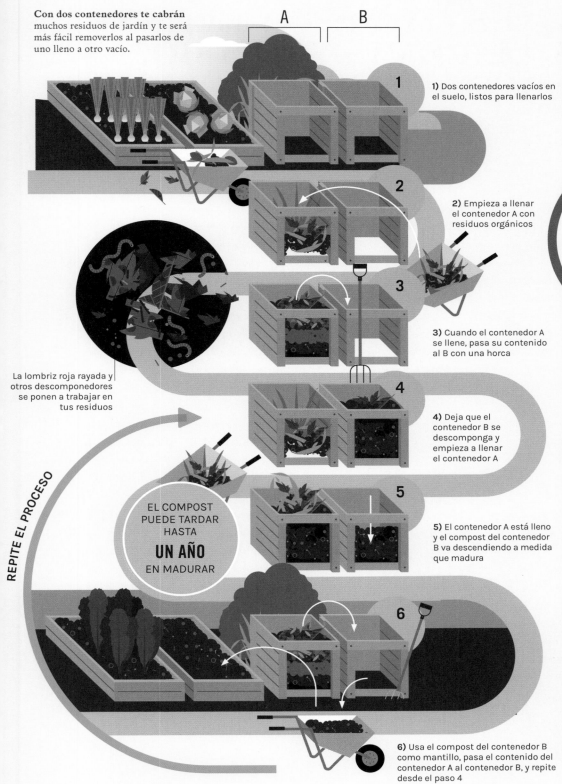

Con dos contenedores te cabrán muchos residuos de jardín y te será más fácil removerlos al pasarlos de uno lleno a otro vacío.

A

B

1

1) Dos contenedores vacíos en el suelo, listos para llenarlos

2

2) Empieza a llenar el contenedor A con residuos orgánicos

3

3) Cuando el contenedor A se llene, pasa su contenido al B con una horca

La lombriz roja rayada y otros descomponedores se ponen a trabajar en tus residuos

4

4) Deja que el contenedor B se descomponga y empieza a llenar el contenedor A

REPITE EL PROCESO

EL COMPOST PUEDE TARDAR HASTA **UN AÑO** EN MADURAR

5

5) El contenedor A está lleno y el compost del contenedor B va descendiendo a medida que madura

6

6) Usa el compost del contenedor B como mantillo, pasa el contenido del contenedor A al contenedor B, y repite desde el paso 4

PROPORCIÓN CARBONO-NITRÓGENO

LOS RESIDUOS ORGÁNICOS TIENEN DISTINTA PROPORCIÓN DE CARBONO Y DE NITRÓGENO. PARA UN COMPOSTAJE RÁPIDO Y AERÓBICO, EL EQUILIBRIO IDEAL ES:

30:1

CARBONO (C) NITRÓGENO (N)

MEZCLA EL MISMO VOLUMEN DE RESIDUOS VERDES Y MARRONES PARA ACERCARTE A ESTA PROPORCIÓN Y OBTENER UN COMPOST RICO Y GRUMOSO.

RESIDUOS MARRONES

MÁS RICOS EN CARBONO (C:N)

HOJAS MUERTAS **60:1**

PAPEL TRITURADO **100:1**

CARTÓN **125:1**

PAJA **50:1**

VIRUTAS **80-145:1**

SERRÍN **150:1**

RESIDUOS VERDES

MÁS RICOS EN NITRÓGENO (N:C)

RECORTES DE HIERBA **15:1**

POSOS DE CAFÉ **20:1**

HOJAS VERDES **17:1**

PELADURA VEGETAL **20:1**

PELO Y PELLEJO **10:1**

ESTIÉRCOL **5-25:1**

¿DEBO EVITAR PONER LAS MALAS HIERBAS Y LAS HOJAS ENFERMAS EN EL COMPOST?

Nadie quiere usar compost casero en su parcela y que luego aparezca una capa de malas hierbas o alguna plaga. ¿Hasta qué punto, pues, debes evitar añadir malas hierbas o material enfermo a la pila de compost?

Las malas hierbas son muy eficaces y acumulan en sus hojas nitrógeno del suelo. Pueden valorarse por sus beneficios para la fauna (ver pp. 46-47), pero cuando tengas que arrancarlas piensa que también son muy valiosas para el compost.

Ten cuidado, no obstante, pues las malas hierbas son muy resistentes y capaces de sobrevivir al compostaje y de rebrotar a la menor oportunidad. Las campanillas, los dientes de león, las gramas y otras perennes pueden regenerarse a partir de un fragmento de raíz. Deja que las malas hierbas se sequen bien al sol antes de añadirlas al compost, para que no puedan resucitar.

COMPOSTAR EN CALIENTE

El revestimiento de las semillas de las malas hierbas está impregnado de sustancias tóxicas que repelen los microbios (antibióticos). Cuando sea posible, evita añadir estas semillas al compost arrancando las malas hierbas antes de que produzcan flores y cabezas de semillas. Estas semillas, no obstante, tienen pocas defensas frente a las elevadas temperaturas de una pila de compost caliente (ver pp. 188-189): a 40 °C (104 °F), las proteínas que controlan sus procesos vitales (enzimas) empiezan a descomponerse; cuanto más alta es la temperatura, más rápido mueren. Muchos de los hongos, bacterias y virus que provocan las enfermedades de las plantas (ver pp. 194-195) son menos vulnerables al calor. Los estudios muestran que, aunque la mayoría son erradicados a 60 °C (140 °F), algunos sobreviven a más de 80 °C (176 °F) refugiándose en esporas inmunes al calor. Así pues, es mejor no añadir al compost las plantas enfermas. Usa un termómetro de sonda para comprobar la temperatura de la pila y las probabilidades de que las malas hierbas y las enfermedades sobrevivan.

40 °C
(104 °F) LAS ENZIMAS DE LAS SEMILLAS DE LAS MALAS HIERBAS SE DESCOMPONEN Y LAS ANIQUILAN

60 °C
(140 °F) LA MAYORÍA DE LAS BACTERIAS, HONGOS Y VIRUS SON ANIQUILADOS

80 °C+
(176 °F+) ALGUNOS MICROBIOS CAUSANTES DE ENFERMEDADES SOBREVIVEN EN ESPORAS RESISTENTES AL CALOR

Tolerancia al calor del compost
Las pilas grandes y los recipientes con buen aislamiento térmico generan y retienen mejor el calor, pero es preferible no compostar material enfermo, ya que algunas enfermedades de las plantas podrían sobrevivir.

¿POR QUÉ HAY QUE DEJAR QUE EL ESTIÉRCOL SE PUDRA?

Dejar que el estiércol se descomponga es más seguro para las plantas y los seres humanos, ya que el proceso disminuye el nivel de sustancias químicas y bacterias dañinas y ayuda a aniquilar las semillas de las malas hierbas.

Los jugos gástricos y los intestinos llenos de bacterias de los animales herbívoros descomponen el material vegetal en horas. Ningún sistema digestivo extrae todo lo bueno de los alimentos, así que el estiércol animal contiene la mitad del nitrógeno, la mayor parte de los fosfatos y casi el 40 por ciento del potasio (ver pp. 122-123) del alimento original. Sería un fertilizante ideal para las plantas, pero fresco causa problemas.

PROBLEMAS DEL ESTIÉRCOL FRESCO

Los ácidos digestivos y las enzimas debilitan pero no aniquilan las semillas de las malas hierbas ingeridas. Además, el estiércol puede tener bacterias dañinas para los cultivos. El estiércol fresco tiene elevadas concentraciones de amoniaco y urea, que pueden quemar las plantas, haciendo que las hojas amarilleen. El estiércol contiene además virutas de madera y paja, que al descomponerse absorben nitrógeno del suelo.

BENEFICIOS DEL COMPOSTAJE

Si reposa unas semanas, se evapora suficiente urea y amoniaco del estiércol como para que sea improbable que se quemen las plantas. Una pila de estiércol se descompone en 3-6 meses, aniquilando las malas hierbas, descomponiendo el material de relleno y erradicando las bacterias dañinas con el calor del proceso. El estiércol bien descompuesto se desmenuza como el compost y pierde su desagradable olor.

LA TOXICIDAD PUEDE PERSISTIR

Selecciona el estiércol con cuidado, pues puede estar contaminado con algún herbicida con el que se hayan fumigado los campos donde se ha cultivado la paja o el heno que ha alimentado el ganado. El herbicida mata las plantas de hoja ancha (no las hierbas). Las plantas abonadas con estiércol contaminado pueden atrofiarse o sufrir malformaciones.

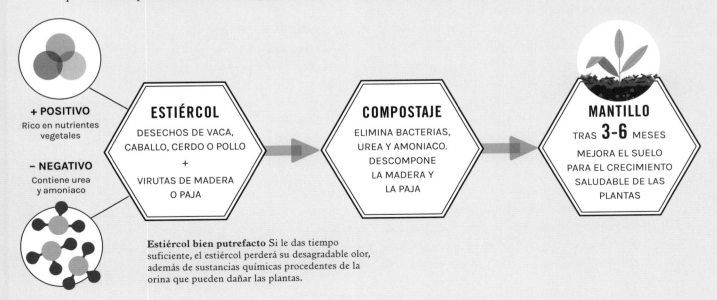

+ POSITIVO
Rico en nutrientes vegetales

– NEGATIVO
Contiene urea y amoniaco

ESTIÉRCOL
DESECHOS DE VACA, CABALLO, CERDO O POLLO
+
VIRUTAS DE MADERA O PAJA

COMPOSTAJE
ELIMINA BACTERIAS, UREA Y AMONIACO. DESCOMPONE LA MADERA Y LA PAJA

MANTILLO
TRAS **3-6** MESES
MEJORA EL SUELO PARA EL CRECIMIENTO SALUDABLE DE LAS PLANTAS

Estiércol bien putrefacto Si le das tiempo suficiente, el estiércol perderá su desagradable olor, además de sustancias químicas procedentes de la orina que pueden dañar las plantas.

¿QUÉ TIPO DE ENFERMEDADES PADECEN LAS PLANTAS?

No solo los humanos pueden sufrir un virus: las plantas también. Conocer sus dolencias y los atacantes microscópicos que las causan nos ayudará a diagnosticar la enfermedad y a cuidarlas para que vuelvan a estar sanas.

Los síntomas de sus enfermedades rara vez apuntan a una sola causa. Así, el amarillamiento (clorosis) se produce cuando las hojas dejan de producir clorofila y puede deberse a la falta de un nutriente, a un pH del suelo inapropiado, a daños en las raíces y también a alguna infección. El amarillamiento entre los nervios de la hoja (clorosis internerval) indica falta de hierro si se da en hojas jóvenes y falta de manganeso o magnesio si se da en las viejas. El potasio bajo causa el amarillamiento del borde de las hojas, y la falta de nitrógeno se ve en el amarillamiento de las hojas viejas. Descartadas estas causas, puedes pensar en infecciones.

PROBLEMAS FÚNGICOS

Para los hongos es difícil sobrevivir a la temperatura corporal humana; por eso no suelen molestarnos. Sin embargo, causan el 85 por ciento de las infecciones de las plantas. Cuando un hongo llamado mildiú se acumula en las hojas, forma una capa visible parecida a la escarcha. Esta infección de la piel de las hojas puede hacer que la planta pierda las hojas, pero no suele matarla. Muchos hongos, como el moho gris, penetran en las plantas a través de un corte, herida o picadura de insecto. Los hongos pueden perforar o traspasar químicamente la piel de la planta (cutícula). Las manchas negras, marrones o amarillas en hojas y tallos son indicios de una infección en la que los microbios digieren y destruyen el tejido. El hongo de la roya invade hojas y tallos, y dispone sus filamentos (hifas) en agrupaciones de color marrón anaranjado llamadas pústulas. Son los órganos fructíferos del hongo, cada uno con miles de semillas minúsculas (esporas), listas para infectar a su siguiente víctima.

CUÁNDO CULPAR A LAS BACTERIAS

Las bacterias cubren el planeta, pero solo unas pocas causan enfermedades a las plantas. Suelen provocar manchas en las hojas, puntos negros u orificios en los que las bacterias se han multiplicado y se han dedicado a destruir la hoja; suelen estar rodeados de un halo amarillento de tejido dañado. También producen pústulas abultadas llenas de bacterias, manchas negras que crecen lentamente en los árboles (cancros), manchones en los frutos y bultos en tallos y raíces, conocidos como agallas (ver pp. 198-199). Algunas bacterias, como el fuego bacteriano, penetran en las plantas a través de las flores o de los poros de las hojas los días húmedos, pero la mayoría solo pueden rebasar las defensas de la planta a través de una herida abierta o causada por un insecto. Los tallos, bulbos y raíces afectados pueden volverse viscosos y desintegrarse, desprendiendo un desagradable olor.

INFECCIONES VIRALES

Los virus completan la lista de elementos indeseables: son partículas diminutas de código genético que se infiltran en las plantas, a menudo a través de la picadura de un insecto, para secuestrar células y multiplicarse. Los síntomas suelen ser imprecisos e incluyen un crecimiento atrofiado, deformado o escaso, y rayas, motas o mosaicos amarillos, marrones o negros. Los virus se bautizan con el nombre de la primera planta en la que se detectan, al margen de las plantas a las que puedan afectar. Así, el virus del mosaico del pepino, puede infectar a muchas plantas, como el apio y la espinaca. No suele aniquilarlas pero las debilita, además de propagarse por las plantas vecinas.

Causas y síntomas de las enfermedades de las plantas

Los gérmenes que afectan a las plantas no son los mismos que hacen
enfermar a los humanos. A nosotros no nos afecta el tizón del tomate,
del mismo modo que una gerbera no puede contagiarse de la gripe. Pero
los atacantes microscópicos son parecidos: hongos, bacterias y virus.

  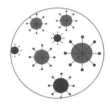

BACTERIAS	HONGOS	VIRUS

Forman puntos negros
con un halo amarillento,
bultitos y podredumbre
que desprende un olor
nauseabundo.

Producen una capa polvorosa
en las hojas y pústulas, o
podredumbre y moho de
rápida propagación.

Marcas con rayas o
estampados característicos
en las hojas y crecimiento
escaso o deformado.

 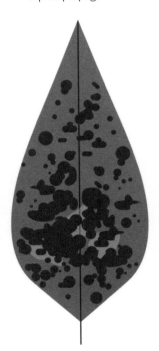 

INFECTADA VÍA:

- HERIDAS O DAÑOS POR PLAGAS
- FLORES
- POROS DE LAS HOJAS

INFECTADA VÍA:

- HERIDAS O DAÑOS POR PLAGAS
- POROS DE LAS HOJAS
- PERFORACIÓN DE LA CUTÍCULA

INFECTADA VÍA:

- PLAGAS DE INSECTOS
- HERRAMIENTAS CORTANTES
- MANOS

¿CÓMO PUEDO EVITAR QUE LAS PLANTAS ENFERMEN?

Mantener a raya las infecciones parece difícil, pero puedes adoptar algunas medidas: conserva las plantas sanas en condiciones favorables para su desarrollo, evita las propensas a las enfermedades y planta variedades resistentes siempre que puedas.

Proteger las plantas de las situaciones estresantes es el primer paso de un planteamiento integral para el control de las enfermedades (ver pp. 52-53).

PLANTAS RESISTENTES A LAS ENFERMEDADES

Algunas plantas tienen una resistencia natural frente a las enfermedades y otras han sido producidas para combatir los patógenos corrientes (microbios o virus que causan enfermedades). Si se plantan al aire libre, la mayoría de las variedades de tomate sucumben al

tizón tardío (*Phytophthora infestans*) durante el verano cálido y húmedo. Sin embargo, un cultivar con genes resistentes al tizón, como el 'Mountain Magic', será inmune. Las plantas resistentes a las enfermedades cuentan con una serie de habilidades especiales: pueden producir antitoxinas para neutralizar las sustancias tóxicas liberadas por los hongos; tienen células que carecen de las «asas» moleculares a las que se aferran los virus; o fabrican antibióticos que aniquilan las bacterias.

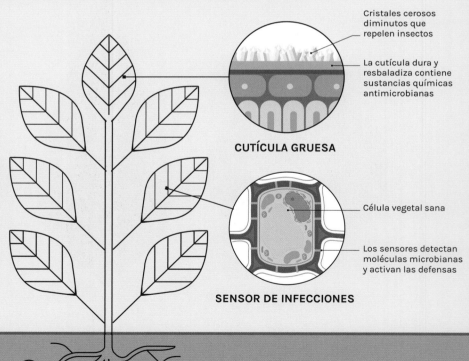

Cristales cerosos diminutos que repelen insectos

La cutícula dura y resbaladiza contiene sustancias químicas antimicrobianas

CUTÍCULA GRUESA

Célula vegetal sana

Los sensores detectan moléculas microbianas y activan las defensas

SENSOR DE INFECCIONES

PLANTA SANA

En condiciones de crecimiento ideales, con un suelo sano y algo de resistencia natural frente a las enfermedades, las plantas son capaces de percibir y combatir la mayoría de los ataques. La gruesa cutícula de las hojas actúa como coraza, mientras que las defensas químicas repelen a los intrusos.

Si el suelo está sano, las raíces se desarrollan bien y satisfacen las necesidades de la planta

LAS PLANTAS SANAS SE DEFIENDEN

Las plantas bien cuidadas que están en un lugar adecuado (ver pp. 58-59), son capaces de defenderse. Evita llevar patógenos a tu parcela comprando plantas sanas, que no tengan hojas marchitas, ni amarillentas ni con manchas. Abónalas para mantener el suelo en buenas condiciones, para que pueda proporcionarles el agua y los nutrientes necesarios para que tengan un sistema inmunitario fuerte (ver pp. 42-43).

Las plantas bien cuidadas tienen una piel (cutícula) dura y cerosa en las hojas, resbaladiza y con sustancias químicas antibacterianas y antifúngicas. Las hojas de color verde intenso aportan energía para combatir a los intrusos. En las plantas sanas, los sensores celulares detectan las bacterias y los hongos y crean toxinas para combatirlos; los estomas se cierran para impedir el paso a los microbios; la cutícula y las paredes celulares aumentan de grosor; y las células infectadas producen unas sustancias que neutralizan los virus.

CONOCE A TU ENEMIGO

Averigua qué enfermedades afectan a qué plantas y evita las propensas a infecciones. Muchas alegrías (*Impatiens*) sufren de mildiú lanoso, las malvas reales sufren con la roya y el boj puede ser devastado por el tizón. Pregunta a los jardineros locales sobre las enfermedades a las que se enfrentan y aprende a reconocer los síntomas para eliminar los ejemplares o partes enfermas de inmediato.

Los hongos y las bacterias crecen más con calor y humedad, así que no abarrotes las plantas, ventila el invernadero y no podes después de llover. Los áfidos y otros chupadores de savia son portadores de virus. Usa barreras que mantengan las plagas alejadas para evitar infecciones (ver pp. 200-201). Lleva las plantas enfermas al punto verde, pues las esporas pueden sobrevivir a las temperaturas más bajas (ver p. 192) de tu pila de compost. Los patógenos suelen afectar a plantas de la misma familia, así que cultiva plantas variadas y rota los cultivos para limitar su propagación (ver p. 95).

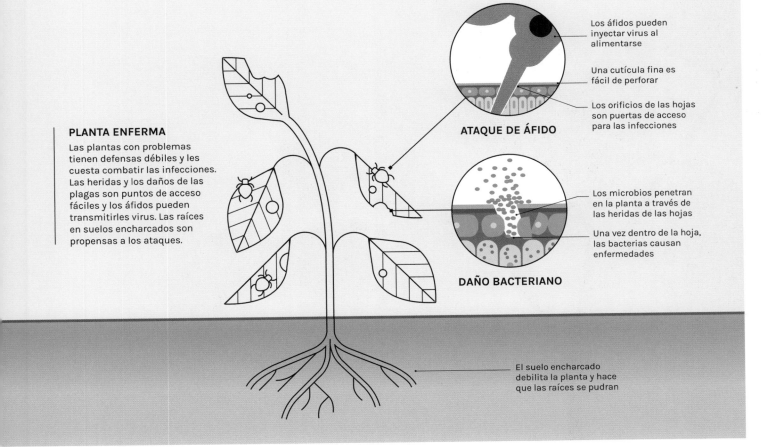

Los áfidos pueden inyectar virus al alimentarse

Una cutícula fina es fácil de perforar

Los orificios de las hojas son puertas de acceso para las infecciones

ATAQUE DE ÁFIDO

PLANTA ENFERMA

Las plantas con problemas tienen defensas débiles y les cuesta combatir las infecciones. Las heridas y los daños de las plagas son puntos de acceso fáciles y los áfidos pueden transmitirles virus. Las raíces en suelos encharcados son propensas a los ataques.

Los microbios penetran en la planta a través de las heridas de las hojas

Una vez dentro de la hoja, las bacterias causan enfermedades

DAÑO BACTERIANO

El suelo encharcado debilita la planta y hace que las raíces se pudran

¿CÓMO ATACAN LOS INSECTOS A LAS PLANTAS?

Las plantas dan alimento a la mayor parte de los animales, incluidos insectos e invertebrados. Eso puede ser un problema si las plantas de jardín forman parte de su menú. Dedícate a reunir pistas para deducir quién es el responsable más probable.

NO SORBEN

LA SAVIA FLUYE A PRESIÓN Y LOS ÁFIDOS NO NECESITAN SORBER: SE LIMITAN A PERFORAR LA SUPERFICIE DE LA PLANTA

Exceso de savia excretado como melazo

Las piezas bucales acceden a la savia y controlan su flujo con una válvula muscular

Savia de la planta

Los áfidos colonizan un capullo de rosa
Los insectos que chupan la savia suelen estar en la punta de los brotes nuevos, más fáciles de perforar y llenos de savia

Muchos insectos mordisquean las hojas, los tallos y las flores de las plantas, pues sus intestinos contienen enzimas capaces de digerir la celulosa. Los pequeños agujeros y las marcas de mordiscos de las hojas son de criaturas de boca pequeña, como los escarabajos de las hojas, los escarabajos pulga y las orugas jóvenes. Las orugas crecen proporcionalmente a su apetito y su mandíbula cada vez arranca trozos más grandes, dejando muescas irregulares en los bordes de las hojas; a veces incluso se zampan la hoja entera dejando solo los nervios centrales. Los gorgojos y los saltamontes dejan mordiscos parecidos, pero proporcionales al tamaño de su boca. Los tallos leñosos suponen todo un desafío para los depredadores potenciales. Están protegidos por una capa de corteza dura, que solo es penetrada por insectos barrenadores de fuertes mandíbulas, como los escarabajos de la corteza y las larvas (fase de oruga) de varias mariposas nocturnas.

APROVECHAR LA SAVIA DE LAS PLANTAS

Los insectos de estómago sencillo no asimilan los alimentos sólidos y dependen de la savia rica en nutrientes. Estos chupadores de savia hunden su estilete bucal en las hojas y tallos blandos para extraer la savia. Entre ellos están los áfidos (pulgones verdes y moscas negras), los insectos escamas, las arañas rojas y las mosquitas blancas, que se agrupan en los tallos y bajo las hojas y pétalos. Pueden causar decoloración y deformidad en los nuevos brotes, debilitar las plantas infestadas e infectar las plantas con virus (ver p. 194). Las hojas pueden quedar cubiertas de melazo pegajoso, que segregan los áfidos e insectos escamas. Las arañuelas son unos chupadores incluso más pequeños con un estilete corto capaz de extraer solo los jugos de las células de debajo de una superficie foliar. Las arañuelas dejan unos puntos diminutos negros o pálidos.

La saliva de algunos insectos y ácaros contiene sustancias irritantes, que pueden aumentar el nivel de hormonas en las hojas dañadas y provocar una protuberancia parecida a una verruga (agalla.) Los insectos a menudo manipulan las defensas de las plantas para producir estos tumores para sus crías, inyectando sus huevos en una hoja o tallo de manera que quedan envueltos por la agalla protectora.

RAÍCES Y FRUTOS

Muchos insectos voladores ponen sus huevos en el suelo para que raíces, rizomas, tubérculos y bulbos llenos de nutrientes alimenten sus larvas (cresas u orugas) cuando eclosionan. Las larvas de la mosca de la col, del escarabajo de chafer, del gorgojo de la vid negra y del mosquito gigante dañan así la planta. También se comen las raíces los nematelmintos, los áfidos y las cochinillas blancas. A menudo es difícil ser consciente de ello, y las raíces están tan dañadas que el crecimiento se frena y las plantas se marchitan.

Las bayas y los frutos maduros son objetivos fáciles, especialmente si su piel está blanda o dañada, y son devorados rápidamente por insectos de todo tipo, desde moscas de la fruta hasta escarabajos, avispas y tijeretas. Los frutos en desarrollo pueden ser víctimas de las larvas de los insectos con bocas perforadoras, como la mosca de sierra de la manzana y la polilla del manzano, que hacen un túnel hasta el centro.

Ciclo del gorgojo de la vid negra

Estos escarabajos, como otros muchos insectos, no se alimentan de las mismas partes de la planta en su fase de larva que en su fase adulta.

LOS ADULTOS COMEN HOJAS

HUEVOS PUESTOS EN EL SUELO

LAS LARVAS COMEN LAS RAÍCES

FORMA DE PUPA

Entre primavera y otoño los escarabajos adultos hacen muescas en el borde de las hojas, lo que tiene poco impacto en el crecimiento.

En primavera y verano los adultos ponen huevos en el suelo, alrededor de las plantas. Cada gorgojo pone cientos de huevos.

Pasadas unas dos semanas los huevos eclosionan y salen unas orugas color crema en forma de C, que pueden devastar las raíces.

Las larvas desarrolladas se empupan en el suelo y unos diez días más tarde salen convertidas en adultas.

¿CUÁL ES EL MEJOR MODO DE PREVENIR LAS PLAGAS?

Pocas cosas son tan descorazonadoras como ver muescas en las dalias o agujeros en las coles. Si te centras en aniquilar la plaga no abordarás el problema y puedes empeorar la situación, tanto para tus plantas como para el medio ambiente.

En vez de buscar una solución mágica, ayuda a las plantas a defenderse con una combinación de tácticas adaptadas a ellas, a las plagas y a las condiciones de tu parcela. Es lo que se llama control integrado de plagas (ver pp. 52-53) y consiste en cultivar plantas tan fuertes como sea posible y adoptar medidas para controlar, frenar e impedir las plagas de forma natural, evitando los productos que matan los insectos.

PLANTAS DÉBILES, OBJETIVOS FÁCILES

Las plantas bien cuidadas que viven en suelos sanos (ver pp. 42-43) sufren menos infecciones. El azúcar y los nutrientes abundantes activan sus defensas y responden antes a las plagas. Sus células detectan la saliva de los depredadores y pueden desencadenar una rápida reacción en cadena que culmina con la acumulación de sustancias que repelen la plaga.

Los plantones son muy vulnerables a las plagas, por lo que al principio es mejor tenerlos bajo techo (ver pp. 82-83) y, una vez que tengan hojas de verdad y puedan crecer rápidamente, puedes trasplantarlos.

ELIGE LAS PLANTAS CON CUIDADO

Escoge la planta correcta para cada lugar (ver pp. 58-59) para optimizar su capacidad de repeler las plagas. Selecciona especies y variedades que no sean el blanco de las plagas de tu zona y evita las que sean vulnerables.

Los estudios demuestran que las parcelas con una gran variedad de plantas tienen menos plagas de insectos que las que ofrecen una selección limitada. Eso se debe a que cada planta es la fuente alimenticia de determinados insectos, y a más insectos, más posibilidades que entre ellos haya algunos beneficiosos que aniquilen las plagas. La teoría de la asociación de cultivos se basa en que algunas plantas repelen las plagas, mientras que otras las atraen y pueden usarse a modo de cultivo trampa, pero las pruebas que respaldan estas estrategias dependen mucho del concepto de prueba y error. Cultivar distintas plantas en cada bancada cada año (rotación de cultivos) también puede ayudar a prevenir los problemas con una serie de plagas que hibernan en el suelo y

TIPOS DE TRAMPAS Y BARRERAS

Hay distintas trampas y barreras para detectar las plagas de insectos y mantenerlas alejadas de las plantas. Las feromonas son señales químicas liberadas por los insectos y otros animales, y se producen de manera artificial para controlar el número de insectos, ya sea atrayéndolos hacia trampas o bien interrumpiendo su ciclo reproductivo.

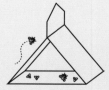

TRAMPA DE FEROMONAS

Detecta:
Polilla del manzano
Polilla de la ciruela
Polilla del boj

CINTA ADHESIVA AMARILLA

Detecta:
Mosquita blanca: invernadero
Áfidos: invernadero
Arañuelas: invernadero

RED/MALLA PARA INSECTOS

Controla:
Mariposas: brassicas
Mosca de la zanahoria
Escarabajo pulga: brassicas

Situación de conjunto
En vez de atacar la plaga, intenta ver tu parcela como un ecosistema en el que las plantas y las plagas están interconectadas entre sí y con las condiciones de crecimiento. Una parcela que es un ecosistema que funciona correctamente es más sostenible desde un punto de vista ambiental y produce plantas más sanas.

DETECTA LOS PRIMEROS SIGNOS DE LA PLAGA PARA QUE SEA MÁS FÁCIL DE ABORDAR

COMPRENDE EL CICLO VITAL DE LAS PLAGAS PARA SABER CUÁNDO PROTEGER LAS PLANTAS

PLAGA

COMPRUEBA CUÁL ES EL MEJOR MOMENTO PARA APLICAR CONTROLES BIOLÓGICOS

CONDICIONES

PLANTA

ELIGE PLANTAS QUE NO SEAN ATACADAS POR LAS PLAGAS HABITUALES

SELECCIONA LAS PLANTAS ADECUADAS AL CLIMA Y AL TIPO DE SUELO

SIEMBRA O PLANTA CUANDO LAS PLAGAS NO ESTÉN ACTIVAS

resurgen en primavera, pero no es fácil de llevar a cabo en parcelas pequeñas con espacio limitado.

TRAMPAS, TRABAS Y BARRERAS

Las trampas no suelen ofrecer una protección completa. Úsalas para controlar el número de insectos que hay en una zona, y no para erradicarlos. Con ellas tan solo atraparás una parte de la plaga; además, las trampas que usan como señuelo fragancias de plantas o feromonas también pueden atraer a posibles atacantes. Las barreras físicas, como la malla fina, pueden ser muy útiles para mantener los insectos voladores lejos de las plantas. Son extremadamente aconsejables para mantener las plagas y los pájaros lejos de frutos y hortalizas. Pulverizar las plantas con una solución de caolín (un mineral en polvo irritante para los insectos) también puede ayudar.

CONTROLES BIOLÓGICOS

La estrategia de liberar depredadores naturales de las plagas (controles biológicos) puede asestar un golpe mortal a las plagas, pero la mayoría de ellos solo se mantienen activos dentro de un rango de temperaturas y suelen ser más eficaces en entornos cerrados como los invernaderos. La mayor parte de los insectos beneficiosos, si se sueltan en una parcela, acaban muriendo o desplazándose a otro sitio en busca de comida. Si todo lo demás falla, puedes probar finalmente con los pesticidas químicos, pero piensa que probablemente también aniquilarán a muchos insectos útiles, y entre ellos los que son considerados controles biológicos. Utiliza siempre el producto menos tóxico posible y que se degrade más rápido a fin de minimizar los daños causados a la fauna beneficiosa que controla las plagas de forma natural (ver pp. 52-53).

¿CÓMO PUEDO EVITAR QUE LAS BABOSAS Y LOS CARACOLES DAÑEN LAS PLANTAS?

Aunque babosas y caracoles pueden diezmar algunas plantas, las mayoría prefieren alimentarse de materia muerta y son una parte esencial de la red alimentaria del suelo (ver pp. 44-45). El gran desafío es mantener las plantas a salvo sin dañar la fauna.

Las babosas y los caracoles desempeñan una labor importante en la vida de una parcela y de hecho ya no son consideradas como una plaga. Además de ayudar a reciclar el material vegetal muerto, son el alimento de muchos animales de jardín, incluidos escarabajos, pájaros, sapos, ranas, serpientes y erizos. Dado que estos animales pueden arrasar una bancada de plantones en una noche (cuando se alimentan), es aconsejable favorecer la presencia de sus depredadores naturales en la parcela, para que los mantengan a raya, quizá mediante una charca. También puedes proteger las plantas reduciendo los espacios oscuros, húmedos o descuidados cerca de ellas, y poniendo los plantones a cubierto (ver pp. 82-83) hasta que sean lo bastante grandes para tolerar los daños.

BARRERAS Y CONTROLES MANUALES

Una forma de controlar su número es cazarlos al anochecer a la luz de una linterna. Durante el día, se refugian en lugares sombreados, bajo macetas, piedras o entre la vegetación tupida, así que evita este tipo de refugios cerca de plantas vulnerables y busca por los lugares donde suelan esconderse. ¿Qué debes hacer con los que encuentres? A mucha gente no les importa matarlos, pero si prefieres salvarlos, libéralos lejos de tu parcela para que no puedan volver.

El sistema más popular para controlarlos son las barreras de cáscaras de huevo, posos de café, gravilla, hojas de pino o pelotillas de lana, que se ponen en el suelo alrededor de las plantas con la esperanza de que no las crucen. Pero se ha demostrado que no funcionan, ya que el pie viscoso de estos moluscos se desliza sin problemas sobre ellas. Las barreras de cobre no les sueltan descargas eléctricas, como suele pensarse, pero pueden ser disuasorias si son suficientemente anchas. Una franja tupida de tierras diatomeas, una roca en polvo parecida a fragmentos microscópicos de cristal por la que babosas y

TRAMPAS Y BARRERAS
Suelen emplearse para mantener a raya a babosas y caracoles, pero la mayoría ofrecen una protección limitada o no funcionan. Solo capturan una pequeña proporción y pueden atraer a babosas hambrientas si se colocan cerca de las plantas. Ha quedado demostrado que las barreras no son eficaces.

BARRERA DE CÁSCARAS DE HUEVO

Ineficaz
Las barreras de cáscaras trituradas o cosas punzantes parecidas no detienen a estos moluscos.

PIEL DE POMELO

Protección limitada
Si se deja boca abajo en el suelo y se cambia con frecuencia, ayuda a reducir su número.

BARRERA DE COBRE

En gran medida ineficaz
Los estudios han demostrado que solo funciona si mide más de 4 cm (1½ in) de ancho.

TRAMPA DE CERVEZA

Protección limitada
Sin duda atrae y aniquila a los moluscos, pero nunca logrará atraparlos a todos.

MOVIMIENTO
CON SU PIE CUBIERTO DE BABA, EL CARACOL SE DESLIZA POR SUPERFICIES RUGOSAS SIN SUFRIR NI UN RASGUÑO

ALIMENTACIÓN
SU MANDÍBULA CORTA EL MATERIAL VEGETAL QUE LUEGO RASPA UNA RÁDULA CON MILES DE MICROSCÓPICOS DIENTES

Caracoles y babosas están adaptados para consumir tejido vegetal blando. No es fácil obstaculizar su avance.

caracoles no se arrastran, puede funcionar, pero el efecto se pierde cuando se moja.

COLOCACIÓN DE TRAMPAS

Las trampas de cerveza no son más que recipientes llenos de cerveza que se entierran en el suelo por la noche, con un borde que sobresale para evitar que otros bichos caigan dentro. Las babosas tienen mala visión, pero unos tentáculos exquisitamente sensibles a los olores y una afición peculiar por el aroma de la cerveza rubia. Atraídos por la promesa de su bebida favorita, una minoría se tropiezan, caen en la bebida y se ahogan, pero la mayoría simplemente se alejan, así que estas trampas solo sirven para controlar la población y no ofrecen una protección completa. También puede dejarse la piel de media naranja o medio pomelo en el suelo como trampa para atraer a babosas y caracoles con su fuerte olor cítrico. Por la mañana levanta las pieles y recoge los que haya, para reducir su número.

MÉTODOS DE EFICACIA PROBADA

Para proteger las plantas de las babosas son más eficaces los controles biológicos que contienen gusanos microscópicos (llamados nematodos), que pueden ser aplicados al suelo, donde infectan y aniquilan a las babosas (pero no a los caracoles) sin dañar la fauna. Los gránulos envenenados con un molusquicida (una sustancia química que aniquila a babosas y caracoles) sin duda los erradicará, pero los gránulos para babosas típicos contienen metaldehído, que también es tóxico para las mascotas, los niños y la fauna en general. Enseguida va a parar a las vías fluviales y ha sido detectado en el agua potable, por lo que está prohibido en algunos países. Otros productos alternativos que contienen fosfato de hierro son menos dañinos para el medio ambiente. Los estudios demuestran que son eficaces, aunque resulta menos obvio porque las babosas y los caracoles no son aniquilados inmediatamente y suelen morir fuera de nuestra vista.

TERMINOLOGÍA

La jardinería puede ser bastante sencilla, pero los jardineros experimentados suelen usar una gran cantidad de términos extraños y curiosos que pueden hacer que resulte complicado saber por dónde empezar. Desentrañar esta terminología te ayudará a comprenderla mejor y a potenciar tus habilidades.

ANUAL

PLANTA QUE GERMINA, CRECE, SE REPRODUCE Y MUERE A LO LARGO DE UN AÑO NATURAL. ESTA ESTRATEGIA DE VIVIR RÁPIDO Y MORIR JOVEN SE DESARROLLÓ PARA APROVECHAR LA TEMPORADA DE CRECIMIENTO BREVE PROPIA DE LOS LUGARES INHÓSPITOS.

BIENAL

UNA PLANTA BIENAL (CADA DOS AÑOS) FLORECE EN SU SEGUNDA TEMPORADA DE CRECIMIENTO Y LUEGO MUERE. DEDICA LA PRIMERA TEMPORADA DE CRECIMIENTO A ACUMULAR LOS RECURSOS NECESARIOS PARA FLORECER Y PRODUCIR SEMILLAS.

PERENNE

ALREDEDOR DEL 90 POR CIENTO DE LAS PLANTAS SON PERENNES (DURANTE TODO EL AÑO). NO MUEREN TRAS FLORECER Y PUEDEN VIVIR MUCHOS AÑOS, A VECES INDEFINIDAMENTE.

ARBUSTO

PLANTA LEÑOSA CON MÁS DE UN TALLO PRINCIPAL QUE CRECE DESDE EL SUELO. PUEDE PODARSE Y GUIARSE PARA QUE PAREZCA UN ÁRBOL.

ÁRBOL

PLANTA LEÑOSA CON UN SOLO TALLO, LLAMADO TRONCO, DEL QUE SALEN RAMAS QUE CRECEN HACIA FUERA FORMANDO UNA CABEZA FRONDOSA, LA COPA. A VECES TAMBIÉN PUEDE TENER VARIOS TALLOS.

LEÑOSA

PLANTA CON EL TALLO RÍGIDO CUBIERTO DE CORTEZA QUE ECHA NUEVOS BROTES AÑO TRAS AÑO. ESTÁ FORMADA POR FIBRAS VEGETALES COMPRIMIDAS (CELULOSA) QUE SE MANTIENEN UNIDAS CON UN PEGAMENTO MUY POTENTE (LIGNINA). TODAS LAS PLANTAS LEÑOSAS SON PERENNES.

CADUCIFOLIA

PLANTA QUE SE DESHACE DE LAS HOJAS EN OTOÑO PARA REDUCIR LA PÉRDIDA DE ENERGÍA Y EL RIESGO DE SUFRIR DAÑOS DURANTE EL INVIERNO (VER PP. 154-155).

PERENNIFOLIA

PLANTA QUE CONSERVA LAS HOJAS DURANTE TODO EL AÑO. NO DEBE CONFUNDIRSE CON UNA PLANTA CONÍFERA, QUE PRODUCE PIÑAS Y A VECES PIERDE LAS HOJAS.

HERBÁCEA

PLANTA DE TALLO BLANDO, SIN TEJIDO LEÑOSO. DADO QUE LA MADERA TARDA TIEMPO EN FABRICARSE, TODAS LAS PLANTAS ANUALES Y BIENALES SON HERBÁCEAS, AUNQUE TAMBIÉN MUCHAS PERENNES.

Ciclo vital

Tipos de tallo

Formas vegetales

Crecimiento de las hojas

Términos prácticos: plantas jóvenes

Términos prácticos: guiar el crecimiento

ENMACETAR

TRASLADAR UNA PLANTA ENMACETADA A UN CONTENEDOR MÁS GRANDE. PUEDE CONSISTIR EN TRANSFERIR UN PLANTÓN DE UN SEMILLERO A UNA MACETA O UNA PLANTA DE INTERIOR A UNA MACETA MÁS GRANDE.

TRASPASAR

PASAR UN PEQUEÑO PLANTÓN DE DONDE SE HA SEMBRADO (NORMALMENTE UN SEMILLERO) A OTRO CONTENEDOR. ASÍ SE PROPORCIONA A LAS PLANTAS JÓVENES MÁS RECURSOS, ESPACIO Y LUZ PARA QUE CREZCAN SANAS Y FUERTES.

GUIAR

OBLIGAR A UNA PLANTA A CRECER EN UNA DIRECCIÓN CONCRETA O DE UNA FORMA DETERMINADA COLOCANDO LOS TALLOS MIENTRAS AÚN SON JÓVENES Y FLEXIBLES; EN GENERAL, ATANDO LOS TALLOS A ALAMBRES HORIZONTALES, CELOSÍAS U OTROS SOPORTES.

ENDURECER

PREPARAR UNA PLANTA DE INTERIOR PARA TRASLADARLA AL AIRE LIBRE, DEJÁNDOLA FUERA DURANTE UN PERÍODO CADA VEZ MÁS LARGO. ESTO ACTIVA SUS DEFENSAS ANTE EL VIENTO, EL SOL Y EL FRÍO.

PODAR

CORTAR CUALQUIER PARTE DE LA PLANTA CON EL FIN DE DESVIAR SU CRECIMIENTO EN UNA DIRECCIÓN DETERMINADA, CAMBIAR SU FORMA O MEJORAR LA FLORACIÓN O LA PRODUCCIÓN DE FRUTOS (VER PP. 164-165).

DESCABEZADO

ELIMINACIÓN DE FLORES MARCHITAS ANTES DE QUE FORMEN SEMILLAS, PARA REDIRIGIR LA ENERGÍA DE LA PLANTA A FIN DE QUE HAGA MÁS FLORES.

TRASPLANTAR

TRASLADAR UNA PLANTA A UN NUEVO HOGAR. PUEDE SER DE UNA MACETA AL SUELO O DE UN LUGAR DE LA PARCELA A OTRO.

ACLARAR

ELIMINAR LAS PLANTAS JÓVENES (NORMALMENTE PLANTONES) DE HILERAS O MACETAS ABARROTADAS, PARA QUE LAS PLANTAS RESTANTES DISPONGAN DE MÁS ESPACIO PARA QUE PUEDAN SALIR ADELANTE.

PELLIZCAR

CORTAR LA PUNTA DE UN BROTE CON EL PULGAR Y EL ÍNDICE PARA FOMENTAR LA RAMIFICACIÓN O PARA ELIMINAR UN BROTE LATERAL Y POTENCIAR EL CRECIMIENTO HACIA ARRIBA.

ESPIGADO

CUANDO UNA PLANTA CULTIVADA POR SUS HOJAS, SUS RAÍCES O SU BULBO COMESTIBLES PRODUCE UN TALLO FLORAL, DEJANDO LAS PARTES COMESTIBLES SIN RECURSOS Y A MENUDO HACIENDO QUE SE VUELVAN PEQUEÑAS Y AMARGAS (VER PP. 146-147).

NÉCTAR

LÍQUIDO DULCE (HASTA UN 80 POR CIENTO ES AZÚCAR) QUE LOS NECTARIOS SEGREGAN EN PEQUEÑAS CANTIDADES EN LAS FLORES PARA ATRAER A POSIBLES POLINIZADORES. NORMALMENTE ESTÁ OCULTO CERCA DE LA BASE DE LA FLOR.

CÉLULAS

UNIDADES VIVAS DE TAMAÑO MICROSCÓPICO QUE CONFORMAN TODAS LAS PLANTAS Y ANIMALES. CADA UNA DE ELLAS CONTIENE LOS MECANISMOS BIOLÓGICOS DE LA VIDA, JUNTO CON EL ADN, QUE CODIFICA LAS INSTRUCCIONES VITALES (VER PP. 72-73).

POLINIZACIÓN

LA UNIÓN DEL POLEN MASCULINO CON LAS PARTES REPRODUCTORAS FEMENINAS DE LA FLOR QUE ALOJAN EL ÓVULO.

POLEN

CADA GRANO MICROSCÓPICO ES UNA CÉLULA QUE CONTIENE EL ADN MASCULINO. EL POLEN SE GUARDA EN UNOS SAQUITOS (ANTERAS) EN EL EXTREMO DE LARGOS TALLOS SITUADOS DENTRO DE LA FLOR (ESTAMBRES).

POLINIZADOR

CUALQUIER ANIMAL QUE DESEMPEÑA SERVICIOS REPRODUCTORES PARA LAS PLANTAS, LLEVANDO LOS GRANOS DE POLEN DE UNA FLOR A OTRA.

MATERIA ORGÁNICA

MATERIAL MUERTO, EN DESCOMPOSICIÓN O DESCOMPUESTO PROCEDENTE DE UNA PLANTA O ANIMAL. ES UNA PARTE PEQUEÑA PERO VITAL DE CUALQUIER SUELO SANO (VER PP. 42-43).

COMPOST

MATERIAL PROCEDENTE DE PLANTAS O ANIMALES MUERTOS (MATERIA ORGÁNICA) QUE HA SIDO DESCOMPUESTO POR BACTERIAS, HONGOS Y OTRAS CRIATURAS. TAMBIÉN SE USA PARA REFERIRSE A LAS MEZCLAS PARA MACETAS (VER PP. 188-189).

MANTILLO

CUALQUIER SUSTANCIA QUE SE DEPOSITA SOBRE EL SUELO PARA CUBRIR SU SUPERFICIE. EVITA QUE LA HUMEDAD DEL SUELO SE EVAPORE E IMPIDE QUE CREZCAN LAS MALAS HIERBAS. LOS MANTILLOS DE MATERIA ORGÁNICA TAMBIÉN NUTREN EL SUELO (VER PP. 42-43).

Flores y reproducción

Mejora y salud del suelo

Células

Crecimiento inicial

Jardinería orgánica

Sensibilidad a la temperatura

GERMINACIÓN

BROTE DE UNA SEMILLA, QUE EMPIEZA CUANDO LA SEMILLA SE HINCHA DE AGUA Y TERMINA CUANDO SALE LA RAÍZ GERMINAL O RADÍCULA (VER PP. 76-77).

HOJAS EMBRIONARIAS

CONOCIDAS COMO COTILEDONES, PRIMERAS HOJAS QUE SALEN DE LA SEMILLA, QUE ESTABAN DOBLADAS EN SU INTERIOR, LLENAS DE COMBUSTIBLE PARA LOS PRIMEROS DÍAS DE SU EXISTENCIA.

HOJAS VERDADERAS

HOJAS TOTALMENTE FORMADAS CON EL ASPECTO Y LAS CARACTERÍSTICAS DE LA PLANTA MADURA. APARECEN DESPUÉS DE LAS HOJAS EMBRIONARIAS, CUANDO SE FORMA EL PLANTÓN.

JARDINERÍA ORGÁNICA

FILOSOFÍA QUE ENFATIZA EL HECHO DE «TRABAJAR CON LA NATURALEZA» MEJORANDO LA SALUD DEL SUELO Y EVITANDO EL USO DE PESTICIDAS Y FERTILIZANTES SINTÉTICOS (VER PP. 54-55).

TIERNA

SE REFIERE A UNA PLANTA QUE MORIRÁ SI SE EXPONE A LAS HELADAS O A LAS BAJAS TEMPERATURAS INVERNALES, Y QUE DEBERÁ SER PROTEGIDA O TRASLADADA A CUBIERTO PARA SOBREVIVIR AL INVIERNO EN CLIMAS FRÍOS (VER PP. 80-81).

ENDURECIDA

CUALQUIER PLANTA CAPAZ DE SOBREVIVIR AL AIRE LIBRE EN INVIERNO, GRACIAS A LA PROTECCIÓN BIOLÓGICA FRENTE A LAS BAJAS TEMPERATURAS (VER PP. 80-81).

ESTIÉRCOL

DESECHOS ANIMALES QUE SE APLICAN AL SUELO PARA MEJORAR SU SALUD Y DARLE NUTRIENTES; EL ESTIÉRCOL FRESCO CONTIENE BACTERIAS DAÑINAS Y ELEVADOS NIVELES DE AMONIACO, ASÍ QUE ES MEJOR DEJARLO DESCOMPONER (QUE SE PUDRA) ANTES DE USARLO (VER P. 193).

ABONO VERDE

PLANTAS DE RÁPIDO CRECIMIENTO SEMBRADAS EN EL SUELO DESNUDO PARA PREVENIR LA EROSIÓN Y EL CRECIMIENTO DE MALAS HIERBAS; NUTREN EL SUELO SI SE ARRANCAN Y SE DEJAN DESCOMPONER (VER PP. 42-43).

RED ALIMENTARIA DEL SUELO

CONJUNTO DE ORGANISMOS, VISIBLES Y MICROSCÓPICOS, QUE VIVEN EN EL SUELO, RECICLANDO NUTRIENTES, MEJORANDO SU ESTRUCTURA Y SUSTENTANDO EL CRECIMIENTO DE LAS PLANTAS (VER PP. 44-45).

MITOS DE LA JARDINERÍA

Muchas prácticas tradicionales e ideas más modernas forman parte ya del acerbo popular. Pero los estudios científicos han ayudado a distinguir los mitos de los datos contrastados, y muestran que muchas de aquellas prácticas, que a menudo requieren tiempo y esfuerzo, son poco beneficiosas o incluso pueden resultar perjudiciales.

LAS CÁSCARAS DE HUEVO Y LAS TRAMPAS DE CERVEZA EVITAN LOS DAÑOS DE LAS BABOSAS Y LOS CARACOLES

LOS BORDES AFILADOS DE LAS CÁSCARAS DE HUEVO NO SUPONEN UN OBSTÁCULO PARA ESTAS CRIATURAS.

Su musculoso pie cubierto de baba se desliza por encima de las barreras sin problema en busca de la tentadora planta. Las trampas de cerveza capturan solo a las babosas que resbalan y caen dentro, y por lo tanto no previenen de los daños.

VER PP. 210-211

PULVERIZAR CON AGUA LAS PLANTAS DE INTERIOR FAVORECE SU CRECIMIENTO

SE SUELE PULVERIZAR LAS PLANTAS CON AGUA PARA AUMENTAR LA HUMEDAD.

Pero es un remedio que solo aumenta fugazmente la humedad alrededor de las hojas y sirve de poco en el aire seco de una casa.

VER PP. 120-121

LAS PLANTAS DE INTERIOR NECESITAN UN HORARIO DE RIEGO

EL RIEGO EXCESIVO ES LA PRINCIPAL CAUSA DE MUERTE DE LAS PLANTAS DE INTERIOR.

Olvídate de las apps que te recuerdan que hay que regar. Riégalas según sus necesidades en función de la estación.

VER PP. 110-113 Y P. 163

REGAR BAJO EL SOL INTENSO QUEMA LAS HOJAS

EL SABER POPULAR ACONSEJA NO REGAR LAS PLANTAS BAJO EL SOL ABRASADOR DEL VERANO.

Se dice que las gotas de agua concentran los rayos solares en las hojas, quemándolas o chamuscándolas. Este efecto lente no se produce, ya que las gotas se evaporan rápidamente. Si las plantas tienen sed, dales agua.

VER PP. 114-115

LAS PLANTAS AYUDAN A LIMPIAR EL AIRE DE CASA, AUMENTANDO EL NIVEL DE OXÍGENO

LIBERAN OXÍGENO AL FABRICAR SU ALIMENTO CON LA FOTOSÍNTESIS.

Pero una planta de interior produce menos de una milésima parte del oxígeno que respiras a diario. Las plantas absorben algo de la contaminación atmosférica, pero si echas cuentas, verás que necesitarías cientos de plantas para eliminar realmente los vapores de tu casa, lo que te dejaría con muy poco espacio para vivir.

VER P. 20 Y PP. 70-71

LOS CORTES DE PODA DEBEN HACERSE INCLINADOS

LOS CORTES PLANOS SON MÁS PEQUEÑOS Y SE CURAN ANTES.

Los cortes inclinados dejan una herida más grande, tardan más en cicatrizar y no es cierto que eviten la pudrición al impedir que el agua se acumule.

VER PP. 170-171

EL AGUA SE EVAPORA DE UN PLATO CON GUIJARROS Y ELEVA LA HUMEDAD

SE DICE QUE ESTO ELEVA LA HUMEDAD ALREDEDOR DE LAS HOJAS.

Puede quedar bonito, pero no cambia la humedad del aire alrededor del follaje.

VER PP. 120-121

LOS PESTICIDAS ORGÁNICOS SON MÁS SEGUROS QUE LAS VERSIONES SINTÉTICAS

TODOS LOS PESTICIDAS MATAN ANIMALES BENEFICIOSOS, ASÍ QUE TODOS SON DAÑINOS.

Los pesticidas sintéticos tienen mala fama por muchas razones. La principal es que se asocian con el cáncer, el Alzheimer, el TDAH e incluso con anomalías congénitas. Además, se descomponen muy lentamente y permanecen en el suelo durante meses o incluso años. Los pesticidas orgánicos también son tóxicos. La diferencia es que han sido extraídos de plantas o fabricados a partir de minerales en un laboratorio. Es cierto, no obstante, que suelen descomponerse más rápido y causan menos daños a largo plazo.

VER PP. 52-53

AÑADIR ARENA A UN SUELO ARCILLOSO MEJORA SU DRENAJE

LOS SUELOS ARCILLOSOS SE ANEGAN SI LLUEVE, LO QUE SUPONE UN PROBLEMA.

Así pues, no es extraño que los jardineros lleven tiempo tratando de facilitar la circulación del agua en suelos arcillosos incorporando arena o arenilla. Tiene sentido: el agua drena mejor por los suelos arenosos y por tanto aumentar la proporción de arena debería mejorar el drenaje. Pero en la práctica, no es nada fácil añadir la arena o arenilla necesaria como para contrarrestar las propiedades de la arcilla. Los suelos ligeros tienen como mínimo un 50 por ciento de arena, así que necesitarías unos 250 kg (550 lb) por cada metro cuadrado de suelo arcilloso para lograr esa proporción. Por otra parte, al remover la tierra empeorarías el drenaje, ya que destruirías la estructura del suelo y entorpecerías la circulación del agua por él.

VER PP. 38-39 Y 42-43

AÑADIR CAL HACE QUE EL SUELO SEA MENOS ÁCIDO

LA CAL (PIEDRA CALIZA) NEUTRALIZA LOS ÁCIDOS DEL SUELO, HACIENDO QUE SEA MENOS ÁCIDO.

Eso eleva el pH del suelo. Pero los minerales y la materia orgánica que hay en el suelo resisten o «amortiguan» cualquier cambio forzado. Además, incluso con una lectura exacta del pH, es imposible saber qué cantidad de cal se necesita para superar dicha autorregulación del suelo. Y de todos modos el suelo poco a poco volverá a su pH original.

VER PP. 40-41

CON FRAGMENTOS DE CERÁMICA O PIEDRAS EN LA BASE, LA MACETA DRENA MEJOR

EN SUELOS ENCHARCADOS LAS RAÍCES SUFREN PUDREDUMBRE.

Según la sabiduría popular, para evitarlo hay que poner trozos de macetas rotas o gravilla en la base de la maceta antes de añadir el compost. La ciencia demuestra, sin embargo, que a las plantas con esta gravilla no les va mejor que a las que no la tienen. De hecho, a veces dicha gravilla dificulta el drenaje. Los pequeños poros entre las partículas del suelo retienen el agua como una esponja, de manera que no fluye fácilmente por los espacios más grandes que quedan entre la gravilla o los trozos de maceta. El agua se aferra a la capa inferior del suelo, donde puede acumularse y causar problemas de drenaje. Para evitarlo, lo mejor es usar una mezcla de tierra de calidad y una maceta con agujeros de drenaje, y no regar en exceso.

VER PP. 110-111

SOLO LAS PLANTAS AUTÓCTONAS ALIMENTAN A LOS INSECTOS BENEFICIOSOS

LAS FLORES Y LOS INSECTOS HAN EVOLUCIONADO JUNTOS.

Las flores han ido modificando sus proporciones, fragancias y colores para ser más atractivas a los insectos, y los insectos que se alimentan de flores concretas han transformado su anatomía para recoger el polen y el néctar de forma más eficaz. Por ello, algunos insectos solo pueden alimentarse de una cantidad limitada de plantas. Cultivar plantas de tu zona (autóctonas) es bueno para los polinizadores especializados, pero la mayoría de los insectos no están limitados, así que las parcelas con una gran variedad de flores autóctonas y no autóctonas sustentan una fauna más variada.

VER PP. 62-63 Y 140-141

HABLAR CON LAS PLANTAS MEJORA SU CRECIMIENTO

MUCHAS PERSONAS DICEN QUE HABLAR CON LAS PLANTAS LAS AYUDA A CRECER.

Las plantas perciben las vibraciones del aire que provoca el sonido, y crecen más rápido si se ponen ante un altavoz en el que suena música o sonido continuo. Probablemente se deba a que han evolucionado para sentir el viento y el contacto de insectos y otros animales, y a que esta estimulación es una parte natural de su desarrollo. No parece probable que unas palabras ocasionales puedan activar su crecimiento, aunque no hay pruebas concluyentes ni de eso ni de lo contrario. El aliento humano contiene altos niveles de dióxido de carbono, que las plantas usan para fabricar su alimento con la fotosíntesis, pero no se sabe si ese aumento fugaz influye en el crecimiento.

VER PP. 70-71 Y 86-87

LA APICULTURA URBANA BENEFICIA A LAS ABEJAS Y OTROS POLINIZADORES

LOS INSECTOS POLINIZADORES SON DIEZMADOS POR EL CAMBIO CLIMÁTICO, LA DESTRUCCIÓN DE HÁBITATS Y LOS PESTICIDAS.

Aunque se fomenta la idea de instalar colmenas en zonas urbanas como una posible solución, lo cierto es que conlleva sus propios problemas. Una colmena nueva introduce una colonia de abejas voraces dispuestas a engullir todo el néctar y el polen que haya cerca, así que los polinizadores locales, como los abejorros, abejas solitarias, sírfidos, polillas y mariposas, acabarán pasando hambre. Los estudios muestran que, en zonas con colmenas urbanas, la cifra de otros polinizadores disminuye. Y peor aún, como no hay suficiente comida, las colmenas no suelen producir una buena cantidad de miel y acaban abandonadas una vez está hecho el daño.

VER PP. 30-31

ÍNDICE

BIBLIOGRAFÍA

10-11 PLANTAS ASOMBROSAS

Krishna Kumar Kandaswamy *et al.*, "AFP-Pred: A random forest approach for predicting antifreeze proteins from sequence-derived properties", *Journal of Theoretical Biology* 270 (2011) 56-62. Matt Candeias, *In Defense of Plants: an exploration into the wonder of plants*, Mango, 2021.

12-13 ¿SON INTELIGENTES LAS PLANTAS?

Stefano Mancuso, *The Roots of Plant Intelligence*, ted.com/talks/stefano_mancuso_the_roots_of_plant_intelligence. F. Baluska *et al.*, "The 'root-brain' hypothesis of Charles and Francis Darwin: Revival after more than 125 years", *Plant Signal Behav.*, 4 (2009) 1121-1127. Michel Thellier *et al.*, "Long-distance transport, storage and recall of morphogenetic information in plants. The existence of a sort of primitive plant memory", *Comptes Rendus de l'Académie des Sciences - Series III - Sciences de la Vie*, 323 (2000), 81-91. H.M. Appel *et al.*, "Plants respond to leaf vibrations caused by insect herbivore chewing", *Oecologia* 175 (2014) 1257-1266. M. Gagliano *et al.*, "Tuned in: plant roots use sound to locate water", *Oecologia* 184 (2017) 151-160.

16-17 ¿SON IMPORTANTES LOS JARDINES PARA LA FAUNA?

"Living Planet Report", WWF [artículo web], 2020, livingplanet.panda.org/en-us/. A. Derby Lewis *et al.*, "Does Nature Need Cities? Pollinators Reveal a Role for Cities in Wildlife Conservation", *Frontiers in Ecology and Evolution*, 7 (2019). James G. Rodger *et al.*, "Widespread vulnerability of flowering plant seed production to pollinator declines", *Science Advances,* 7 no. 42 (2021).

20 ¿ABSORBEN LAS PLANTAS LA POLUCIÓN DEL AIRE?
"9 out of 10 people worldwide breathe polluted air, but more countries are taking action", World Health Organisation [artículo web], 2 May 2018, who.int/news/item/02-05-2018-9-out-of-10-people-worldwide-breathe-polluted-air-but-more-countries-are-taking-action. Michel Le Page, "Does air pollution really kill nearly 9 million people each year?", *New Scientist*, 12 March 2019. Zhang Jiangli *et al.*, "Improving Air Quality by Nitric Oxide Consumption of Climate-Resilient Trees Suitable for Urban Greening", *Frontiers in Plant Science*, 11 (2020). K. Wróblewska *et al.*, "Effectiveness of plants and green infrastructure utilization in ambient particulate matter removal", *Environ. Sci. Eur.* 33, 110 (2021). A. Diener, P. Mudu, "How can vegetation protect us from air pollution? A critical review on green spaces' mitigation abilities for air-borne particles from a public health perspective - with implications for urban planning", *Science of The Total Environment* 796, (2021). Udeshika Weerakkody *et al.*, "Quantification of the traffic-generated particulate matter capture by plant species in a living wall and evaluation of the important leaf characteristics", *Science of The Total Environment* 635 (2018). B. C. Wolverton *et al.*, "Interior landscape plants for indoor pollution abatement", NASA September 15 1989.

21 ¿PUEDE CAPTAR MI JARDÍN DIÓXIDO DE CARBONO?
"How many trees needed to offset your carbon emissions?", Samson Opanda [artículo web], 8billiontrees.com/carbon-offsets-credits/reduce-co2-emissions/how-many-trees-offset-carbon-emissions/. "How much CO2 does a tree absorb?", Viessman [artículo web], viessmann.co.uk/heating-advice/how-much-co2-does-tree-absorb.

22 ¿DAN FRESCOR LAS PLANTAS?
M. A. Rahman, A.R. Ennos, "What we know and don't know about the cooling benefits of urban trees", *Trees and Design Action Group*, (2016). K. K. Y. Liu, B. Bass, "Performance of green roof systems", *Cool Roofing Symposium*, Atlanta, GA., May 12-13 2005. Ying-Ming Su, Chia-Hi Lin, "Removal of Indoor Carbon Dioxide and Formaldehyde Using Green Walls by Bird Nest Fern", *The Horticulture Journal*, 84, no. 1 (2015) 69-76.

23 UN JARDÍN ¿EVITA INUNDACIONES?
"Extreme weather events in Europe", European Academies' Science Advisory Council [artículo web], 2018, easac.eu/fileadmin/PDF_s/reports_statements/Extreme_Weather/EASAC_Extreme_Weather_2018_web_23March.pdf. "Rain gardens", Royal Horticultural Society [artículo web], www.rhs.org.uk/garden-features/rain-gardens.

24-25 ¿CÓMO AFECTARÁ EL CAMBIO CLIMÁTICO A MI JARDÍN?
Bob Oakes, Yasmin Amer, "How Thoreau helped make Walden pond one of the best places to study climate change in the US", WBUR [artículo web], wbur.org/news/ 2017/07/12/studying-climate-change-walden-pond. U. Büntgen *et al.*, "Plants in the UK flower a month earlier under recent warming", Proc. R. Soc. 289, no. 1968 (2022). Bianca Drepper, Anne Gobin, Jos Van Orshoven "Spatio-temporal assessment of frost risks during the flowering of pear trees in Belgium for 1971-2068", *Agricultural and Forest Meteorology*, volume 315, 15 March 2022. "Heat and cold — frost days", European Environment Agency [artículo web], www.eea.europa.eu/publications/europes-changing-climate-hazards-1/heat-and-cold/frost-days.

34-35 ¿CÓMO INFLUYE EL CLIMA EN LO QUE PUEDO PLANTAR?
Jerry L. Hatfield, John H. Prueger, "Temperature extremes: effect on plant growth and development", *Weather and Climate Extremes*, 10, part A (2015) 4-10. Hu Shanshan *et al.*, "Sensitivity and responses of chloroplasts to heat stress in plants", *Frontiers in Plant Science*, 11 (2020). "Citrus", Royal Horticultural Society [artículo web], rhs.org.uk/fruit/citrus/grow-your-own.

36-37 ¿QUÉ ES UN MICROCLIMA?
C. Maraveas, "Design of Tall Cable-Supported Windbreak Panels." *Open Journal of Civil Engineering*, 9 (2019), 106-122.

40-41 ¿QUÉ ES EL PH DEL SUELO Y CÓMO INFLUYE EN LO QUE PLANTO?
S. Singh *et al.*, "Soil properties change earthworm diversity indices in different agro-ecosystem", *BMC Ecology*, 20, no. 27 (2020). "Soil pH: what it means", Donald Bickelhaupt, SUNY College of Environmental Science and Forestry [artículo web], esf.edu/pubprog/brochure/soilph/soilph.htm.

42-43 ¿CÓMO PUEDO MEJORAR MI SUELO?
"The soil is alive", European Commission Convention on Biological Diversity (2008). P. Bonfante, A. Genre, "Mechanisms underlying beneficial plant-fungus interactions in mycorrhizal symbiosis", *Nat. Commun.* 1, no. 48 (2010). H. Bücking *et al.*, "The role of the mycorrhizal symbiosis in nutrient uptake of plants and the regulatory mechanisms underlying these transport processes", in *Plant Science*, IntechOpen, 2012.

44-45 ¿POR QUÉ LA RED ALIMENTARIA DEL SUELO ES IMPORTANTE?
N. J. Balfour, F. L. W. Ratnieks, "The disproportionate value of 'weeds' to pollinators and biodiversity", *Journal of Applied Ecology*, 59, no. 5, (2022) 1209-1218. J. M. Baskin, C. C. Baskin, "Does seed dormancy play a role in the germination ecology of *Rumex crispus*?" *Weed Science*, 33, no. 3 (1985) 340-343. "Invasive non-native plants", Royal Horticultural Society [artículo web], rhs.org.uk/prevention-protection/invasive-non-native-plants. "The impact of glyphosate on soil health", Soil Association [artículo web], soilassociation.org/media/7202/glyphosate-and-soil-health-full-report.pdf.

46-47 ¿ARRANCO LAS MALAS HIERBAS?
"Never let'em set seed", Robert Norris, Weed Science Society of America [artículo web], wssa.net/wssa/weed/articles/wssa-neverletemsetseed/.

49 ¿QUÉ TIPO DE COMPOST DEBO COMPRAR?
"On Test: compost for raising plants", Gardening Which? [artículo web], 2022, which.co.uk/reviews/compost/article/best-compost-ahUv44C6lrR5.

50-51 ¿POR QUÉ ES MALO USAR TURBA?
Fereidoun Rezanezhad *et al.*, "Structure of peat soils and implications for water storage, flow and solute transport: A review update for geochemists", *Chemical Geology*, 429 (2016) 75-84. "Garden", Pesticide Action Network North America [artículo web], panna.org/ starting-home/garden.

52-53 ¿DEBO USAR PESTICIDAS?
"Homeowner's guide to protecting frogs - lawn and garden care", US Fish and Wildlife Service [artículo web], 2000, dwr.virginia.gov/ wp-content/uploads/homeowners-guide-frogs.pdf. Christie Wilcox, "Myth Busting 101: organic farming>conventional agriculture", Scientific American [artículo web], 2011, blogs.scientificamerican.com/ science-sushi/httpblogsscientificamericancomscience-sushi20110718 mythbusting-101-organic-farming-conventional-agriculture/. "Monograph on Glyphosate", WHO International Agency for Research on Cancer [artículo web], 2015, iarc.who.int/featured-news/ media-centre-iarc-news-glyphosate/. A. H. C. van Bruggen *et al.*, "Indirect effects of the herbicide glyphosate on plant, animal and human health through its effects on microbial communities", *Front. Environ. Sci.*, 18 (2021).

56-57 ¿CÓMO LOGRO UNA PARCELA CON POCO MANTENIMIENTO?
"3 million front gardens have been completely paved since 2005. Let's try to reverse this trend", Hayley Monkton, Lowimpact [artículo web], 2015, lowimpact.org/posts/3-million-front-gardens-have-been-completely-paved-since-2005-lets-try-to-reverse-this-trend.

60-61 ¿DEBERÍA PONER CÉSPED?
"Water Calculator", Eco Lawn, www.eco-lawn.com. "Grass lawns are an ecological catastrophe", Lenore Hitchler, Only Natural Energy [artículo web], 2018, onlynaturalenergy.com/grass-lawns-are-an-ecological-catastrophe/.

62-63 ¿DEBERÍA CULTIVAR SOLO PLANTAS AUTÓCTONAS?
Matthew L. Forister *et al.*, "The global distribution of diet breadth in insect herbivores", *PNAS*, 112, no. 2 (2014) 442-447. Chris D. Thomas, *Inheritors of the Earth: How Nature Is Thriving in an Age of Extinction*, Penguin, 2018. "Native and non-native plants for pollinators", Royal Horticultural Society [artículo web], rhs.org.uk/ wildlife/native-and-non-native-plants-for-pollinators.

64-65 ¿POR QUÉ SE USA EL LATÍN?
Anna Pavord, *The Naming of Names*, Bloomsbury, 2007.

66-67 ¿HAY HERRAMIENTAS MEJORES QUE OTRAS?
"Anvil or Bypass Secateurs", Robert Pavlis, Garden Myths [artículo web], www.garden myths.com/anvil-bypass-secateurs-pruners/.

70-71 ¿QUÉ NECESITAN LAS PLANTAS?
"Plants release more carbon dioxide into atmosphere than expected", Australian Nat. Uni. [artículo web], 2017, anu.edu.au/news/all-news/ plants-release-more-carbon-dioxide-into-atmosphere-than-expected.

72-73 ¿CÓMO ES UNA CÉLULA VEGETAL?
F. W. Telewski, "Mechanosensing and plant growth regulators elicited during the thigmomorphogenetic response", *Frontiers in Forests and Global Change* 18 (2021).

74 ¿QUÉ ES UNA SEMILLA?
J. Shen-Miller *et al.*, "Exceptional seed longevity and robust growth: ancient sacred lotus from China", *American Journal of Botany* 82 (1995) 1367-1380.

76-77 ¿QUÉ NECESITAN LAS SEMILLAS PARA GERMINAR?
W. Aufhammer *et al.*, "Germination of grain amaranth (*Amaranthus hypochondriacus* × *A. hybridus*): effects of seed quality, temperature, light, and pesticides", *European Journal of Agronomy*, 8 (1998) 127-135. "Start seeds indoors: digging deeper, pt 3" Joe Lamp'l [artículo web], Feb 15 2018, joegardener.com/podcast/seed-starting-part-3/.

78-79 ¿POR QUÉ SE SIEMBRA Y PLANTA EN DISTINTAS ÉPOCAS DEL AÑO?
"Seed-sowing techniques", Royal Horticultural Society [artículo web], rhs.org.uk/advice/beginners-guide/vegetable-basics/seed-sowing-techniques. Christian Körner, "Winter crop growth at low temperature may hold the answer for alpine treeline formation", *Plant Ecology & Diversity*, 1, no. 1, (2008) 3-11.

80-81 ¿QUÉ ES LA RUSTICIDAD Y CÓMO SE MIDE?
Victoria Wyckelsma, Peter John Houweling, "Your genetics influence how resilient you are to cold temperatures - new research", The Conversation [artículo web], February 25 2021, theconversation.com/ your-genetics-influence-how-resilient-you-are-to-cold-temperatures-new-research-155975. *RHS Plant Finder 2013*, Royal Horticultural Society, 2013. USDA Plant Hardiness Zone Map, planthardiness.ars. usda.gov. *The European Garden Flora 2nd Edition*, James Cullen, Sabina G. Knees, H. Suzanne Cubey (eds.), Cambridge, 2011.

84-85 ¿CÓMO PUEDO HACER QUE MIS PLANTONES ESTÉN FUERTES?
Hendrik Poorter *et al.*, "Pot size matters: A meta-analysis of the effects of rooting volume on plant growth", *Functional Plant Biology*, 39 (2012) 839-850. "Potting up: which pot size is correct for potting up?", Robert Pavlis, Garden Myths [artículo web], gardenmyths.com/ potting-up-correct-pot-size/.

86-87 ¿QUÉ ES «ENDURECER»?
E. Wassim Chehab *et al.*, "Thigmomorphogenesis: a complex plant response to mechano-stimulation", *Journal of Experimental Botany*, 60, no. 1 (2009) 43-56.

90-91 ¿QUÉ SON LAS PLANTAS INJERTADAS? ¿DEBO COMPRARLAS?
K. Mudge *et al.*, "A History of Grafting" *Horticultural Reviews*, 35 (2009). Alex Wilkins, "Near impossible plant-growing technique could revolutionise farming", *New Scientist*, 22 December 2021.

94 ¿HAY PLANTAS QUE CONVIENE PLANTAR JUNTAS?
R. P. Larkin *et al.*, "Rotation and cover crop effects on soil borne potato diseases, tuber yield, and soil microbial communities." *Plant Disease*, 94, no. 12 (2010) 1491-1502. Jessica Walliser, *Plant Partners: Science-based Companion Planting Strategies for the Vegetable Garden*, Storey Publishing, 2021. "Push-pull cropping: fool the pests to feed the people",

Rothamsted Research [artículo web], https://www.rothamsted.ac.uk/push-pull-cropping.

95 ¿DEBO ROTAR LAS PLANTAS CADA AÑO?
Mirza Hasanuzzaman, *Agronomic crops Vol. 1: Production Technologies*, Springer Nature, 2019. K. D. White, "Fallowing, crop rotation, and crop yields in Roman times", *Agricultural History*, 44, no. 3 (1970) 281-290. "A guide to the nutritional requirements of crops", Adam Otter, IntelliDigest [artículo web], 2022, intellidigest.com/services-research/a-guide-to-the-nutritional-requirements-of-crops/?doing_wp_cron=1656602270.2639980316162109375000.

100-101 ¿CÓMO PUEDO SABER CUÁL ES EL MEJOR LUGAR PARA LAS PLANTAS DE INTERIOR?
"Your plants get stressed when they're hot", Martha Proctor, University of California [artículo web], ucanr.edu/sites/MarinMG/files/152980.pdf. "Artificial lighting for indoor plants", Royal Horticultural Society [artículo web], rhs.org.uk/plants/types/houseplants/artificial-lighting.

104-105 ¿SON IGUALES TODAS LAS RAÍCES?
Y. Liu *et al.*, "A new method to optimize root order classification based on the diameter interval of fine root", *Sci. Rep.*, 8 (2018) 2960. Maire Holz *et al.*, "Root hairs increase rhizosphere extension and carbon input to soil", *Annals of Botany*, 121, no. 1 (2018) 61-69.

106-107 ¿PUEDO SIMPLEMENTE ARRANCAR Y TRASLADAR LAS PLANTAS?
P. Álvarez-Uría, C. Korner, "Low temperature limits of root growth in deciduous and evergreen temperate tree species", *Functional Ecology* 21, no. 2 (2007) 211-218. "Transplanting - should you reduce top growth?", Robert Pavlis, Garden Myths [artículo web], www.gardenmyths.com/transplanting-should-you-reduce-top-growth/. "Trees and shrubs: moving plants", Royal Horticultural Society [artículo web], rhs.org.uk/plants/types/trees/moving-trees-shrubs.

108 ¿OBTIENEN SIEMPRE LOS NUTRIENTES DEL SUELO?
Gergo Palfalvi *et al.*, "Genomes of the Venus flytrap and close relatives unveil the roots of plant carnivory", *Current Biology*, 30, no. 12 (2020) 2312-2320. A. M. Ellison *et al.*, "Energetics and the evolution of carnivorous plants—Darwin's 'most wonderful plants in the world'", *Journal of Experimental Botany*, 60, no. 1 (2009) 19-42.

114-115 ¿CUÁL ES LA MEJOR FORMA DE REGAR LAS PLANTAS?
C. Brouwer, K. Prins, M. Heibloem, Irrigation water management: training manual no. 5: irrigation methods, Annex 2 Infiltration rate and infiltration test, Food and Agriculture Organization of the United Nations, 1985. D. Dietrich *et al.*, "Root hydrotropism is controlled via a cortex-specific growth mechanism", *Nature Plants*, 3 (2017). S. Nxawe *et al.*, "Effect of regulated irrigation water temperature on hydroponics production of Spinach (*Spinacia oleracea* L.)", *African Journal of Agricultural Research*, 4, no. 12 (2009) 1442-1446. Andy McMurray, "Effects of water temperature on Easter lilies", *North Carolina Flower Growers' Bulletin*, 22, no. 2, (1978). Jay W. Pscheidt, *Flourine toxicity in plants*, Pacific Northwest Pest Management Handbooks, pnwhandbooks.org/plantdisease/pathogen-articles/nonpathogenic-phenomena/fluorine-toxicity-plants.

116 ¿CÓMO AFRONTAN LAS PLANTAS LOS CLIMAS LLUVIOSOS?
Samuel Taylor Coleridge, "The Rime of the Ancient Mariner" (1834). Pan Jiawei *et al.*, "Mechanisms of waterlogging tolerance in plants: research progress and prospects", *Frontiers in Plant Science*, 11 (2021).

117 ¿CÓMO AFRONTAN LAS PLANTAS LA SEQUÍA?
Cruz de Carvalho, Maria Helena, "Drought stress and reactive oxygen species: production, scavenging and signaling", *Plant signaling & behavior*, 3, no. 3 (2008) 156-165. El Khoumsi Wafae *et al.*, "Integration of groundwater resources in water management for better sustainability of the oasis ecosystems - case study of Tafilalet Plain, Morocco", *3rd World Irrigation Forum* (2019).

120-121 ¿CÓMO PUEDO AUMENTAR LA HUMEDAD DE LAS PLANTAS DE INTERIOR?
"Tropical rainforest biomes", Khan Academy [artículo web], khanacademy.org/science/biology/ecology/biogeography/. Richard Slávik, Miroslav Cekon, "Hygrothermal loads of building components in bathroom of dwellings", *Advanced Materials Research*, 1041 (2014) 269-272. "Increasing humidity for indoor plants: what works and what doesn't", Robert Pavlis, Garden Myths [artículo web], gardenmyths.com/increasing-humidity-indoor-plants/.

122-123 ¿QUÉ NUTRIENTES SON ESENCIALES PARA QUE LAS PLANTAS ESTÉN SANAS?
Janet I. Sprent, Euan K. James, "Legume evolution: where do nodules and mycorrhizas fit in?" *Plant Physiology*, 144, no. 2 (2007) 575-81.

126-127 ¿CUÁL ES EL SECRETO DE UN CÉSPED SANO Y BONITO?
"Different photosynthesis rates show the grass really is greener sometimes", Ian Chant, The Mary Sue [artículo web], 2012, themarysue.com/greener-grass/. "Grass holds the secret to more efficient crops?", Belinda Smith, Cosmos [artículo web], 2016, cosmosmagazine.com/science/biology/does-grass-hold-the-secret-to-more-efficient-crops/. H. Chen *et al.*, "The extent and pathways of nitrogen loss in turfgrass systems: age impacts.", The Science of the total environment, 637-638, (2018) 746-757. "How to have and care for a healthy lawn: top 7 non-negotiables", Joe Lamp'l [artículo web], 2018, joegardener.com/podcast/healthy-lawn-care/. University of Hertfordshire Pesticide Properties Database, sitem.herts.ac.uk/aeru/ppdb/en/Reports/431.htm.

128-129 ¿CÓMO TREPAN LAS PLANTAS?
"English ivy's climbing secrets revealed by scientists", Jody Bourton, Earth News, 28 May 2010, news.bbc.co.uk/earth/hi/earth_news/newsid_8701000/8701358.stm.

140-141 ¿QUÉ PLANTAS SON MEJORES PARA LOS POLINIZADORES?
"Plummeting insect numbers 'threaten collapse of nature'", Damian Carrington, *The Guardian* [artículo web], 10 Feb 2019. "The assessment report of the Intergovernmental Science-Policy Platform on biodiversity and ecosystem services on pollinators, pollination and food production", IPBES (2016), S.G. Potts, V. L. Imperatriz-

Fonseca, and H. T. Ngo (eds.). Secretariat of the Intergovernmental Science-Policy Platform on Biodiversity and Ecosystem Services. James C. Rodger *et al.*, "Widespread vulnerability of flowering plant seed production to pollinator declines", *Science Advances*, 7, no. 42 (2021).

142-143 ¿CÓMO LOGRO QUE LAS PLANTAS DE INTERIOR FLOREZCAN?
S. N. Freytes,*et al.*, "Regulation of flowering time: when and where?", *Curr. Opin. Plant Biol.*, 63 (2021). F. Andrés *et al.*, "Analysis of photoperiod sensitivity sheds light on the role of phytochromes in photoperiodic flowering in rice", *Plant Physiol.*, 151, no. 2 (2009) 681-690. Yin-Tung Wang, "Impact of a high phosphorus fertilizer and timing of termination of fertilization on flowering of a hybrid moth orchid", *HortScience*, 35, no. 1 (2000).

144 ¿DEBO CULTIVAR FLORES PARA CORTAR?
Jeannette Haviland-Jones *et al.*, "An environmental approach to positive emotions: flowers", *Evolutionary Psychology*, 3 (2005). H. Ikei *et al.*, "The physiological and psychological relaxing effects of viewing rose flowers in office workers", *Journal of Physiological Anthropology*, 33, no. 1 (2014).

146-147 ¿QUÉ ES EL ESPIGADO Y CÓMO SE EVITA?
"Why do Greens Bolt?", Megan Haney, Fine Gardening, Issue 164 [artículo web], finegardening.com/project-guides/fruits-and-vegetables/why-do-greens-bolt.

149 ¿POR QUÉ MI ÁRBOL DA FRUTOS CADA DOS AÑOS?
"Understanding crop load and growth regulator effects on biennial bearing in apple trees", Christopher Gottschalk *et al.*, Michigan State University [artículo web], canr.msu.edu/uploads/files/16_treefruit_Gottschalk.pdf.

154-155 ¿POR QUÉ EN OTOÑO LAS HOJAS CAMBIAN DE COLOR Y CAEN?
Inés Pena-Novas, Marco Archetti, "A test of the photoprotection hypothesis for the evolution of autumn colours: chlorophyll resorption, not anthocyanin production, is correlated with nitrogen translocation", *Journal of Evol. Biology*, 34, no. 9 (2021) 1423-1431. K. S. Gould, "Nature's Swiss army knife: the diverse protective roles of anthocyanins in leaves", *Journal of Biomed. Biotech.*, 5 (2004) 314-320.

158-159 ¿CÓMO CUIDO DEL JARDÍN EN INVIERNO?
Johannes Heinze *et al.*, "Soil temperature modifies effects of soil biota on plant growth", *Journal of Plant Ecology*, 10, no. 5 (2017) 808-821.

163 ¿POR QUÉ MIS PLANTAS DE INTERIOR MUEREN EN INVIERNO?
Alexander S. Lukatin, "Chilling injury in chilling-sensitive plants: a review", *Žemdirbystė Agriculture*, 99, 2 (2012) 111-124.

166-167 ¿QUÉ OCURRE CUANDO HAGO UN CORTE DE PODA?
R. P. Baayen *et al.*, "Compartmentalization of decay in carnations", *Phytopathology*, 86, no. 10 (1996).

170-171 ¿IMPORTA DÓNDE HAGO EL CORTE DE PODA?
L. Chalker-Scott, A. J. Downer, "Myth busting for extension educators: reviewing the literature on pruning woody plants", *Journal of the NACAA*, 14, no. 2, (2021).

172-173 ¿DEBO GUIAR LOS FRUTALES ATÁNDOLOS A UN MURO O VALLA?
"Fruit Tree Pruning - Basic Principles", Robert Crassweller, PennState Extension [artículo web], 2017, extension.psu.edu/fruit-tree-pruning-basic-principles. Nikolaos Koutinas *et al.*, "Flower Induction and Flower Bud Development in Apple and Sweet Cherry", *Biotech. & Biotechnological Equipment*, 24, no. 1 (2010) 1549-1558.

176-177 ¿PUEDO RECOLECTAR SEMILLAS PARA OBTENER PLANTAS NUEVAS?
S. Takayama *et al.*, "Direct ligand-receptor complex interaction controls brassica self-incompatibility", *Nature*, 4, no. 413 (2001). H. Shimosato *et al.*, "Characterization of the SP11/SCR high-affinity binding site involved in self/non-self recognition in brassica self-incompatibility", *Plant Cell*, 19, no. 1 (2007) 107-117. "Types of plants that can't self-pollinate", Lori Norris, SFGate [artículo web], homeguides.sfgate.com/types-plants-cant-selfpollinate-80879.html.

178 ¿CUÁL ES LA MEJOR FORMA DE ALMACENAR LAS SEMILLAS?
"Successful seed storage at home", Kevin McGinn, National Botanic Garden Wales [artículo web], (2020), botanicgarden.wales/2020/08/successful-seed-storage-at-home/. "Seed: collecting and storing", Royal Horticultural Society [artículo web], rhs.org.uk/propagation/seed-collecting-storing.

179 ¿CUÁNTO TIEMPO SON VIABLES LAS SEMILLAS?
Janine Wiebach *et al.*, "Age-dependent loss of seed viability is associated with increased lipid oxidation and hydrolysis", *Plant, Cell, and Environment*, 43, no. 2 (2020). Loïc Rajjou *et al.*, "Seed longevity: survival and maintenance of high germination ability of dry seeds", *Comptes Rendus Biologies*, 331, no. 10 (2008) 796-805. "How does the age of a seed affect its ability to germinate?", Laura Reynolds, SFGate [artículo web], homeguides.sfgate.com/age-seed-affect-its-ability-germinate-69423.html. "How long do seeds last?", Aaron von Frank, Grow Journey [artículo web], growjourney.com/long-seeds-last-seed-longevity-storage-guide. "Common poppy", Garden Organic [artículo web], gardenorganic.org.uk/weeds.

182-183 SI DIVIDO UNA PLANTA ¿SE MORIRÁ?
José León *et al.*, "Wound signalling in plants", *Journal of Experimental Botany*, 52, no. 354 (2001) 1-9.

184 ¿PUEDO CULTIVAR CUALQUIER COSA A PARTIR DE UN ESQUEJE?
A. J. Koo, G. A. Howe, "The wound hormone jasmonate", *Phytochemistry* 70, no. 13-14 (2009) 1571-1580.

188-189 ¿QUÉ ES EL COMPOST Y CÓMO SE FORMA?
"Understanding soil microbes and nutrient recycling", James J. Hoorman, Rafiq Islam, Ohio State University Extension, 2010, ohioline.osu.edu/factsheet/SAG-16.

192 ¿DEBO EVITAR PONER LAS MALAS HIERBAS Y LAS HOJAS ENFERMAS EN EL COMPOST?
Ruth M. Dahlquist *et al.*, "Time and temperature requirements for weed seed thermal death", *Weed Science*, 55 (2007) 619-625.

193 ¿POR QUÉ HAY QUE DEJAR QUE EL ESTIÉRCOL SE PUDRA?
X. Jiang *et al.*, "The role of animal manure in the contamination of fresh food", *Advances in Microbial Food Safety*, 2015, 312-350.

194-195 ¿QUÉ TIPO DE ENFERMEDADES PADECEN LAS PLANTAS?
"Plant pathology guidelines for master gardeners", Richard Reid [artículo web], erec.ifas.ufl.edu/plant_pathology_guidelines/ module_05.shtml. V. A. Robert, A. Casadevall, "Vertebrate endothermy restricts most fungi as potential pathogens", *J. Infect. Dis.*, 200, no. 10 (2009) 1623-1626.

196-197 ¿CÓMO PUEDO EVITAR QUE LAS PLANTAS ENFERMEN?
Kim E. Hammond-Kosack, Jonathan D. G. Jones, "Plant Disease Resistance Genes", *Annu. Rev. Plant Physiol. Plant Mol. Biol.*, 48 (1997) 575-607. B. C. Freeman, G. A. Beattie, "An overview of plant defenses against pathogens and herbivores", *The Plant Health Instructor*, (2008). "Plant bacteria thrive in wet weather", Neha Jain, Science Connected Magazine [artículo web], 2022, magazine. scienceconnected.org/2022/03/plant-bacteria-thrive-wet-weather/.

200-201 ¿CUÁL ES EL MEJOR MODO DE PREVENIR LAS PLAGAS?
E. J. Andersen *et al.*, "Disease resistance mechanisms in plants", *Genes*, 9, no. 7 (2018) 339. Carolyn Mitchell *et al.*, "Plant defense against herbivorous pests: exploiting resistance and tolerance traits for sustainable crop protection", *Front. Plant Sci.*, 7 (2016). "Why insect pests love monocultures, and how plant diversity could change that", Science Daily [artículo web], 2016, sciencedaily.com/ releases/2016/10/161012134054.htm. S. Pascual *et al.*, "Effects of processed kaolin on pests and non-target arthropods in a Spanish olive grove", *J. Pest Sci.*, 83 (2010) 121-133. "Should I buy ladybugs for the garden?", Robert Pavlis, Garden Myths [artículo web], gardenmyths.com/buy-ladybugs-garden/.

202-203 ¿CÓMO PUEDO EVITAR QUE LAS BABOSAS Y LOS CARACOLES DAÑEN LAS PLANTAS?
Planet friendly: RHS no longer to class slugs and snails as pests. *The Guardian,* 4 March 2022. https://www.theguardian.com/ environment/2022/mar/04/planet-friendly-rhs-to-no-longer- class-slugs-and-snails-as-pests. "New study disproves myths to get rid of slugs", N. Mason, Pro Landscaper [artículo web], 2018, prolandscapermagazine.com/myths-deterring-slugs/. Azlina Mat Saad *et al.*, "Metaldehyde toxicity: a brief on three different perspectives", *Journal of Civil Engineering, Science and Technology*, 8, no.2 (2017). "Less toxic iron phosphate slug bait proves effective", Glenn Fisher, Oregon State Uni Extension Service [artículo web], 2008, extension.oregonstate.edu/news/less-toxic-iron-phosphate- slug-bait-proves-effective.

208-211 MITOS DE LA JARDINERÍA
"Are gardeners wrong to put crocks in pots?", Tom de Castella, BBC News [artículo web], bbc.co.uk/news/blogs-magazine-monitor- 27126160. "How Many Plants Would It Take to Produce Enough Oxygen for One Person?", Candide Gardening [artículo web], medium.com/@candidegardening/how-many-plants-would-it-take- to-produce-enough-oxygen-for-one-person-7312743ed70b.

Edición de arte Alison Gardner
Edición del proyecto Jo Whittingham
Asesoramiento de jardinería Mike Grant, Phil Clayton
Ilustración Sally Caulwell
Fotografía Gary Ombler, Ian Gilmour
Consultoría editorial de jardinería Chris Young

DK
Diseño sénior Louise Brigenshaw
Edición sénior Alastair Laing
Maquetación y coordinación de diseño Heather Blagden
Edición de producción David Almond
Control de producción Rebecca Parton
Dirección de diseño Marianne Markham
Edición ejecutiva Ruth O'Rourke
Dirección de arte Maxine Pedliham
Dirección editorial Katie Cowan

De la edición en español:
Coordinación editorial Sara García Pérez
Asistencia editorial y producción Eduard Sepúlveda

Servicios editoriales Tinta Simpàtica
Traducción Ana Riera Aragay
Diseño de cubierta Nicolate Castillan

Publicado originalmente en Gran Bretaña
en 2023 por Dorling Kindersley Limited
DK, One Embassy Gardens, 8 Viaduct Gardens,
Londres, SW11 7BW
Parte de Penguin Random House

AGRADECIMIENTOS

Así como cada planta depende de una red vital, este libro no existiría sin el esfuerzo de mucha gente. En primer lugar, estoy en deuda con Jo Whittingham, editora, que ha sido una fuente inagotable de apoyo, motivación y sabiduría. Este libro es único porque aúna los conocimientos prácticos y las investigaciones científicas más recientes. Cuando mi búsqueda me llevaba a un callejón sin salida, Mike Grant, gran gurú de la botánica y una de las personas más agradables que conozco, me ofrecía respuestas y orientación. Una vez más, estoy asombrado ante la creatividad y la habilidad de la diseñadora Alison Gardner, que ha diseñado los hermosos diagramas del libro, a veces a partir de un simple esbozo en sucio. Las dudas de edafología las resolvió Josef Carey, «médico de plantas, encargado de fotosíntesis, rehabilitador de suelos» y director de la organización sueca 59 degrees, que ayuda a los jardineros a mejorar la vida del suelo. Keith Hammett, experta criadora de plantas ornamentales neozelandesa, fue muy amable respondiendo a mis preguntas. Stuart Tustin me ayudó con la delicada tarea de podar compartiendo conmigo sus más de 30 años como investigador de métodos de crecimiento para frutales. Mi agradecimiento también a Dawn Henderson, Ruth O'Rourke, Alastair Laing y el equipo de DK, por compartir mi visión de un libro para todos los públicos, a pesar de estar escrito por un intruso en el mundo de la jardinería. Estoy muy agradecido a mi maravillosa esposa Grace, por su apoyo incondicional, y porque ha soportado la imposición de mis experimentos en «su jardín» y ha aguantado que le diera consejos de jardinería… ¡que ya conocía! Mi agradecimiento a Jonny Pegg, por sus ánimos y por ayudarme con los obstáculos del camino. Pido disculpas a quienes me han dedicado tiempo y saber pero cuya contribución haya podido olvidar.

AGRADECIMIENTOS DEL EDITOR

Nuestro agradecimiento a Marie Lorimer por el índice; a Alice McKeever por la corrección; a Steven Marsden y Eloise Grohs por su asistencia en el diseño; a Nityanand Kumar por el trabajo reprográfico; a Adam Brackenbury por el retoque de imágenes; y a Aditya Katyal por la búsqueda de imágenes.

SOBRE EL AUTOR

Stuart Farrimond es doctor en medicina y trabaja como divulgador científico y escritor. Es autor de *Cocinología: la ciencia de cocinar* (2017) y *La ciencia de las especias* (2018), y del *bestseller* de *The Sunday Times*, *The Science of Living* (2021) (publicado con el título *Live Your Best Life* en Norteamérica). Colabora habitualmente en programas de televisión y radio, y en actos públicos, y sus artículos aparecen en publicaciones nacionales e internacionales, entre ellas *The Independent*, *The Daily Mail* y *New Scientist*. La pasión de este profesor y extutor de la Universidad de Cambridge consiste en explicar la ciencia tras lo cotidiano. Desde 2017 es el experto en alimentación del programa de la BBC *Inside the Factory,* presentado por Gregg Wallace y Cherry Healey.

Stuart ha superado un cáncer y es embajador de organizaciones de pacientes con tumores cerebrales. Ha recaudado más de 10 000 libras para entidades benéficas, para la investigación de estos tumores. Apasionado del ciclismo y cultivador de calabazas, vive en Trowbridge, Reino Unido, con su esposa Grace, su perro Winston y un montón de plantas.